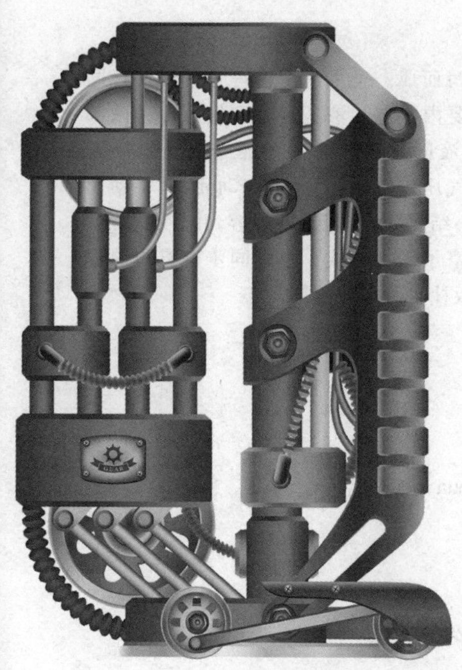

液压与气压传动

张 萍 王 磊 ■ 主 编

赵华新 袁大国 黄均安 ■ 副主编

清華大學出版社

北 京

内 容 简 介

本书根据高等职业教育培养目标和教学特点，由校企合作编写而成。全书的图形符号采用现行国家标准，介绍了液压与气压传动的基础知识和工程应用。本书主要内容包括液压传动和气压传动两部分。其中，液压传动部分主要包括液压传动概述、液压传动基础、液压泵和液压马达、液压缸及辅助元件、液压控制阀、基本回路以及典型液压系统；气压传动部分包括气压传动系统概述、气动元件、气动回路及应用实例。每章配有知识目标、能力目标、观察与实践、本章小结、思考与习题等内容，并且在重点、难点处以二维码的形式插入动画、视频、知识延伸等教学资源，丰富了学习方式。本书同步建有与课程匹配的教学资源，包括电子课件、教案等，读者可登录清华大学出版社官网下载使用。

图书在版编目(CIP)数据

液压与气压传动/张萍，王磊主编．—北京：清华大学出版社，2024.1
ISBN 978-7-302-65076-8

Ⅰ．①液… Ⅱ．①张… ②王… Ⅲ．①液压传动－高等职业教育－教材 ②气压传动－高等职业教育－教材 Ⅳ．①TH137 ②TH138

中国国家版本馆 CIP 数据核字(2024)第 006429 号

责任编辑：郭丽娜
封面设计：曹 来
责任校对：李 梅
责任印制：刘 菲

出版发行：清华大学出版社
网　　址：https://www.tup.com.cn，https://www.wqxuetang.com
地　　址：北京清华大学学研大厦 A 座　　**邮　　编**：100084
社 总 机：010-83470000　　**邮　　购**：010-62786544
投稿与读者服务：010-62776969，c-service@tup.tsinghua.edu.cn
质量反馈：010-62772015，zhiliang@tup.tsinghua.edu.cn
课件下载：https://www.tup.com.cn，010-83470410
印 装 者：三河市君旺印务有限公司
经　　销：全国新华书店
开　　本：185mm×260mm　　**印　　张**：14.5　　**字　　数**：334 千字
版　　次：2024 年 3 月第 1 版　　**印　　次**：2024 年 3 月第 1 次印刷
定　　价：49.00 元

产品编号：103934-01

前　言

液压与气压传动属于流体传动与控制领域的重要组成部分，与材料、电气、电子、自动控制、制造技术等紧密结合、相伴发展，其发展水平和应用程度已成为衡量一个国家工业水平的重要标志之一。本书在系统介绍必要的液压与气压传动基本概念与工作原理的同时，突出理论知识的综合应用，加强学生工程实践能力的培养，同时融入课程思政的内容。本书根据《流体传动系统及元件图形符号和回路 第1部分：图形符号》(GB/T 786.1—2021)绘制图形符号，并节选部分内容放在附录中。

党的二十大报告提出"要深入实施人才强国战略"，其内涵丰富，并且把大国工匠和高技能人才作为人才强国战略的重要组成部分。2022年5月1日开始实施的《中华人民共和国职业教育法》特别强调企业在职业教育中的主体作用，第一次明确提出企业是职业教育的重要办学主体，"国家发挥企业的重要办学主体作用，推动企业深度参与职业教育，鼓励企业举办高质量职业教育"。本书由校企合作编写，企业专家全程参与，遵循高等职业教育的教学规律和特点，体系完整，内容全面，循序渐进。本书遵循国家有关法律、法规及政策，积极推进校企共建促进教学改革，将课程思政教学目标融入教材，强化学生职业道德、工程素养和工匠精神的培养，注重高职学生的职业能力培养，强化"教、学、做"一体化学习过程，多观察、多实践。本书根据目前液压与气压技术发展新趋势和在工程实际中的应用特点，充分发挥企业、行业专家的优势和作用，使内容进一步对接职业岗位需求，彰显职教特色。为了加深对重点、难点的学习和理解，提高学习效果，本书针对重点、难点开发了动画、视频和知识延伸等资源，以二维码的形式放在教材中的对应位置，读者可以通过手机等移动终端自主学习。

本书对应的课程总学时为64学时，部分内容可作为选修与自学内容。各院校任课教师在实际教学过程中，可根据自身的专业和学时等具体情况自主选取和安排内容。

本书由安徽水利水电职业技术学院张萍、合锻智能制造股份有限公司高级工程师王磊任主编，安徽水利水电职业技术学院赵华新、袁大国、黄均安任副主编，参与编写的人员除了安徽水利水电职业技术学院的张春来、郑鑫、蒋瑾瑾、赵玲娜以外，还有安徽电子信息职业技术学院的李兰兰、安徽粮食工程职业技术学院的邓成等。本书编写的具体分工如下：黄均安编写第1章，王磊编写第2章，赵华新编写第3章，李兰兰编写第4章，袁大国编写第5章，张春来编写第6章的6.1节和6.2节，李兰兰编写第6章的6.3节和6.4节，张萍编写第7章和附录部分，赵玲娜编写第8章，邓成编写第9章，郑鑫编写第10章，全书由张萍统稿和定稿。在本书编写过程中，编者参考了许多液压与气压的资料和书籍，并且多次到企业、兄弟院校调研和研讨，得到兄弟院校、合肥合锻智能制造有限公司研发部的大力支持与帮助，在此表示感谢！

由于编者水平有限，书中难免存在欠妥之处，敬请读者和同行批评指正。

编 者

2023 年 12 月

目　录

第 1 章　液压传动概述

【知识目标】

(1) 认识液压传动的工作原理及组成。

(2) 根据《流体传动系统及元件　图形符号和回路图　第 1 部分：图形符号》(GB/T 786.1—2021)绘制系统图形。

(3) 掌握液压传动系统的组成及每部分的作用。

【能力目标】

(1) 以千斤顶、组合机床、液压机为例，了解简单液压系统的工作过程、各组成部分的名称和作用。

(2) 以组合机床、液压机为例，掌握液压系统的优点和缺点，初步了解工程机械中常见传动方式的优点和缺点。

(3) 结合我国液压发展史、现状和成就，培养学生脚踏实地、自立自强、爱岗敬业的精神，进一步理解科学技术在国家富强、民族复兴中的地位和作用。

液压传动的工作介质

1.1　工程机械的传动

工程机械的传动有多种方式，如机械传动、电气传动、液压传动、液力传动、气压传动等。

机械传动：通过齿轮、齿条、蜗轮、蜗杆等机件直接把动力传送到执行机构。

电气传动：利用电力设备，通过调节电参数传递或控制动力。

液压传动：利用密封系统中的受压液体传递动力。

液力传动：利用液体静流动的动能传递动力。

气压传动：利用压缩空气进行动力传递。

以上传动方式各有优劣，应用场合也有很大的区别，其中液压传动在同等功率输入下可以输出较大的推力或力矩。用液体作为工作介质进行能量传递的方式称为液体传动。按照其工作原理的不同，液体传动又可分为液压传动和液力传动两种形式。液压传动主要是利用液体的压力能来传递能量，这种传动方式通过动力元件(泵)将原动机的机械能转换为油液的压力能，然后通过管道、控制元件，借助执行元件(缸或马达)将油液的压力能转换为机械能，驱动负载实现直线或回转运动；而液力传动则主要利用液体的动能来传递能量。

1.2 液压传动的工作原理及组成

液压千斤顶就是一个简单的液压传动装置，下面以图 1-1 所示的液压千斤顶为例说明液压传动的工作原理。

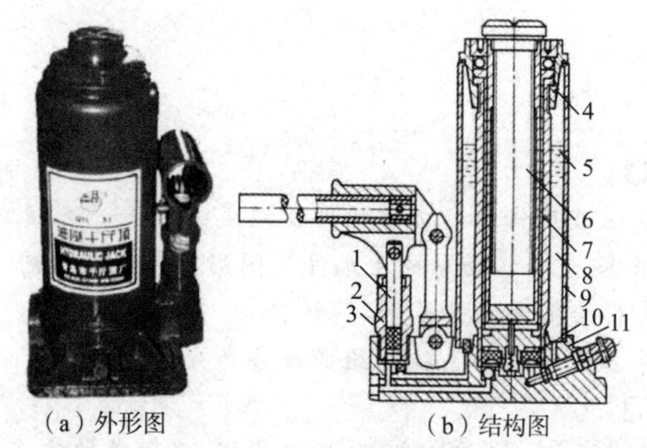

（a）外形图　　（b）结构图

图 1-1　液压千斤顶

1—小柱塞；2—小缸；3—密封圈；4—顶帽；5—液压油；6—调节螺杆；7—大柱塞；8—大缸；9—外壳；10—密封圈；11—底座

液压与气压传动的工作原理

为了便于说明，将图 1-1(b)所示的结构图简化为图 1-2(a)所示的液压千斤顶原理图。如图 1-2(a)所示，大缸 9 和大柱塞 8 组成举升液压缸。杠杆手柄 1、小缸 2、小柱塞 3、单向阀 4 和单向阀 7 组成手动液压泵。提起杠杆手柄使小柱塞向上移动，小柱塞下端油腔容积增大，形成局部真空，这时单向阀 4 打开，通过吸油管道 5 从油箱 12 中吸油；用力压下杠杆手柄，小柱塞 3 下移，小柱塞下腔压力升高，单向阀 4 关闭，单向阀 7 打开，下腔的油液经吸油管道 6 输入大缸 9 的下腔，迫使大柱塞 8 向上移动，顶起重物。再次提起杠杆手柄吸油时，举升液压缸下腔的压力油本应倒流入手动泵内，但此时单向阀 7 自动关闭，使油液不能倒流，从而保证重物不会自行下落。不断往复扳动杠杆手柄，就能不断地把油液

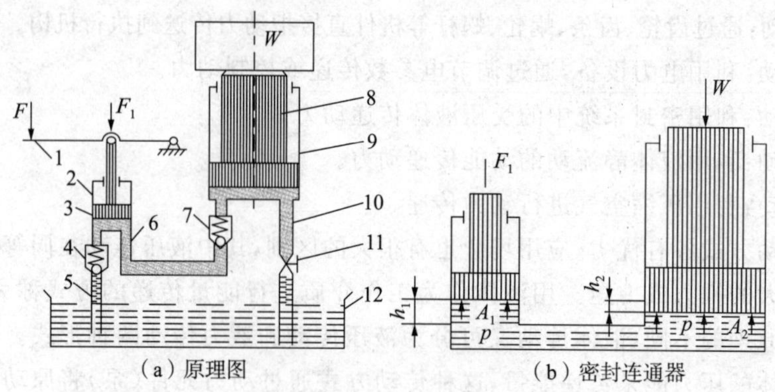

（a）原理图　　（b）密封连通器

图 1-2　液压千斤顶原理图

1—杠杆手柄；2—小缸；3—小柱塞；4、7—单向阀；5、6、10—吸油管道；8—大柱塞；9—大缸；11—截止阀；12—油箱

压入举升液压缸的下腔,使重物逐渐升起。如果打开截止阀11,举升液压缸下腔的油液通过吸油管道10和截止阀11流回油箱,大柱塞8在重物和自重的作用下向下移动,回到原始位置。

如果将图1-2(a)简化为图1-2(b)所示的密封连通器,可更清楚地分析两柱塞之间的力比例关系、运动关系和功率关系。

1. 力比例关系

当大柱塞上有重物负载W时,只有小柱塞上作用一个主动力F_1才能使密闭连通器保持力的平衡。此时大柱塞下腔的油液产生的压力为$\frac{W}{A_2}$,小柱塞下腔产生的压力为$\frac{F_1}{A_1}$。根据帕斯卡"在密闭容器内,施加于静止液体上的压力将以等值同时传到液体各点"的原理,即密封连通器中的压力应该处处相等,有

$$\frac{W}{A_2}=\frac{F_1}{A_1}=p \tag{1-1}$$

或

$$W=\frac{A_2}{A_1}F_1 \tag{1-2}$$

式中:A_1、A_2分别为小柱塞和大柱塞的作用面积;F_1为杠杆手柄作用在小柱塞上的力;p为油液的工作压力。

由式(1-1)可知,$p=\frac{W}{A_2}$,即当负载W增大时,流体工作压力p随之增大,$F_1=pA_1$也随之增大;反之,负载W很小,流体压力就很小,F_1也很小。由式(1-2)可知,在液压传动中,力不但可以传递,而且通过作用面积($A_2>A_1$)的不同,力还可以放大。千斤顶之所以能够以较小的推力顶起较重的负载,原因就在于此。

2. 运动关系

如果不考虑液体的可压缩性、漏损和缸体、油管的变形,则从图1-2(b)可以看出,被小柱塞压出的油液的体积必然等于大柱塞向上升起后大缸中油液增加的体积,即

$$A_1h_1=A_2h_2 \tag{1-3}$$

或

$$\frac{h_2}{h_1}=\frac{A_1}{A_2} \tag{1-4}$$

式中:h_1、h_2分别为小柱塞和大柱塞的位移。

将$A_1h_1=A_2h_2$两端同除以活塞移动的时间t可得

$$\frac{A_1h_1}{t}=\frac{A_2h_2}{t} \tag{1-5}$$

即

$$\frac{v_2}{v_1}=\frac{A_1}{A_2} \tag{1-6}$$

式中:v_1、v_2分别为小柱塞和大柱塞的运动速度。

$\frac{Ah}{t}$的物理意义是单位时间内液体流过截面积为A的某一截面的体积,称为流量q,即$q=Av$。根据液体通过大缸和小缸的截面流量相等,得

$$A_1v_1=A_2v_2 \tag{1-7}$$

因此,如果已知进入缸体的流量 q,则柱塞运动速度为

$$v=\frac{q}{A} \tag{1-8}$$

调节进入液压缸的流量 q,即可调节柱塞的运动速度 v,这就是液压传动可以实现无级调速的基本原理。它揭示了另一个重要的基本概念,即活塞的运动速度取决于进入液压缸的流量,而与流体的压力无关。

3. 功率关系

由式(1-2)和式(1-6)可得

$$F_1v_1=Wv_2 \tag{1-9}$$

式(1-9)左侧为输入功率,右侧为输出功率,这说明在不计损失的情况下输入功率等于输出功率,由式(1-9)可得出

$$P=pA_1v_1=pA_2v_2=pq \tag{1-10}$$

由式(1-10)可以看出,液压传动中的功率 P 可以用压力 p 和流量 q 的乘积表示,压力 p 和流量 q 相当于机械传动中的力和速度,二者的乘积为功率。

4. 两个重要的概念

在液(气)压传动中,压力 p 和流量 q 是两个最重要的参数,两者的乘积是功率 P。

液压传动中,液体受到的压力相当于机械传动构件所受到的压应力。在液压传动中,工作压力取决于负载,而与流入的流体多少无关。值得注意的是,在固体力学中,压力的单位是牛(N),而在液(气)压系统中,由于流体本身的特性,只有研究单位面积上所受的力才有意义,所以使用的单位是 N/m^2,即固体力学中的压强(单位为 Pa),常用单位为 MPa($1MPa=10^6Pa$)。

流量决定了执行元件的速度。在液(气)压系统中,所有的调速回路都和流量有关。在本课程中,流量的常用单位是 L/min、mL/min 或者 L/s、mL/s。其中,$1L=10^{-3}m^3=10^3mL$。

1.3 液压传动系统的组成及图形符号

1.3.1 液压传动系统的组成

图 1-3(a)所示为一驱动机床工作台的液压传动系统。该系统的工作原理是:液压泵 3 由电动机带动从油箱 1 中吸油,油液经过过滤器 2 进入液压泵 3 的吸油腔,当油液从液压泵进入压力油路后,经节流阀 5 至换向阀 6,流入液压缸 7 的左腔,由于液压缸的缸体固定,活塞在压力油液的推动下,通过活塞杆带动工作台 8 向右运动,同时液压缸 7 右腔的油液经换向阀 7 流回油箱。

液压系统的组成和液压传动的特点

如果将换向阀 6 扳到左边位置,使换向阀 6 处于图 1-3(b)所示位置时,则油液经换向阀 6 进入液压缸 7 的右腔,推动活塞连同工作台向左运动,同时液压缸 7 左腔的油液经换向阀 6 流回油箱。

工作台的移动速度是通过节流阀 5 进行调节的。当节流阀的开口较大时,进入液压缸的油液量大,工作台的移动速度快,同时经溢流阀 4 溢流回油箱的油液相应减少;当节流阀的开口较小时,工作台的移动速度变慢,同

时经溢流阀 4 溢流回油箱的油液相应增加。液压缸推动工作台移动时必须克服液压缸所受到的各种阻力，这些阻力由液压泵输出油液的压力来克服。根据工作时阻力的不同，要求液压泵输出的油液压力应能进行控制，这个功能由溢流阀 4 完成。当油液压力对溢流阀的阀芯作用力略大于溢流阀中弹簧对阀芯的作用力时，阀芯才能移动，使阀口打开，油液经溢流阀溢流回油箱，压力不再升高，此时，泵出口处的油液压力由溢流阀决定。

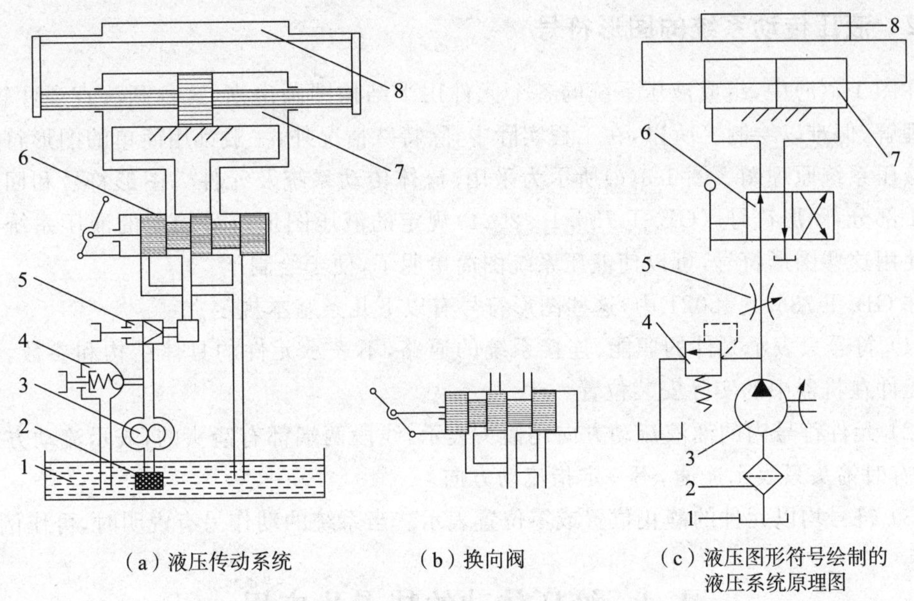

（a）液压传动系统　（b）换向阀　（c）液压图形符号绘制的液压系统原理图

图 1-3　机床工作台液压系统工作原理图

1—油箱；2—过滤器；3—液压泵；4—溢流阀；5—节流阀；6—换向阀；7—液压缸；8—工作台

由上述例子可以看出，液压系统主要由以下五个部分组成。

（1）动力元件：最常见的形式就是液压泵，它是将电动机输出的机械能转换成油液液压能的装置，其作用是向液压系统提供压力油。

（2）执行元件：包括液压缸和液压马达，它是将油液的液压能转换成驱动负载运动的机械能的装置。

（3）控制元件：包括各种阀类，如溢流阀、节流阀、换向阀等。这些元件的作用是控制液压系统中油液的压力、流量和流动方向，以保证执行元件完成预期的工作。

（4）辅助元件：上述三种元件以外的其他装置，包括油箱、油管、过滤器以及各种指示器和仪表。它们的作用是提供必要的条件，使系统可以正常工作和便于监测控制。

（5）工作介质：传动液体，通常称液压油。液压系统就是通过工作介质实现运动和动力传递的。

液压系统的各组成部分遵循系统性原则，保证系统有条不紊地工作。系统性原则也称为整体性原则，它要求把决策对象视为一个系统，以系统整体目标的优化为准绳，协调系统中各分系统的相互关系，使系统完整、平衡。因此，在决策时，应该将各个小系统的特性放到大系统的整体中进行权衡，以整体系统的总目标来协调各个小系统的目标。实际上就是从整体着眼，部分着手，统筹考虑，各方协调，达到整体的最优化。从系统目的的整体性来说，当局部和整体发生矛盾时，局部利益必须服从整体利益。

我们应当树立全局观念，立足于整体，统筹全局，选择最佳方案，实现最优目标，从而达到整体功能大于部分功能之和的理想效果。同时，重视个人的作用，用个人的发展推动整体的发展。课程中告诫同学，要将个人和集体、理想与现实紧密相连，培养全局意识，拓宽眼光与视野。

1.3.2 液压传动系统的图形符号

在图 1-3(a)中，组成液压系统的各个元件用半结构图画出来，这种画法直观性较强，容易理解，但难以绘制。所以，在工程实际中，除特殊情况外，一般都用简单的图形符号来绘制液压系统原理图。图 1-3(c)所示为采用《流体传动系统及元件　图形符号和回路图　第 1 部分：图形符号》(GB/T 786.1—2021)规定的液压图形符号绘制的液压系统原理图。使用这些图形符号，可以使液压系统图简单明了，便于绘制。

在 GB/T 786.1—2021 中，这些图形符号有以下几条基本规定。

(1) 符号只表示元件的职能、连接系统的通路，不表示元件的具体结构和参数，也不表示元件在机器中的实际安装位置。

(2) 元件符号内的油液流动方向用箭头表示，线段两端都有箭头的，表示流动方向可逆；但有时箭头只表示连通，不一定指流动方向。

(3) 符号均以元件的静止位置或零位置表示。当系统的动作另有说明时，可作例外。

1.4 液压传动的特点及应用

1.4.1 液压传动的特点

与机械传动、电气传动、气压传动相比，液压传动有以下特点。

1. 液压传动的优点

(1) 液压传动能够方便地实现无级调速，调速范围较大。

(2) 在同等功率的情况下，液压传动装置体积小、重量轻、结构紧凑。

(3) 工作平稳，换向冲击小，便于实现频繁换向。

(4) 易于实现过载保护。液压元件能自行润滑，使用寿命较长。

(5) 操作简单、方便，易于实现自动化。特别是与电气控制联合使用时，易于实现复杂的自动工作循环。

(6) 液压元件实现了标准化、系列化、通用化，便于设计、制造和使用。

2. 液压传动的缺点

(1) 液压传动中液体的泄漏和可压缩性使传动无法保证严格的传动比。

(2) 液压传动对油温的变化比较敏感，不宜在很高或很低的温度下工作。

(3) 液压传动有较多的能量损失(主要由液体泄漏和元件摩擦等因素导致)，故传动效率较低。

(4) 液压传动出现故障时不易查找原因。

(5) 为了减少泄漏和满足某些性能上的要求，对液压元件配合件的制造精度要求较高，加工工艺较复杂。

(6) 在高压、高速、高效率和大流量的情况下，常常会产生较大的噪声。

1.4.2 液压传动的应用

由于液压传动具有比较显著的优点，所以广泛应用于机床、汽车、航空航天、工程机械、矿山机械、起重运输机械、建筑机械、农业机械、冶金机械、轻工机械和智能机械等领域。液压传动自 17 世纪帕斯卡提出静压传递原理和 1795 年世界上第一台水压机诞生以来，已有 200 多年的历史。但直到 20 世纪 30 年代，由于工艺制造水平的提高，才较普遍地应用于起重机、机床及其他工程机械。特别是在第二次世界大战期间，由于军事工业迫切需要反应快且精度高的自动控制系统，因而出现了液压伺服系统。20 世纪 60 年代以后，由于原子能、空间技术、大型舰船及计算机技术的发展，不断地对液压技术提出新的要求，液压传动也得到了很大的发展，并渗入国民经济的各个领域。现在液压传动在某些领域内甚至已占有压倒性的优势，如国外生产的 95% 的工程机械、90% 的数控加工中心、95%以上的自动线都采用了液压传动①。如今采用液压传动的程度已经成为衡量一个国家工业水平的主要标志之一。液压传动系统的工程应用见表 1-1。

表 1-1　液压传动系统的工程应用

行业名称	应用场所举例
工程机械	挖掘机、装载机、推土机、沥青混凝土摊铺机、压路机、铲运机等
起重运输机械	汽车起重机、港口龙门起重机、叉车、装卸机械、带式运输机、液压无级变速装置等
矿山机械	凿岩机、开掘机、开采机、破碎机、提升机、液压支架等
建筑机械	压桩机、液压千斤顶、平地机、混凝土输送泵车等
农业机械	联合收割机、拖拉机、农具悬挂系统等
冶金机械	高炉开铁口机、电炉炉顶及电极升降机、轧钢机、压力机等
轻工机械	打包机、注射机、校直机、橡胶硫化机、造纸机等
机床工业	半自动车床、刨床、龙门铣床、磨床、仿形加工机床、组合机床及加工自动线、数控机床及加工中心、机床辅助装置等
汽车工业	自卸式汽车、平板车、汽车中的 ABS 系统、转向器、减振器等
智能机械	折臂式小汽车装卸器、数字式体育锻炼机、模拟驾驶舱、机器人等

当前，液压传动技术在实现高压、高速、大功率、高效率、低噪声、经久耐用、高度集成化、微型化、智能化等各项要求方面都取得了重大的进展，在完善比例控制、伺服控制、数字控制等技术上也有许多新成就。此外，液压传动已广泛应用于智能机器人、海洋开发、地震预测及各种电液伺服系统，使液压传动技术应用提高到一个崭新的高度。

液压传动技术的持续发展体现出以下一些比较重要的特征：

(1) 提高元件性能，创新新型元件，使元件不断小型化和微型化；

① 据深圳立木信息咨询发布的《中国液压市场调查及投资战略研究报告(2020 版)》。

(2) 高度的组合化、集成化和模块化;

(3) 和微电子技术相结合,走向智能化;

(4) 研究和开发特殊传动介质,推进工作介质多元化。

20 世纪 50 年代,我国开始生产各种通用液压元件。目前,我国已生产出许多自行设计的新型系列产品,如插装式锥阀、电液比例阀、电液伺服阀、电液脉冲电动机及其他新型液压元件。我国所生产的液压元件在品种与质量等方面和国外先进水平相比,还存在一定的差距,其主要原因是材料技术和制造工艺水平较低,但是可以预见,随着我国工业技术的发展,以及材料技术和制造水平的提升,液压传动技术也将获得进一步发展,一般有机械设备的场合,均可采用液压传动技术,其未来可期。

知识延伸

两弹一星功勋奖章获得者——钱学森

钱学森(1911—2009),1959 年加入中国共产党,空气动力学家、系统科学家,工程控制论创始人之一,中国科学院学部委员、中国工程院院士,两弹一星功勋奖章获得者(见图 1-4)。

图 1-4 两弹一星功勋奖章获得者——钱学森

1956 年初,钱学森提出《建立我国国防航空工业的意见书》。同时,钱学森组建了国防部第五研究院,并担任首任院长。他主持完成了“喷气和火箭技术的建立”规划,直接领导了用中近程导弹运载和原子弹“两弹结合”试验,参与制定了中国第一个星际航空的发展规划,发展建立了工程控制论和系统学等。在钱学森的带领下,1964 年 10 月 16 日,中国第一颗原子弹爆炸成功;1967 年 6 月 17 日,中国第一颗氢弹空爆试验成功;1970 年 4 月 24 日,中国第一颗人造卫星发射成功。

钱学森提出了跨声速流动相似律,并与卡门一起,最早提出了高超声速流的概念,为空气动力学的发展奠定了重要的理论基础。高亚声速飞机设计中采用的公式是以卡门和钱学森名字命名的卡门-钱学森公式。钱学森与卡门合作进行的可压缩边界层的研究,创立了“卡门-钱近似”方程。与郭永怀合作,最早在跨声速流动问题中引入上下临界马赫数的概念。

1953 年,钱学森正式提出物理力学概念,开拓了高温高压的新领域。1961 年,他编著的《物理力学讲义》正式出版。1984 年,钱学森把物理力学扩展到原子分子设计的工程技术方面。

在 20 世纪 40 年代,钱学森提出并实现了火箭助推起飞装置(JATO),使飞机跑道距离缩短;在 1949 年提出了火箭旅客飞机概念和关于核火箭的设想;在 1953 年研究了跨星际飞行理论的可能性;在 1962 年出版的《星际航行概论》中,提出了用一架装有喷气发动机的大飞机作为第一级运载工具;他发展了系统学和开放的复杂巨系统的方法论。

在我国液压与气动技术应用的发展历史上涌现出一大批高技术型人才,对我国科学技术的发展具有重要的推动作用。

观察与实践

认识液压系统

1. 实训目的

通过观看视频和操作液压挖掘机、液压千斤顶，体验和了解液压系统的工作情况，认识各类液压元件，掌握其作用。在实训过程中，通过让学生认识、观察、分析具体的液压元件，增强对元件的感性认识，在此基础上掌握液压元件的作用和符号。利用 FluidSIM 5 仿真软件熟悉液压元件的结构，激发学生学习液压知识的兴趣，让学生在做中学、在学中做，了解液压系统的应用。

2. 实训设备

液压试验台、试验用小型液压挖掘机、液压千斤顶。

3. 实训前的准备工作

了解实训台、液压挖掘机、液压千斤顶等设备的工作模式以及组成部分和功能。

4. 实训过程

(1) 观察挖掘机，回答下列问题。

① 挖掘机工作时要做哪些动作，即工作流程是什么？

② 挖掘机的各主要组成元件，隶属液压系统的哪一部分？

③ 元件之间如何连接？

(2) 选择手动控制模式，分别操纵 4 个手动换向阀操作挖掘机，回答下列问题。

① 4 个手动换向阀 1、2、3、4 分别控制挖掘机的哪个动作？

② 以其中一个手动换向阀为例，向前和向后扳动操作手柄，液压缸的动作有什么不同？

(3) 选择自动控制模式，扳动操纵杆，回答以下问题。

操纵杆动作时，电磁换向阀的得电指示灯亮和液压缸的工作有什么关系？(以其中一个液压缸为例)

(4) 操作液压千斤顶，重复步骤(1)～(3)。

5. 实训评价

本实训项目的评价内容包括专业能力评价、方法能力评价及社会能力评价等。其中，项目测试占 30%，自我评定占 20%，小组评定占 10%，教师评定占 30%，实训报告和答辩占 10%，总计为 100%，具体见表 1-2。

表 1-2　实训项目综合评价表

评定形式	比重	评定内容	评定标准	得分
项目测试	30%	(1) 根据图形符号识读气动元件； (2) 画出指定阀件的图形符号，并说出该符号的含义； (3) 说出液压系统的组成和各部分的作用	好(30)，较好(24)，一般(18)，差(<18)	
自我评定	20%	(1) 学习工作态度； (2) 出勤情况； (3) 任务完成情况	好(20)，较好(16)，一般(12)，差(<12)	

续表

评定形式	比重	评定内容	评定标准	得分
小组评定	10%	(1) 责任意识； (2) 交流沟通能力； (3) 团队协作精神	好(10)，较好(8)，一般(6)，差(<6)	
教师评定	30%	(1) 小组整体学习情况； (2) 制订计划、执行情况； (3) 任务完成情况	好(30)，较好(24)，一般(18)，差(<18)	
实训报告和答辩	10%	答辩内容	好(10)，较好(8)，一般(6)，差(<6)	
成绩总计：		组长签字：	教师签字：	

本章小结

(1) 液压传动是以液体为工作介质的，利用密封系统中的受压液体传递运动和动力。

(2) 液压传动中力和速度都是可以传递的，通过活塞作用面积的改变，力可以放大或缩小，速度也可以提高或降低。

(3) 压力和流量是液压传动中两个最重要的参数，液压传动中工作压力的大小取决于负载，与流量无关；活塞的运动速度取决于进入液压缸的流量，与压力无关；液压传动的功率可以用压力和流量的乘积表示。

(4) 液压传动系统由动力元件、执行元件、控制元件、辅助元件和工作介质五部分组成。

(5) 液压系统原理图是采用《流体传动系统及元件　图形符号和回路图　第1部分：图形符号》(GB/T 786.1—2021)规定的液压图形符号进行绘制的。

思考与习题

1. 什么是液压传动？液压传动的基本原理是什么？
2. 液压传动系统由哪几部分组成？各部分的主要作用是什么？
3. 液压元件在系统中是如何表示的？
4. 与其他传动方式相比，液压传动有哪些优点和缺点？
5. 日常生活中见过哪些液压设备和液压装置？

第 2 章　液压传动基础

【知识目标】

(1) 掌握液压油的基本性质(主要是黏性);了解黏度的表示方法;掌握液压油牌号的意义、种类;合理选用液压油。

(2) 掌握静压力的概念、单位、表示方法;掌握静力学基本方程及其物理意义。

(3) 掌握流量和平均流速的概念;掌握连续性方程、伯努利方程。

(4) 了解液体流动时的损失、产生损失的原因及减少损失的方法。

(5) 了解产生液压冲击、空穴现象的原因。

【能力目标】

(1) 掌握黏度的含义,合理选用和使用液压油。

(2) 根据油液的物理特性和污染途径,启发学生对如何避免环境污染进行思考,引导学生珍惜资源,保护生态环境。

(3) 能够运用静力学基本方程求解液体的静压力,了解压力的变化规律;了解伯努利方程,能够运用连续性方程求解简单问题。

(4) 掌握理想状态伯努利方程,运用实际状态伯努利方程解决实际问题;能够理论联系实际,抓住主要矛盾,修正次要矛盾。

(5) 根据压力损失和泄漏产生的原因,在工程实践中合理安装和预留间隙,使能量最优化;若出现液压冲击和气穴现象,能够采取有效措施进行缓解,减少工程危害。

2.1　液压油的功能、性质和种类

2.1.1　液压油的功能

液压油在液压系统中一般具有以下功能。

(1) 传递运动与动力。液压油是液压系统的工作介质。液压泵将机械能转换成液体的压力能,液压油将压力能传至各处。由于液压油本身具有黏性,因此在传递过程中会产生一定的能量损失。

(2) 润滑。液压元件内各移动部件都可受到液压油的充分润滑,从而降低元件磨损,延长使用寿命。

(3) 密封。液压油本身的黏性对细小的间隙有密封的作用。

(4) 冷却。系统损失的能量所变成的热量被液压油带出。

2.1.2 液压油的性质

1. 密度

液体单位体积内的质量称为密度。虽然密度随着温度或压力的变化而变化，但是变化不大，通常可以忽略不计。在一般计算中，取液压油系矿物油的密度 $\rho=900\text{kg/m}^3$。

2. 液体的黏性

1）牛顿内摩擦力

液体在外力作用下流动时，由于液体分子间的内聚力而产生一种阻碍液体分子之间进行相对运动的内摩擦力，这一特性称为黏性。图 2-1 为液体黏性示意图。

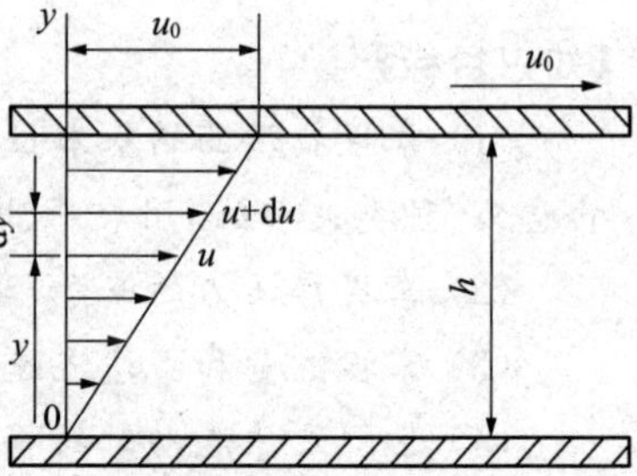

图 2-1 液体黏性示意图

试验测定指出，液体流动时相邻液层之间的内摩擦力 F 与液层间的接触面积 A、液层间的相对速度 du 成正比，而与液层间的距离 dy 成反比，即

$$F=\mu A\frac{du}{dy} \tag{2-1}$$

式中：μ 为比例常数，又称为黏性系数或动力黏度；$\frac{du}{dy}$为速度梯度。

以 $\tau=\frac{F}{A}$表示内摩擦切应力，则有

$$\tau=\mu\frac{du}{dy} \tag{2-2}$$

这就是牛顿内摩擦定律。

2）黏度的分类

黏度是衡量流体黏性的指标。常用的黏度有动力黏度、运动黏度和相对黏度。

(1) 动力黏度 μ。动力黏度 μ 在物理意义上讲，是当速度梯度$\frac{du}{dy}=1$ 时，单位面积上内摩擦力的大小，即

$$\mu=\tau\frac{dy}{du} \tag{2-3}$$

它直接表示流体的黏性，即内摩擦力的大小。

(2) 运动黏度 ν。运动黏度是动力黏度 μ 与液体密度 ρ 的比值，即

$$\nu=\frac{\mu}{\rho} \tag{2-4}$$

运动黏度 ν 没有明确的物理意义，因在理论分析和计算中常遇到$\frac{\mu}{\rho}$的比值，为方便计算用 ν 表示。

(3) 相对黏度。相对黏度又称条件黏度。各国采用的相对黏度单位有所不同。我国和德国等国家采用恩氏黏度°E，美国采用赛氏黏度，英国采用雷氏黏度。

3）黏度与压力的关系

液体所受压力增加时，其分子间的距离减小，内聚力增加，黏度也随之略有增大。当压力较高（大于 10MPa）或压力变化较大时，则需要考虑压力对黏度的影响。

4）黏度与温度的关系

液压油对温度的变化很敏感，温度上升，黏度降低；温度下降，黏度增大。这种油的黏度随温度变化的性质称为黏温特性。黏度降低会造成泄漏增加、磨损增加、效率降低等问题；黏度增加会造成流动困难及液压泵不易转动等问题。通常希望液压油的黏温特性好，即黏度随温度的变化越小越好。

3. 可压缩性

当液体受压力作用而体积减小的特性称为液体的可压缩性。可压缩性用体积压缩系数 κ 表示，其定义为单位压力变化下的液体体积的相对变化量。设体积为 V_0 的液体，其压力变化量为 Δp，液体体积减小 ΔV，则

$$\kappa=-\frac{1}{\Delta p}\times\frac{\Delta V}{V_0} \tag{2-5}$$

2.1.3 液压油的种类

液压油主要有矿物油型、乳化型、合成型三大类。

1. 矿物油型液压油

矿物油型液压油主要由石油炼制而成，是用途最广泛的一种液压油。其缺点是耐火性差，不能用于高温、易燃、易爆的场合。

2. 乳化型液压油

乳化型液压油抗燃性较好，主要用于有起火危险的场合及大容量系统。它包括水包油型和油包水型两种类型。水包油型的价格便宜，但润滑性较差，会侵蚀油封和金属；油包水型抗磨、防锈性好，且具有抗燃性，但稳定性较差。

3. 合成型液压油

合成型液压油是一种化学合成溶剂，其性能良好，兼具以上两种类型的优点。

2.1.4 液压油的选用

可根据不同的场合选用合适的液压油类型。在类型确定的情况下，主要考虑所选油液的黏度。选择液压油的黏度时应主要考虑以下因素。

1. 系统的工作压力

选择液压油时，应根据液压系统工作压力的大小选用。通常，工作压力较大时，宜选用黏度较高的液压油，以免系统泄漏过多，效率过低；工作压力较低时，可选用黏度较低的液压油，这样可以减少压力损失。例如，当压力 p 为 7～20MPa 时，可选用 N46～N100 的液压油；当压力 $p<7$MPa 时，可选用 N32～N68 的液压油。

2. 执行元件的运动速度

当执行元件运动速度较高时，为了减小液流的功率损失，宜选用黏度较低的液压油。反之应选用黏度较高的液压油。

3. 工作环境温度

当工作环境温度较高时，为了减少泄漏，宜选用黏度较高的液压油。当工作环境温度较低时，宜选用黏度较低的液压油。

4. 液压泵的类型

液压泵是液压系统的重要元件，选择黏度时应优先考虑液压泵的类型，否则会造成液压泵磨损过快，容积效率降低，甚至可能破坏液压泵的吸油条件。在一般情况下，可将液压泵对液压油黏度的要求作为选择液压油的标准。各类液压泵推荐用油见表 2-1。

表 2-1 各类液压泵推荐用油

名 称	黏度范围/(mm^2/s)		工作压力/MPa	工作温度/℃	推荐用油
	允许	最佳			
叶片泵(1 200r/min)	16～220	26～54	7	5～40 40～80	L-HM 液压油 32,46,68
叶片泵(1 800r/min)			>7	5～40 40～80	L-HM 液压油 46,68,10
齿轮泵	4～220	25～54	<12	5～40 40～80	L-HL 液压油 32,46,68
			≥12	5～40 40～80	L-HM 液压油 46,68,100,150
径向柱塞泵	10～65	16～48	14～35	5～40 40～80	L-HM 液压油 32,46,68,100,150
轴向柱塞泵	4～76	16～47	>35	5～40 40～80	L-HM 液压油 32,46,68,100,150
螺杆泵	19～49		≥10.5	5～40 40～80	L-HL 液压油 32,46,68

注：以液压油牌号 L-HM32 为例，L 表示润滑剂，H 表示液压油，M 表示抗磨型，黏度等级为 VG32。

2.1.5 液压油的污染与控制

液压油的污染是液压系统发生故障的主要原因。在液压系统所有故障中，80%以上是由液压油的污染造成的。因此正确使用液压油，做好液压油的管理和防污染工作是保证液压系统可靠性和延长液压元件使用寿命的重要手段。

1. 污染的主要来源

污染物的来源可分为系统外部侵入、内部残留和内部生成三种。

(1) 外部侵入：液压油虽然是在比较清洁的条件下精炼和调制而成的，但在油液运输和储存过程中难免会受到管道、油桶、油罐的污染；而且在液压系统运行中，由于油箱密封不完善以及元件密封装置损坏、不良而由系统外部侵入的灰尘、砂土、水分等污染物造成污染。

(2) 内部残留：液压系统和液压元件在加工、运输、存储、装配过程中，灰尘、焊渣、型砂、切屑、磨料等残留物造成污染。

(3) 内部生成：液压系统运行过程中污染物、金属及密封件因磨损而产生的颗粒、油液氧化变质的生成物都会造成油液的污染。

2. 污染的危害

液压油污染会使液压系统性能变差，经常出现故障，液压元件磨损加剧，寿命缩短。油液污染对液压系统的危害可大致归纳为以下几点。

(1) 固体颗粒使液压元件传动部分磨损加剧，反应变慢，甚至造成卡死，缩短其使用寿命。固体颗粒物还易堵塞滤油器，使液压泵运转困难，出现吸空现象，产生气蚀、振动和噪声。

(2) 造成液压元件的微小孔道和缝隙堵塞，使液压阀性能下降或动作失灵。

(3) 加速密封件的磨损，使泄漏量增大。

(4) 液压油中混入水分会使液压油的润滑能力降低，并使油液乳化变质，并腐蚀金属表面，生成的锈片会进一步污染油液。

(5) 低温时，自由水会变成冰粒，堵塞元件的间隙和孔道。

(6) 空气混入液压油会产生气蚀，降低元件机械强度，致使液压系统出现振动和爬行现象，产生噪声。

(7) 空气还能加速油液氧化变质，增大油液的可压缩性。

3. 污染的控制

对液压油污染的控制工作概括起来有两个方面：一是防止污染物侵入液压系统；二是把已经侵入的污染物从系统中清除出去。污染的控制要贯穿于液压系统的设计、制造、安装、使用、维修等各个环节。在实际工作中，污染的控制主要有以下措施。

(1) 在使用前保持液压油清洁。液压油进厂前必须进行取样检验，加入油箱前应按规定进行过滤并注意加油管、加油工具及工作环境的影响。储存液压油的容器应清洁、密封，系统中漏出来的油液未经过滤不得重新加入油箱。

(2) 做好液压元件和密封元件的清洗工作，减少污染物侵入。所有液压元件及零件装配前应彻底清洗干净，并保持干燥。零件清洗后一般应立即装配，暂时不装配的，应妥善防护，防止二次污染。

(3) 液压系统在装配后、运行前应保持清洁。液压元件加工和装配时要认真清洗和检验，装配后应进行防锈处理。

(4) 在工作中保持液压油清洁。应采用密封油箱或在通气孔上加装高效能空气滤清器，以避免外界杂质、水分侵入。控制液压油的工作温度，防止油温过高，造成油液氧化变质。

(5) 防止污染物从活塞杆伸出端侵入。设置防尘密封圈是防止这种污染侵入的有效措施。

(6) 合理选用过滤器。

4. 能源问题的思考

通过学习，学生应了解天然气、电力价格上涨、“油荒”等全球能源危机背后的能源安全问题，科技革命与创新在油气、煤炭、新能源资源高效利用中的关键作用，以及坚持“四个革命，一个合作”的能源安全新战略，走具有中国特色的能源高质量发展新道路，勉励学生认清我国当前能源资源匮乏、能耗水平较高的实际情况，自觉承担历史使命。

高污染、粗放型发展模式使生态环境为此付出了沉重的代价。思政教育把中国特色社会主义核心价值观与生态文明建设“五位一体”总体布局结合起来，让学生理解中国社会发展的时代意义以及贯彻生态文明理念，坚持绿色发展道路。以基础知识串联时间轴为主线，帮助学生清晰地认识到生态文明建设和调整产业结构的重要性，并由此进一步增强祖国、民族和文化的归属感、认同感、尊严感与荣誉感。

通过讲授国内外最新的污染物控制技术、先进的环保理念和治污经验等内容，结合应用实践能力培养环节，使学生了解社会发展现状，跟上行业科技发展的步伐，增强对社会发展的理解，强化对社会与家庭的使命感，提高自身实践能力。

培养工程德育，注重实践育人，强化人文素质和社会素养。通过典型污染治理技术案例及其科学史的讲授，提炼专业基础知识，同时贯彻领会科学发展观，生态文明建设、“四个正确认识”和“四个自信”等思政教育关键点。

2.2 流体力学基础

2.2.1 液体静力学基础

1. 液体的静压力

静压力是指静止液体单位面积所受的法向力，简称压力，用 p 表示。

注意：*静压力在物理学中被称为压强，在液压传动中称为压力。*

流体静力学

静止液体中某点处微小面积 ΔA 上作用有法向力 ΔF，则该点的压力为

$$p=\lim_{\Delta A\to 0}\frac{\Delta F}{\Delta A} \tag{2-6}$$

若法向作用力 F 均匀地作用在面积 A 上，则压力可表示为

$$p=\frac{F}{A} \tag{2-7}$$

我国采用法定计量单位 Pa（$\mathrm{N/m^2}$，帕斯卡，简称帕）计量压力，$1\mathrm{Pa}=1\mathrm{N/m^2}$，液压技术中习惯用的单位还有 MPa（兆帕，$\mathrm{N/mm^2}$）。在工程中还习惯使用 bar（巴，$\mathrm{kgf/cm^2}$）作为压力单位，各单位关系为 $1\mathrm{MPa}=10^6\mathrm{Pa}\approx 10\mathrm{bar}$。

静压力具有下述两个重要特征。

(1) 液体静压力垂直于作用面，其方向与该面的内法线方向一致。这是由于液体质点间内聚力很小，不能受拉、剪作用，只能受压所致。

(2) 静止液体中，任何一点所受到的各方向的静压力都相等。如果某点受到的压力在某个方向上不相等，液体就会流动，这就违背了液体静止的条件。

2. 液体静力学基本方程

现在要计算液体表面下深度为 h 处的压力。想象在静止不动的液体中有图 2-2 所示的一个高度为 h，底面积为 $\mathrm{d}A$ 的假想小液柱，上表面的压力为 p_0，下表面的压力为 p。

因为这个小液柱在重力及周围液体的压力作用下处于平衡状态，故可把其在垂直方向上的力平衡关系表示为

$$p\,\mathrm{d}A=p_0\,\mathrm{d}A+\rho g h\,\mathrm{d}A \tag{2-8}$$

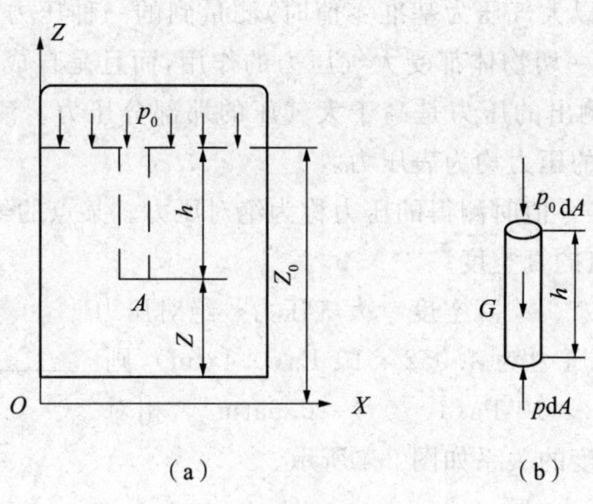

图 2-2　液体静力学示意图

式中：$\rho gh\mathrm{d}A$ 为小液柱的重力；ρ 为液体的密度。

式(2-8)化简后得

$$p=p_0+\rho gh \tag{2-9}$$

式(2-9)为静力学的基本方程，根据此式可得出以下结论。

(1) 静止液体内任意点的压力由两部分组成，即液面上的外压力 p_0 和液体自重对该点的压力 ρgh。

(2) 液体中的静压力随深度 h 的增加而呈线性增加。

(3) 在连通器里，静止液体中只要深度 h 相同，其压力就相等，即等压面是水平面。

【例 2-1】 如图 2-3 所示，容器内盛有油液。已知油的密度 $\rho=900\mathrm{kg/m^3}$，活塞上的作用力 $F=1\mathrm{kN}$，活塞的面积 $A=1\times10^{-3}\mathrm{m^2}$，假设活塞的重量忽略不计，求活塞下方深度为 $h=0.4\mathrm{m}$ 处的压力等于多少？

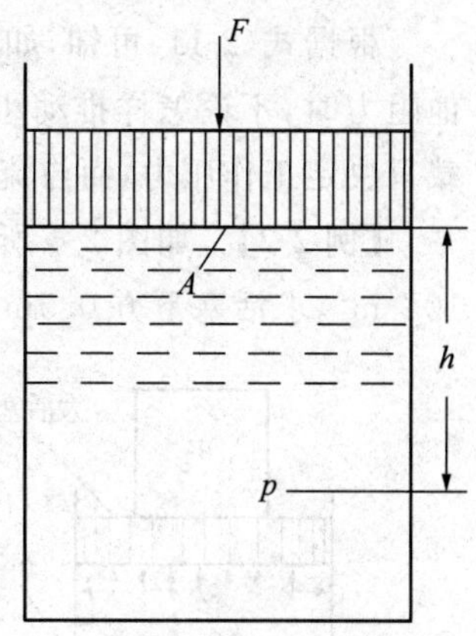

图 2-3　例 2-1 图

解：活塞与液体接触面上的压力均匀分布，有

$$p_0=\frac{F}{A}=\frac{1\,000}{10^{-3}}=10^6(\mathrm{N/m^2})$$

根据静力学基本方程式(2-9)，深度为 h 处的液体压力为

$$\begin{aligned}p&=p_0+\rho gh=10^6+900\times9.8\times0.4\\&=1.003\,5\times10^6(\mathrm{N/m^2})\approx10^6(\mathrm{Pa})\end{aligned}$$

从本例可以看出，液体在受到外界压力作用的情况下，液体自重所形成的压力 ρgh 相对较小，在液压系统中可忽略不计，因此可近似认为整个液体内部的压力是相等的，所以液压传动一般不考虑液体位置高度对压力的影响。以后在分析液压系统的压力时，一般都采用这一结论。

3. 压力的表示方法及单位

液压系统中的压力指压强，液体压力通常有绝对压力、相对压力(表压力)、真空度三种表示方法。

相对于大气压(即以大气压为基准零值时)测量到的一种压力,称为相对压力或表压力。因为在地球表面,一切物体都受大气压力的作用,而且是自成平衡的,即它表示的压力值为0。因此,它们测出的压力是高于大气压的那部分压力。注意,如果不特别指明,液压、气压传动中提到的压力均为表压力。

以绝对真空为基准零值时测得的压力称为绝对压力。某点的绝对压力比大气压力小的那部分数值称为该点的真空度。

$$真空度=大气压力-绝对压力 \tag{2-10}$$

例如,某点的绝对压力为 4.052×10^4 Pa(0.4atm),则该点的真空度为 6.078×10^4 Pa(1-0.4=0.6atm)。相对压力、绝对压力和真空度的关系如图 2-4 所示。

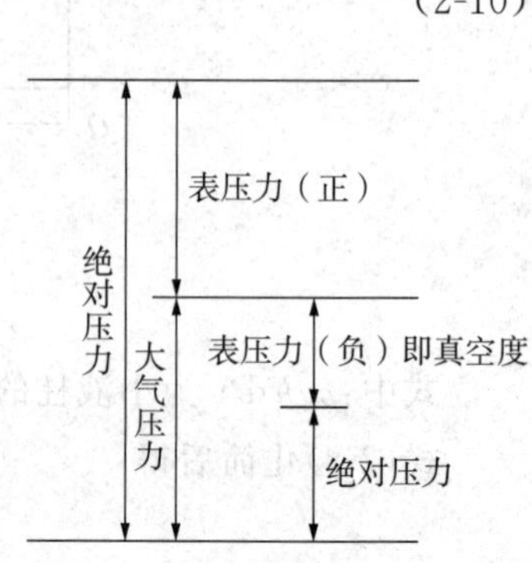

图 2-4 相对压力、绝对压力和真空度的关系

4. 帕斯卡原理

对于密封容器内的静止液体,当边界上的压力 p_0 发生变化时,如增加 Δp,容器内任意一点的压力将增加同一数值 Δp。也就是说,在密封容器内施加于静止液体任一点的压力可以等值传到液体内部各点,这就是帕斯卡原理或静压力传递原理。根据帕斯卡原理和静压力的特性可知,液压传动不仅可以进行力的传递,而且能将力放大和改变力的方向。

如图 2-5 所示(容器内压力方向垂直于内表面),容器内液体的各点压力为

$$p=\frac{W}{A_2}=\frac{F}{A_1} \tag{2-11}$$

根据式(2-11)可知,如果垂直液压缸的大活塞上负载 $W=0$,且当略去活塞重量及其他阻力时,不论怎样推动小活塞,也不能在液体中形成压力。这就说明在液压传动中,负载只决定工作压力,而与流入的流体多少无关。

【例 2-2】 如图 2-6 所示,容器内充满油液,活塞上作用力为 10kN,活塞的面积 $A=10^{-2}\text{m}^2$,求活塞下方 0.5m 处的压力等于多少(油液的密度 $\rho=900\text{kg/m}^3$)?

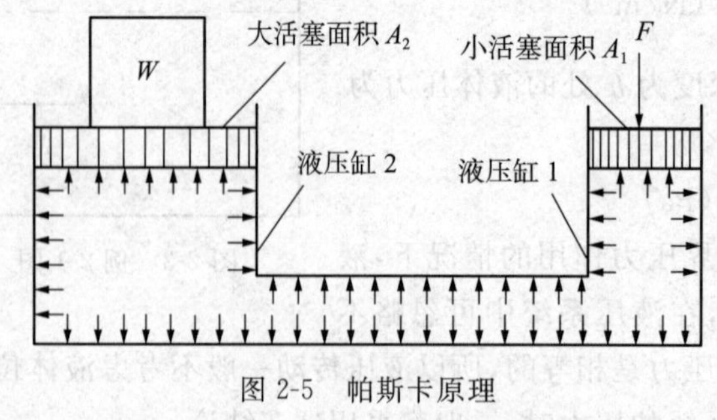

图 2-5 帕斯卡原理

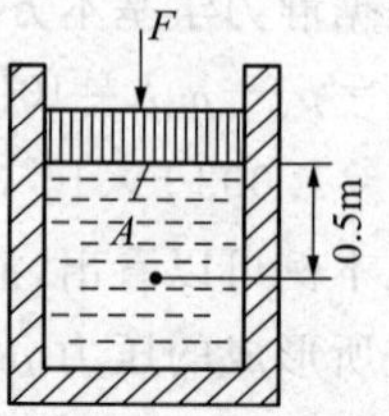

图 2-6 例 2-2 图

解: 根据式(2-11),活塞和液面接触处的压力为

$$p_0=\frac{F}{A}=\frac{10\times10^3}{10^{-2}}=10^6\,(\text{Pa})$$

所以深度为 0.5m 处的液体的压力为

$$p = p_0 + \rho g h = 10^6 + 900 \times 9.8 \times 0.5 = 10^6 + 4\,410$$
$$\approx 1.004\,4 \times 10^6 \approx 10^6 (\text{Pa}) = 1 (\text{MPa})$$

【例 2-3】 如图 2-7 所示，一个具有一定真空度的容器用一根管子倒置于液面与大气相通的水槽中，液体在管中上升的高度 $h=1\text{m}$，设液体的密度 $\rho=1\,000\text{kg/m}^3$，试求容器内的真空度。

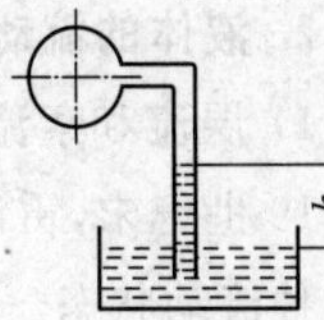

图 2-7　例 2-3 图

解：设容器内液体表面的绝对压力为 p_0，已知水槽表面的绝对压力为大气压力 p_a，将它们代入式 $p=p_0+\rho g h$，得 $p_a=p_0+\rho g h$，因此所求容器内的真空度为

$$p_a - p_0 = \rho g h = 1\,000 \times 9.8 \times 1 = 9\,800 (\text{Pa})$$

2.2.2　液体动力学基础

在液压传动系统中，液压油总是在不断地流动，因此需要研究液体流动时流速和压力的变化规律。液体的连续性方程、伯努利方程和动量方程是描述液体动力学的三个基本方程，它们是刚体力学中的质量守恒、能量守恒及动量守恒原理在流体力学中的具体应用。

1. 基本概念

液体流动时，由于重力、惯性力、黏性摩擦力等的影响，其内部各处质点的运动状态是各不相同的。此外，流动液体的状态还与液体的温度、黏度等参数有关。为了简化条件便于分析，一般假定在等温的条件下(可把黏度看作是常量，密度只与压力有关)讨论液体的流动情况。

(1) 理想液体和实际液体。一般把既无黏性，又不可压缩的假想液体称为理想液体，那么既有黏性，又可以压缩的液体就是实际液体。

(2) 稳定流动和非稳定流动。液体流动时，若液体中任意点处的压力、流速和密度不随时间变化而变化，则称为稳定流动；反之，若液体中任意一点的压力、流速或密度中有一个参数随时间变化而变化，则称为非稳定流动。

(3) 通流截面。液体在管道中流动时，其垂直于流动方向的截面称为通流截面，也称为过流断面。

(4) 流量。单位时间内通过通流截面的液体体积称为流量，用 q 表示，单位为 m^3/s。在实际应用中，常用的单位是 L/min 或 mL/s，$1\text{m}^3/\text{s}=6\times10^4\text{L/min}$。

(5) 平均流速。在实际液体流动中，由于黏性摩擦力的作用，通流截面上流速 u 的分布规律难以确定，因此引入平均流速的概念，即认为通流截面上各点的流速均为平均流速，用 v 表示，则通过通流截面的流量等于平均流速乘以通流截面积。用这种方法计算出来的流量应该与实际流量相等，因此有

$$q = vA \tag{2-12}$$

式中：q 为实际流量；A 为通流截面面积；v 为平均流速。

则平均流速为

$$v = \frac{q}{A} \tag{2-13}$$

实际工程计算中,平均流速才具有应用价值。液压缸工作时活塞的运动速度等于缸内液体的平均流速。

2. 液体的流动状态

1) 层流和紊流

19 世纪末,雷诺(Reynolds)首先通过试验观察水在圆管内的流动情况,发现了液体有两种流动状态——层流和紊流。

雷诺实验装置如图 2-8(a)所示。实验的步骤如下。

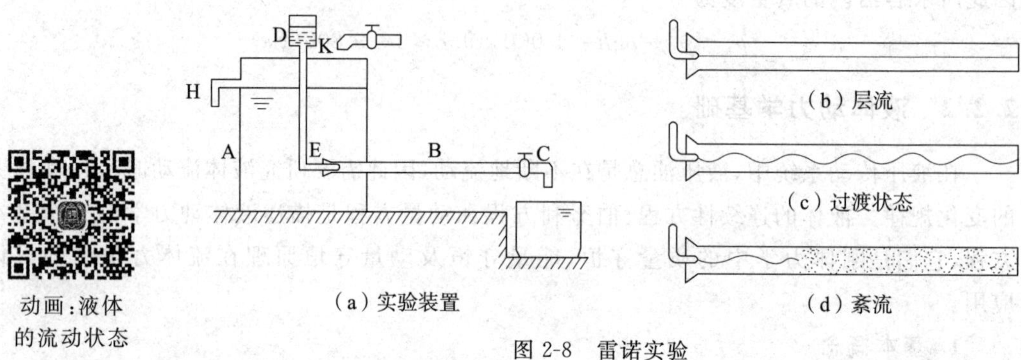

(a) 实验装置

图 2-8 雷诺实验

(1) 首先将水箱 A 注满水,并利用溢水管 H 保持水箱中的水位恒定,然后微微打开玻璃管末端的调节阀 C,水流以很小速度沿玻璃管流出。再打开颜色水瓶 D 上的小阀 K,使颜色水沿细管 E 流入玻璃管 B 中。当玻璃管中水流速度保持很小时,可以看到管中颜色水呈明显的直线形状,不与周围的水流相混。这说明在低速流动中,水流质点完全沿着管轴方向直线运动,这种流动状态称为层流,如图 2-8(b)所示。

(2) 调节阀 C 逐渐开大,水流速度增大到某一数值时颜色水的直线流开始振荡,发生弯曲,这种流动状态称为过渡状态,如图 2-8(c)所示。

(3) 再开大调节阀 C,当水流速度增大到一定程度时,弯曲颜色水流破裂成一种非常紊乱的状态,颜色水从细管 E 流出,经很短一段距离后便与周围的水流混合,扩散至整个玻璃管内,如图 2-8(d)所示。这说明水流质点在沿着管轴方向流动过程中,同时还互相掺混,做复杂的、无规则的运动,这种流动状态称为紊流(或湍流)。

2) 雷诺数

液体流动时究竟是层流还是紊流,用雷诺数进行判别。试验证明,液体在圆管中的流动状态不仅与管内的平均流速有关,还与管径内液体的运动黏度 ν 有关。但是,真正决定液流状态的,却是这三个参数所组成的一个称为雷诺数 Re 的无量纲纯数,即

$$Re = \frac{vd}{\nu} \tag{2-14}$$

由式(2-14)可知,如果液流的雷诺数相同,则它的流动状态也相同。液体流动时的两种流态可用雷诺数 Re 来判断:$Re < Re_{临界}$ 为层流;$Re > Re_{临界}$ 为湍流。常见的液流管道的临界雷诺数由试验求得(见表 2-2)。

表 2-2 常见液流管道的临界雷诺数

管道的材料与形状	临界雷诺数	管道的材料与形状	临界雷诺数
光滑的金属圆管	2 000～2 320	带槽状的同心环状缝隙	700
橡胶软管	1 600～2 000	带槽状的偏心环状缝隙	400
光滑的同心环状缝隙	1 100	圆柱形滑阀阀口	260
光滑的偏心环状缝隙	1 000	锥状阀口	20～100

对于非圆截面的管道来说，雷诺数 Re 可用下式计算：

$$Re=\frac{4vR}{\nu} \tag{2-15}$$

式中：R 为通流截面的水力半径，它等于液流的有效截面积 A 和它的湿周(有效截面的周界长度)χ 之比，即

$$R=\frac{A}{\chi} \tag{2-16}$$

例如，直径为 d 的圆柱截面管道的水力半径 $R=\frac{A}{\chi}=\frac{d}{4}$，将 $R=\frac{d}{4}$代入式(2-15)，可得式(2-14)。

又如正方形的管道，边长为 b 则周长为 $4b$，因此水力半径为 $R=\frac{b}{4}$。水力半径的大小，对管道的通流能力影响很大。水力半径大，表明流体与管壁的接触少，通流能力强；水力半径小，表明流体与管壁的接触多，通流能力差，容易堵塞。

3. 连续性方程

质量守恒是自然界的客观规律，不可压缩液体的流动过程也遵守质量守恒定律。对稳流而言，液体通过管内任一截面的液体质量必然相等。

液体动力学之连续性方程

如图 2-9 所示，在变截面管路中，管内两个流通截面面积分别为 A_1 和 A_2，流速分别为 v_1 和 v_2(单位 m/s)，则通过任一截面的流量 Q 为

$$Q=Av=A_1v_1=\cdots=A_nv_n=\text{常量} \tag{2-17}$$

式中：v_1 和 v_2 分别是流管过流断面 A_1 和 A_2 上的平均流速。

式(2-17)为连续性方程，根据此方程还可以得出以下三个重要的基本概念。

(1) 任一过流断面上的流量都相等。

(2) 当流量一定时，任一过流断面上的过流面积与流速成反比。

(3) 任一过流断面上的平均流速为 $v=\frac{Q}{A}$。

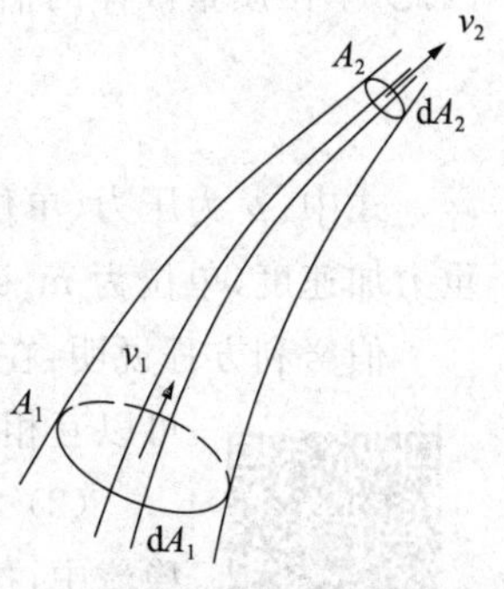

图 2-9 变截面管路中液体的流量与流速

【例 2-4】 图 2-10 所示为相互连通的两个液压缸。已知大缸内径 $D=80$mm，小缸内径 $d=20$mm，大活塞上放一质量为

5 000kg 的物体，其重力为 G。

(1) 问在小活塞上所加的力 F 为多大时才能使大活塞顶起重物？

(2) 若小活塞下压速度为 0.2m/s，求大活塞上升速度是多少？

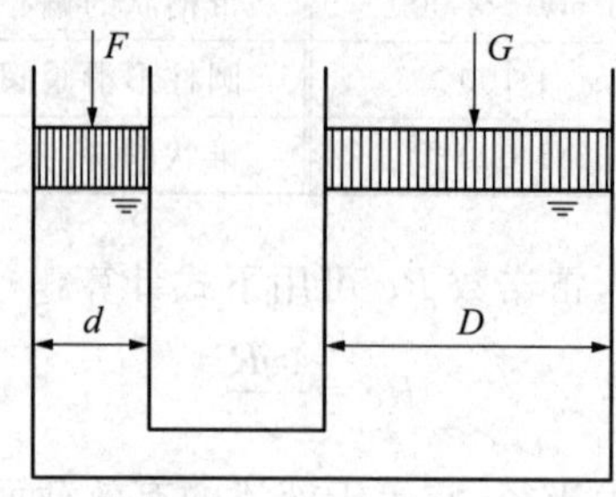

图 2-10 例 2-4 图

解：(1)物体的重力为

$$G=mg=5\ 000\times 9.8=49\ 000(\mathrm{N})$$

根据帕斯卡原理，因为外力产生的压力在两缸中均相等，即

$$F=\frac{d^2}{D^2}G=\frac{20^2}{80^2}\times 49\ 000=3\ 062.5(\mathrm{N})$$

(2) 由连续性方程 $Q=Av=$ 常数，得

$$v_{小}\pi\frac{d^2}{4}=v_{大}\pi\frac{D^2}{4}$$

故大活塞上升速度为

$$v_{大}=v_{小}\frac{d^2}{D^2}=0.2\times\frac{20^2}{80^2}=0.012\ 5(\mathrm{m/s})$$

4. 伯努利方程

(1) 理想液体的伯努利方程。在没有黏性和不可压缩的稳流中，液体具有三种形式的能量：动能、位能、压力能。依据能量守恒定律可得

$$\frac{1}{2}mv_1^2+mgh_1+mg\ \frac{p_1}{\rho g}=\frac{1}{2}mv_2^2+mgh_2+mg\ \frac{p_2}{\rho g} \tag{2-18}$$

因此，单位质量液体的伯努利方程为

$$\frac{v_1^2}{2}+gh_1+\frac{p_1}{\rho}=\frac{v_2^2}{2}+gh_2+\frac{p_2}{\rho} \tag{2-19}$$

式中：p 为压力(单位为 Pa)；ρ 为密度(单位为 $\mathrm{kg/m^3}$)；v 为流速(单位为 m/s)；g 为重力加速度(单位为 $\mathrm{m/s^2}$)；h 为水位高度(单位为 m)。

伯努利方程说明：在密闭管道内流动的液体具有压力能、动能、位能三种能量，流动时可以互相转换，当不计能量损失时，总和为定值。

液体动力学之伯努利方程

(2) 实际液体的伯努利方程。如图 2-11 所示，在有黏性和不可压缩的稳流中，按伯努利方程得

$$\frac{\alpha_1 v_1^2}{2g}+z_1+\frac{p_1}{\rho g}=\frac{\alpha_2 v_2^2}{2g}+z_2+\frac{p_2}{\rho g}+h_w$$

或
$$\frac{\alpha_1\rho v_1^2}{2}+\rho g z_1+p_1=\frac{\alpha_2\rho v_2^2}{2}+\rho g z_2+p_2+\Delta p_w \tag{2-20}$$

式中：α_1、α_2 为动能修正系数，层流时取 2，湍流时取 1；h_w 表示单位重力液体因黏性从 1—1 截面流至 2—2 截面时的能量损失；Δp_w 为两截面间的总压力损失。

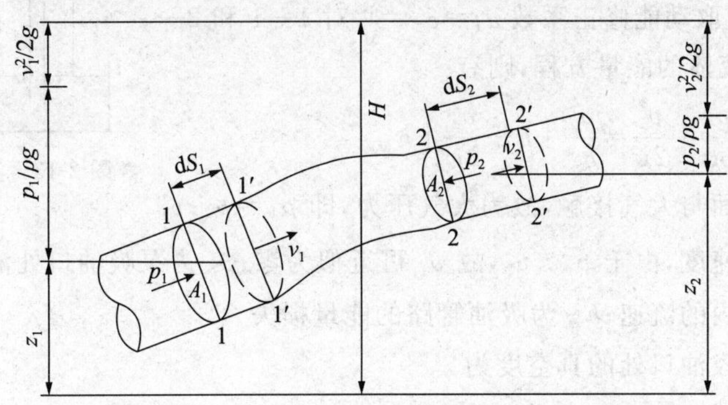

图 2-11　点 1—1 和点 2—2 截面的能量相等

在应用伯努利方程时应注意以下两点。

① 通流截面 1—1、2—2 应顺流向选取(否则 Δp_w 为负值)，且应选在缓变流动的截面上。

② 通流截面的中心在基准面以上时，h 值为正，反之为负。

【例 2-5】 如图 2-12 所示，已知水深 $H=10\text{m}$，截面 $A_1=0.02\text{m}^2$，$A_2=0.04\text{m}^2$，求孔口的出流流量以及通流截面 2—2 处的表压力(取 $\delta=1$，不计损失)。

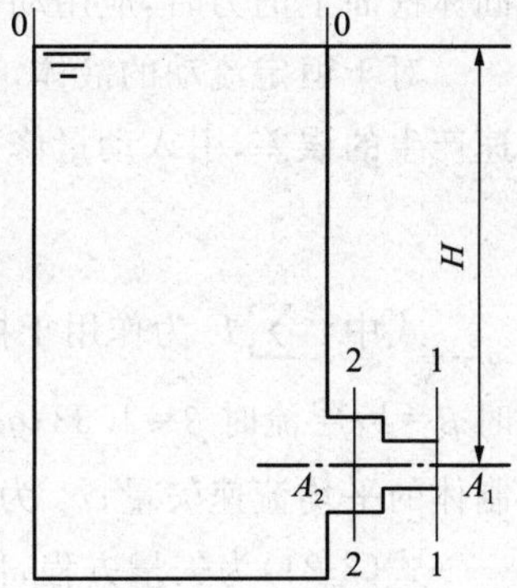

图 2-12　例 2-5 图

解： 对 0—0 和 2—2 截面，理想液体能量方程为

$$\frac{p_0}{\rho g}+\frac{v_0^2}{2g}=\frac{p_2}{\rho g}+\frac{v_2^2}{2g}-H \tag{2-21}$$

对 2—2 和 1—1 截面，理想液体能量方程为

$$\frac{p_2}{\rho g}+\frac{v_2^2}{2g}=\frac{p_1}{\rho g}+\frac{v_1^2}{2g} \tag{2-22}$$

显然，$p_1=p_2=p_a$，v_0 可以忽略不计。

因此，连续方程为　$v_1A_1=v_2A_2=q$　(2-23)

由(2-21)、(2-22)和(2-23)联立解得

$$q=v_1A_1=\sqrt{2gH}A_1=\sqrt{2\times 9.8\times 10}\times 0.02=0.28(\text{m}^3/\text{s})$$

则 2—2 处的表压力为

$$p'=p_2-p_a=p_2-p_1=\frac{v_1^2-v_2^2}{2}\rho=\frac{2gH-\left(\frac{q}{A^2}\right)2}{2}\rho$$

$$=\frac{2\times 9.8\times 10-\left(\frac{0.28}{0.04}\right)^2}{2}\times 1\,000=0.073\,5(\text{MPa})$$

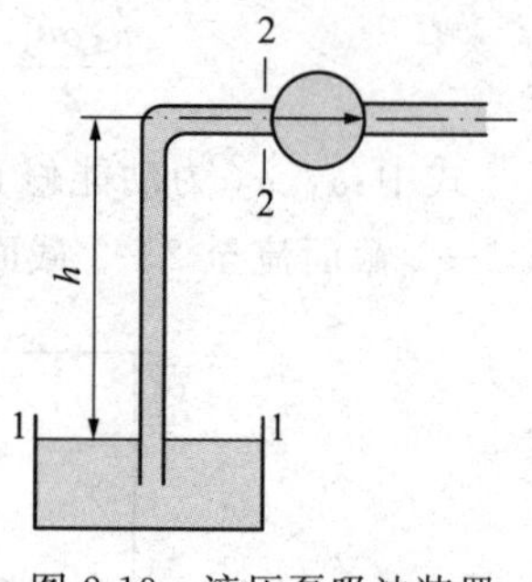

图 2-13 液压泵吸油装置

【例 2-6】 液压泵吸油装置如图 2-13 所示。设油箱液面压力为 p_1，液压泵吸油口处的绝对压力为 p_2，泵吸油口距油箱液面的高度为 h。计算液压泵吸油口处的真空度。

解： 以油箱液面为基准，并定为 1—1 截面，泵的吸油口处为 2—2 截面。取动能修正系数 $\alpha_1=\alpha_2=1$，对 1—1 和 2—2 截面建立实际液体的能量方程，则有

$$\frac{p_1}{\rho g}+\frac{v_1^2}{2g}=\frac{p_2}{\rho g}+h+\frac{v_2^2}{2g}+h_w$$

图中油箱液面与大气接触，故为大气压力，即 $p_1=p_a$；v_1 为油箱液面下降速度，由于 $v_1 \ll v_2$，故 v_1 可近似为零；v_2 为泵吸油口处液体的流速，它等于流体在吸油管内的流速；h_w 为吸油管路的能量损失。

所以液压泉吸油口处的真空度为

$$p_a-p_2=\rho gh+\frac{\rho v_2^2}{2}+\rho gh_w=\rho gh+\frac{\rho v_2^2}{2}+\Delta p$$

由此可见，液压泵吸油口处的真空度由三部分组成：把油液提升到高度 h 所需的压力、将静止液体加速到 v_2 所需的压力和吸油管路的压力损失。

5. 动量方程

动量方程是动量定理在流体力学中的具体应用。在液压传动中，要计算液流作用在固体壁面上的力时，应用动量方程求解比较方便。

对于恒定流动的液体，若忽略其可压缩性，则 $m=\rho q\Delta t$。考虑以平均流速代替实际流速产生的误差，引入动量修正系数，可写出恒定流动液体的动量方程，即

$$\sum F=\rho q(\beta_2 v_2-\beta_1 v_1) \tag{2-24}$$

式中：$\sum F$ 为作用于控制液体上的全部外力的矢量和；β_2、β_1 为动量修正系数，紊流时 $\beta=1$，层流时 $\beta=1.33$；q 为通过控制体的液体流量；ρ 为液体的密度；v_1 为液流流入控制体的平均流速矢量；v_2 为液流流出控制体的平均流速矢量。

式(2-21)为矢量方程，使用时应根据具体情况将式中的各个矢量向指定方向投影，列出该指定方向上的动量方程。例如，在 x 方向的动量方程可写成

$$\sum F_x=\rho q_v(\beta_2 v_{2x}-\beta_1 v_{1x}) \tag{2-25}$$

由于固体壁面作用在液体上的力与液体作用在固体壁面上的力大小相等、方向相反，故可求得液流对固体壁面的作用力。

2.3 液体流动时的泄漏和压力损失

2.3.1 小孔流量

小孔可分为三种：当小孔的长径比 $l/d \leqslant 0.5$ 时，称为薄壁小孔；当 $0.5<l/d \leqslant 4$ 时，称为短孔；当 $l/d>4$ 时，称为细长孔。

1. 薄壁小孔

如图 2-14 所示，其流量 Q 为

$$Q=C_{q}A\sqrt{\frac{2(p_{1}-p_{2})}{\rho}} \tag{2-26}$$

式中：C_q 为流量系数，完全收缩时其值取为 0.62～0.63，不完全收缩时其值取为 0.7～0.8；A 为过流小孔的截面面积；p_1 和 p_2 为孔前后压力；ρ 为密度。

2. 细长孔

如图 2-15 所示，流量 Q 为

$$Q=\frac{\pi d^{4}g(p_{1}-p_{2})}{128\rho vl} \tag{2-27}$$

式中：v 为运动速度，g 为重力加速度。

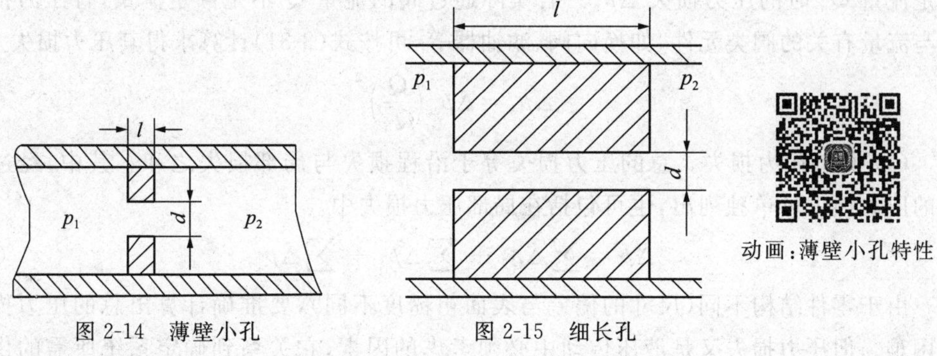

图 2-14 薄壁小孔　　图 2-15 细长孔

动画：薄壁小孔特性

3. 流量通用公式

分析各种孔、管的流量公式，可以归纳出一个通用公式为

$$Q=KA\Delta p^{m} \tag{2-28}$$

式中：K 为孔口系数，由孔的形状、尺寸和液体性质决定；A 为过流小孔的截面面积；Δp 为小孔两端的压力差；m 为长径比指数，薄壁孔为 0.5，细长孔为 1，短孔为 0.5～1。

分析流量通用公式可知，不论哪种小孔，通过的流量与小孔的过流截面面积 A 都成正比，改变 A 即可改变通过的流量。这就是节流阀的工作原理。

同时还可以看出，在流量不变情况下，改变 A 的同时，小孔两端的压力差 Δp 也会发生变化，这说明可以通过改变过流断面面积 A 来调节压力。这就是压力控制阀的工作原理。

2.3.2 液体流动中的压力损失和流量损失

1. 压力损失

压力损失和流量损失

由于液体具有黏性，在管路中流动时不可避免地存在摩擦力，因此液体在流动过程中必然会损耗部分能量。这部分能量损耗主要表现为压力损失。压力损失有沿程损失和局部损失两种。

(1) 沿程损失。沿程损失是当液体在直径不变的直管中流过一段距离时，因摩擦而产生的压力损失。其损失可用达西公式确定：

$$\Delta p_{\lambda}=\lambda \frac{l}{d}\times\frac{\rho v^{2}}{2} \tag{2-29}$$

式中：Δp_{λ} 为沿程压力损失（单位为 Pa）；l 为管路长度（单位为 m）；v 为液流的速度（单位为 m/s）；d 为管路内径（单位为 m）；ρ 为液体的密度（单位为 kg/m^3）；λ 为沿程阻力系数。

（2）局部损失。局部损失是由于管子截面形状突然变化、液流方向改变或其他形式的液流阻力而引起的压力损失。其压力损失可以由经验公式求得。

$$\Delta p_{\xi}=\frac{\xi\rho v^{2}}{2} \tag{2-30}$$

式中：ξ 为局部阻力系数。

对于液流通过各种阀时的局部压力损失，可在阀的产品样本中直接查得，或查得其在额定流量 Q_n 时的压力损失 Δp_n。若实际通过阀的流量 Q 不是额定流量，且压力损失又是与流量有关的阀类元件，如换向阀、滤油器等，可按式(2-31)计算求得其压力损失。

$$\Delta p_{\xi}=\Delta p_{n}\left(\frac{Q}{Q_{n}}\right)^{2} \tag{2-31}$$

（3）总的压力损失。总的压力损失等于沿程损失与局部损失之和。其中，经过液压阀的压力损失可单独列出，也可包括在局部压力损失中。

$$\Delta p=\sum\Delta p_{\lambda}+\sum\Delta p_{\xi}+\sum\Delta p_{阀} \tag{2-32}$$

由于零件结构不同（尺寸的偏差与表面粗糙度不同），要准确计算出总的压力损失比较困难。但压力损失又是液压传动中必须考虑的因素，它关系到确定系统所需的供油压力和系统工作时的温升，所以生产实践中总是希望压力损失尽可能小些。

由于压力损失的必然存在性，液压泵的额定压力应略大于系统工作时所需的最大工作压力。一般可将系统工作所需的最大工作压力乘以一个系数 K_p（值为 1.3～1.5）进行估算。

2. 流量损失

在液压系统中，各液压元件都有相对运动的表面，如液压缸内表面和活塞外表面。因为要有相对运动，所以它们之间都有一定的间隙。如果间隙的一边为高压油，另一边为低压油，高压油就会经过间隙流向低压区，从而造成泄漏。同时，由于液压元件密封不完善，一部分油液也会向外部泄漏。这种泄漏会造成实际流量减少，这就是流量损失。

由于流量损失影响运动速度，而泄漏又难以绝对避免，因此在液压系统中，液压泵的额定流量要略大于系统工作时所需的最大流量。通常也可以用系统工作所需的最大流量乘以一个系数 K_q（值为 1.1～1.3）进行估算。

液压冲击和空穴现象

2.3.3 液压冲击和空穴现象

1. 液压冲击

在液压系统中，当油路突然关闭或换向时，会产生急剧的压力升高，这种现象称为液压冲击。

造成液压冲击的主要原因是液流速度急剧变化、高速运动工作部件的惯性力和某些液压元件的反应动作不够灵敏。

动画：液压冲击的产生原理

当导管内的油液以某一速度运动时，若在某一瞬间迅速截断油液流动的通道（如关闭阀门），则油液的流速将从某一数值在某一瞬间突然降至0，此时油液流动的动能将转化为油液的挤压能，从而使压力急剧升高，造成液压冲击。高速运动的工作部件的惯性力也会造成系统中的液压冲击。

当产生液压冲击时，系统中的压力瞬间比正常压力大好几倍，特别是在压力高、流量大的情况下，极易引起系统的振动、噪声，甚至会导致导管或某些液压元件损坏，这样不但影响系统的工作质量，而且会缩短系统的使用寿命。还应注意的是，由于液压冲击产生的高压力，可能会使某些液压元件（如压力继电器）产生误动作而损坏设备。

针对上述影响液压冲击 Δp 的因素，可采取以下措施减小液压冲击。

(1) 适当加大管径，限制管道流速。一般在液压系统中把 v 控制在4.5m/s以内，使 Δp_{max} 不超过5MPa就认为是安全的。

(2) 正确设计阀口或设置制动装置，使运动部件制动时速度变化比较均匀。

(3) 延长阀门关闭和运动部件制动换向的时间，可采用换向时间可调的换向阀。

(4) 尽可能缩短管长，以减小压力冲击波的传播时间，变直接冲击为间接冲击。

(5) 在容易发生液压冲击的部位采用橡胶软管或设置蓄能器，以吸收冲击压力；也可以在这些部位安装安全阀，以限制压力升高。

2. 空穴现象

液压系统工作压力较大，高压会使油液溶解空气的能力加大。在液流中，当某点压力低于液体所在温度下的空气分离压力时，原来溶于液体中的气体会分离出来而产生气泡，这就是空穴现象。当压力进一步减小，直至低于液体的饱和蒸汽压时，液体就会迅速汽化形成大量蒸汽气泡，使空穴现象更为严重，从而使液流呈不连续状态。

如果液压系统中发生了空穴现象，液体中的气泡随着液流运动到压力较高的区域时，一方面，气泡在较高压力作用下将迅速被压破，从而引起局部液压冲击，造成噪声和振动；另一方面，由于气泡破坏了液流的连续性，降低了油管的通流能力，造成流量和压力波动，使液压元件承受冲击载荷，因此影响了其使用寿命。同时，气泡中的氧也会腐蚀金属元件的表面。这种因发生空穴现象而造成的腐蚀称为气蚀。

在液压传动装置中，气蚀现象可能发生在液压泵、管路以及其他有节流装置的地方。特别是在液压泵装置中，这种现象最为常见。

为了减少气蚀现象，应使液压系统内所有点的压力均高于液压油的空气分离压力。例如，应注意液压泵的吸油高度不能太高，吸油管径不能太小（因为管径过小会使流速过快，从而使压力大幅下降），液压泵的转速不要太高，管路应密封良好，油管出口应没入油面以下等。总之，应避免流速剧烈变化和外界空气混入。

注意：气蚀现象是液压系统产生各种故障的原因之一，特别是在高速、高压的液压设备中，应重点关注。

知识延伸

从“国之光荣”到“国家名片” “华龙一号”用自主创新铸就强国重器

“华龙一号”是由中国核工业集团公司(简称中核、CNNC)和中国广核集团(简称中广核、CGN)在30余年核电科研、设计、制造、建设和运行经验的基础上,根据福岛核事故经验反馈以及中国和全球最新安全要求,研发的先进百万千瓦级压水堆核电技术,具有完全自主知识产权的三代压水堆核电创新成果,是中国核电走向世界的“国家名片”,是中国核电创新发展的重大标志性成果。

“华龙一号”作为中国核电“走出去”的主打品牌,在设计创新方面,“华龙一号”提出“能动和非能动相结合”的安全设计理念,设置了完善的严重事故预防和缓解措施,其安全指标和技术性能达到了国际三代核电技术的先进水平。

如图2-16所示,蓝天碧海旁,整齐地坐落着一个个形似“圆胖墩”的核电机组,正是这些核电机组,推动着我国核工业发展走向新纪元。回顾中国核工业60余年的发展之路,从筚路蓝缕到星光璀璨,几代核电人不畏艰险、开拓创新,推动我国核工业从无到有、从小到大、由弱变强的转变和跨越,用自主创新跻身世界核工业强国之列。

图2-16 核电机组实景

2021年1月30日,“华龙一号”全球首堆中核集团福清核电5号机组投入商业运行,从此,我国核电技术水平和综合实力跻身世界第一方阵,成为继美国、法国、俄罗斯等国家之后真正掌握三代核电技术的国家。2022年3月25日,“华龙一号”示范工程全面建成投运。

“华龙一号”的成功,为我国核电技术“走出去”搭建了桥梁,除巴基斯坦,我国还与“一带一路”沿线多个国家和地区建立了核电项目合作关系。目前,海内外多台采用华龙一号技术的在运、在建核电机组运行安全质量全面受控,进一步增强了世界各国对“华龙一号”的信心。

当前,我国提出“碳达峰、碳中和”的“双碳”任务,加快清洁能源发展是我国的重大能源战略。在风、光、水、核清洁能源中,核电是可大规模替代煤电的基荷能源。核能作为清洁、低碳、可靠、高效能源,在保障能源安全和社会民生等方面发挥着重要作用。

“华龙一号”单机组每年发电近 100 亿千瓦时,能够满足中等发达国家 100 万人口的年度生产和生活用电需求。与同等规模燃煤电站相比,每年可减少标准煤消耗 312 万吨、减少二氧化碳排放 816 万吨,相当于植树造林 7 000 多万棵、造林 3 万公顷。

观察与实践

1. 实训内容

观察污染程度不同的液压油,通过颜色、气味判断污染程度。查找资料,举例说明常见油号代表含义,以及不同季节油液选择注意事项。

举例说明,常见液压系统或机电一体化系统中油液泄漏、压力损失,以及出现液压冲击、气穴现象时的表现特征。查找资料,说明如何采取有效措施减缓上述现象。

工程应用有一个专门研究振动与噪声的学科方向,上网查找相关资料,结合本课程中的液压知识,针对液压系统中的噪声,提出切实可行的降噪方案,提高液压系统的效率。

2. 实训评价

本实训的评价内容包含专业能力评价、方法能力评价及社会能力评价等。其中,自我评定占 30%,小组评定占 20%,教师评定占 30%,实训报告和答辩占 20%,总计为 100%,具体见表 2-3。

表 2-3 实训项目综合评价表

评定形式	比重	评定内容	评定标准	得分
自我评定	30%	(1) 学习工作态度; (2) 出勤情况; (3) 任务完成情况	好(30),较好(24),一般(18),差(<18)	
小组评定	20%	(1) 责任意识; (2) 交流沟通能力; (3) 团队协作精神	好(20),较好(16),一般(12),差(<12)	
教师评定	30%	(1) 小组整体学习情况; (2) 计划制订、执行情况; (3) 任务完成情况	好(30),较好(24),一般(18),差(<18)	
实训报告和答辩	20%	答辩内容	好(20),较好(16),一般(12),差(<12)	
成绩总计:		组长签字:	教师签字:	

本章小结

(1) 黏性是液体在外力作用下流动时,分子间的相对运动因存在内摩擦力(内聚力)而受到阻碍作用的性质;衡量流体黏性的指标有动力黏度、运动黏度和相对黏度三种。

(2) 液体静力学基本方程为 $p=p_0+\rho gh$。

(3) 既无黏性又不可压缩的液体称为理想液体;实际存在的既有黏性又有可压缩性的液体称为实际液体;单位时间内流过某一过流断面的液体体积称为流量;雷诺数是液流的惯性力与内摩擦力的比值,根据其大小可以判断液流状态。

(4) 流体的动力学基本定律包括连续性方程、伯努利方程和动量方程。

(5) 压力损失由沿程压力损失和局部压力损失组成,也包括经过液压阀的压力损失。

(6) 在液压系统中,液压冲击指当油路突然关闭或换向时,会产生急剧的压力升高现象;空穴现象指在液流中当某点压力低于液体所处温度下的空气分离压力时,原来溶于液体中的气体会分离出来而产生气泡的现象。

思考与习题

1. 什么是液体的黏性?常用的表示方法有哪几种?
2. 如何选择液压油的黏度?
3. 液压油的污染有什么危害?如何控制液压油的污染?
4. 静压力的特性是什么?静压力传递原理是什么?
5. 压力有哪几种表示方法?
6. 管路中的压力损失有哪几种?对压力损失影响最大的因素是什么?
7. 如何避免液压冲击、减少空穴现象?
8. 什么是液体的可压缩性,什么场合应考虑该性质?
9. 图 2-17 所示连通器中装有水和另一种液体。已知水的密度 $\rho_水 = 1\times10^3\text{kg/m}^3$,$h_1 = 60\text{cm}$,$h_2 = 75\text{cm}$,求另一种液体的密度 ρ_1。
10. 已知:图 2-18 中小活塞的面积 $A_1 = 10\text{cm}^2$,大活塞的面积 $A_2 = 100\text{cm}^2$,管道的截面积 $A_3 = 2\text{cm}^2$。试计算:①若使 $W = 10\times10^4\text{N}$ 的重物被举起,在小活塞上施加的力 F 应为多大?②当小活塞以 $v_1 = 1\text{m/min}$ 的速度向下移动时,求大活塞上升的速度 v_2 和管道中液体的流速 v_3。

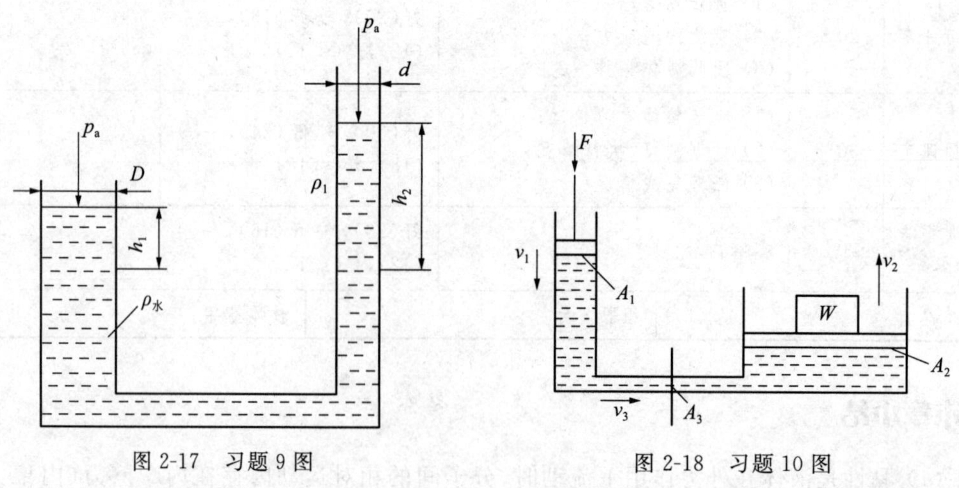

图 2-17 习题 9 图　　图 2-18 习题 10 图

11. 液压泵安装如图 2-19 所示。已知液压泵的输出流量 $Q = 25\text{L/min}$,吸油管道内径 $d = 25\text{mm}$,液压泵的吸油口距油箱液面的高度 $H = 0.4\text{m}$,插入深度 $h = 0.2\text{m}$。若油的运动黏度为 20cSt(厘斯,$1\mathrm{cSt}=10^{-6}\mathrm{m}^2/\mathrm{s}$),滤油器阻力 $\Delta p=0.01\mathrm{MPa}$,试计算液压泵吸油口处的真空度。

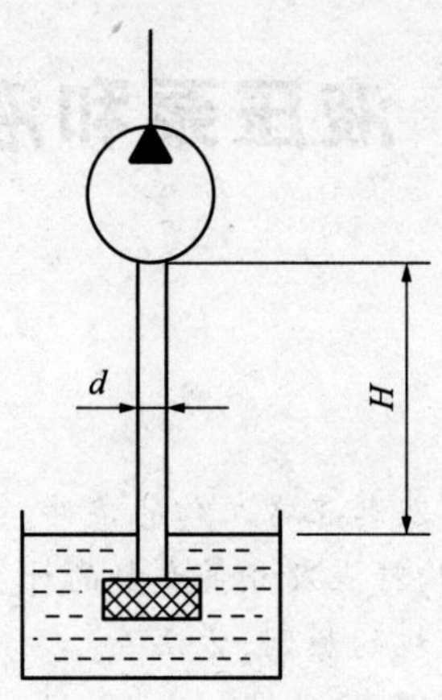

图 2-19 习题 11 图

第3章　液压泵和液压马达

【知识目标】

(1) 掌握液压泵的工作原理及其正常工作的条件。

(2) 掌握液压泵的参数、结构特点及相关参数的计算方法。

(3) 掌握选择液压泵和电动机的原则、方法。

(4) 掌握选择液压马达的原则、方法。

【能力目标】

(1) 理解常用液压泵的工作原理,熟悉液压泵的图形符号。

(2) 了解常用液压泵的结构,能正确选择合适的液压泵类型和型号。

(3) 合理选用液压泵。实事求是是重要的工学素养和职业操守。具体问题具体分析,严谨且准确,科学且理性是工程运用的重要品质。

(4) 能够正确选择合适的液压马达类型和型号。

(5) 能够区分液压泵和液压马达的相同点和不同点。

液压动力元件起着向系统提供动力的作用,是系统不可缺少的核心元件。液压泵是液压系统的动力元件,为系统提供具有一定流量和压力的液压油。液压泵将原动机输出的机械能转换为工作液体的压力能,再以压力、流量的形式输入系统中。它是液压系统的心脏,是一种能量转换装置。液压马达也是一种能量转换装置,它把输入油液的压力能转换成机械能,使主机的工作部件克服负载及阻力而产生运动。

液压传动系统中使用的液压泵和液压马达都是容积式的。液压马达是产生连续旋转运动的执行元件。从原理上说,向容积式泵中输入液压油使其轴转动,就成为液压马达。大部分容积式泵都可作液压马达使用,但在结构细节上有一些不同。

摆动液压马达是一种产生往复回转运动(摆动)的执行元件,往复摆动的角度因结构而异。摆动液压马达在结构上与连续旋转的液压马达有较大的区别。

液压泵(液压马达)按其在单位时间内所能输出(所需输入)的油液体积可否调节分为定量泵(定量马达)和变量泵(变量马达)两类;按结构形式可以分为齿轮式、叶片式和柱塞式三大类。

3.1　认识液压泵

3.1.1　液压泵的工作原理

液压系统使用的液压泵都是容积式泵,它是依靠密封容积周期性变化进行工作的。

图 3-1 所示为液压泵的工作原理。泵体 3 和柱塞 2 构成一个密封容积，偏心轮 1 由原动机带动旋转。当偏心轮 1 由图示位置顺时针旋转半周时，柱塞 2 在弹簧 4 的作用下向右移动，密封容积逐渐增大，形成局部真空，油箱内的油液在大气压作用下，打开单向阀 6 进入密封腔中，实现吸油；当偏心轮 1 继续旋转半周时，推动柱塞 2 向左移动，密封容积逐渐减小，油液受柱塞 2 挤压产生压力，使单向阀 6 关闭，油液顶开单向阀 5 输入系统，这就是压油。由此可见，泵是靠密封工作腔的容积变化进行工作的，而它输出流量的大小是由密封工作腔的容积变化大小来决定的。

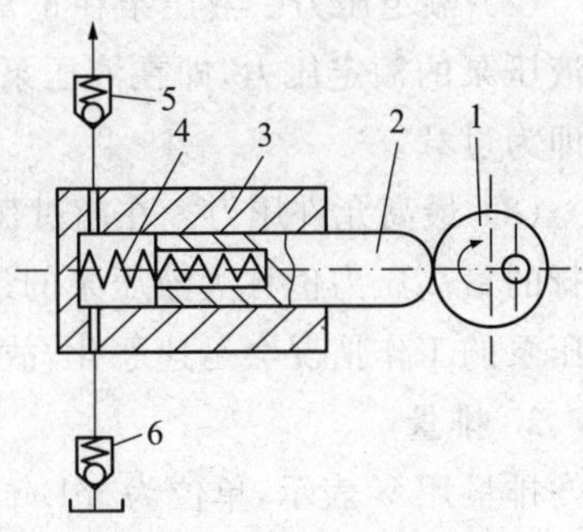

图 3-1　液压泵的工作原理
1—偏心轮；2—柱塞；3—泵体；4—弹簧；5、6—单向阀

由此得出以下结论。

(1) 液压泵输出的流量取决于密封工作腔容积变化的大小。

(2) 液压泵输出的压力取决于油液从工作腔排出时遇到的阻力。

液压泵正常工作的必备条件如下。

(1) 有呈周期性变化的密封容积。

(2) 有与密封容积变化相协调的配流装置。

(3) 吸油时油箱与大气相通。

液压泵概述

动画：单柱塞式液压泵工作原理

3.1.2　液压泵的分类

液压泵的分类方式很多，它既可以按压力的大小分为低压泵、中压泵和高压泵；也可按流量是否可调节分为定量泵和变量泵；还可按液压泵的结构分为齿轮泵、叶片泵、柱塞泵和螺杆泵。其中，齿轮泵和叶片泵多用于中、低压系统，柱塞泵多用于高压系统。各类液压泵的职能符号如图 3-2 所示。

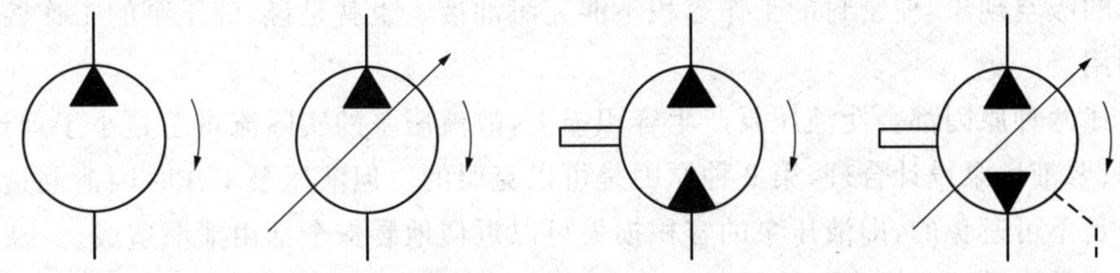
(a) 单向定量液压泵（顺时针单向旋转）　(b) 单向变量液压泵（顺时针单向旋转）　(c) 双向定量液压泵（双向流动、顺时针单向旋转）　(d) 双向变量液压泵（顺时针单向旋转）

图 3-2　液压泵的图形符号

3.1.3　液压泵的主要性能参数

1. 压力

(1) 工作压力。液压泵实际工作时的输出压力称为液压泵的工作压力，它是一个变化值。工作压力取决于外负载的大小和排油管路上的压力损失，而与液压泵的流量无关。

(2) 额定压力。液压泵在正常工作条件下,按试验标准规定连续运转的最高压力称为液压泵的额定压力,即在液压泵铭牌或产品样本上标出的压力。它是一个定值,超出此值即为过载。

(3) 最高允许压力。在超过额定压力的条件下,根据试验标准规定,允许液压泵短暂运行的最高压力值称为液压泵的最高允许压力。超过此压力,液压泵的泄漏会迅速增加,液压泵的工作情况会迅速恶化,故不允许长时间超过最高允许压力工作。

2. 排量

排量用 V 表示,单位为 mL/r,它是液压泵主轴每转一周所排出液体体积的理论值。若液压泵排量固定,则为定量泵;若排量可变,则为变量泵。定量泵因其结构简单、密封性较好、泄漏小等特点,在高压时效率也较高。

3. 流量

流量为液压泵单位时间内排出的液体体积(国际单位为 m^3/s,常用单位为 L/min),分为理论流量 q_t 和实际流量 q 两种。其中

$$q_t = Vn \tag{3-1}$$

式中:V 为液压泵的排量;n 为液压泵的转速(单位为 r/s)。

$$q = q_t - \Delta q \tag{3-2}$$

式中:Δq 为液压泵运转时,油从高压区到低压区的泄漏损失。

4. 容积效率和机械效率

液压泵工作时存在两种损失:容积损失和机械损失。

(1) 造成容积损失的主要原因如下。

① 容积式液压泵的吸油腔和排油腔虽然被隔开,但运动件间总是存在一定的间隙,因此液压泵高压区内的油液通过间隙必然会泄漏到低压区。油液黏度越低,压力越高时,泄漏越多。

② 液压泵在吸油过程中,吸油阻力、油液黏度过大或泵轴转速太高等原因都会造成液压泵的吸空现象,使密封的工作容积不能充满油液。也就是说,液压泵的工作腔没有被充分利用。

上述两种原因都会使液压泵产生容积损失,故液压泵的实际流量总是小于理论流量。但是,只要液压泵设计合理,第 2 种原因是可以克服的。但液压泵工作时因泄漏造成的容积损失是不可避免的,即液压泵的容积损失可以近似地看作全部由泄漏造成。

容积效率是液压泵实际流量与理论流量的比值,它反映了液压泵容积损失的程度。

液压泵的容积效率 η_v 的计算公式为

$$\eta_v = \frac{q}{q_t} \tag{3-3}$$

式中:q_t 为液压泵的理论输出流量;q 为液压泵的实际输出流量。

(2) 造成机械损失的主要原因如下。

① 液压泵工作时,各相对运动件,如轴承与轴之间、轴与密封件之间、叶片与泵体内壁之间有机械摩擦,从而产生摩擦阻力损失。

这种损失与液压泵输出压力有关。输出压力越高,摩擦阻力越大,损失越大。

② 油液在液压泵内流动时，由液体黏性产生的黏滞阻力，也会造成机械损失。这种损失与油液的黏度、液压泵的转速有关。油液黏度越大、液压泵的转速越高，机械损失越大。

由于上述两种原因的存在，要求液压泵的实际输入扭矩应大于理论上需要的扭矩。

机械效率是液压泵理论输入扭矩与实际输入扭矩的比值。液压泵的机械效率 η_m 的计算公式为

$$\eta_m = \frac{T_t}{T} \tag{3-4}$$

式中：T_t 为液压泵的理论输入扭矩；T 为液压泵的实际输入扭矩。

电动机输入转矩和转速（角速度），即机械能带动液压泵运动，液压泵输出液体的压力和流量，即压力能。若不考虑能量转换的损失，则输入功率等于输出功率。

5. 液压泵的总效率和功率

液压泵的总效率 η 的计算公式为

$$\eta = \eta_m \eta_v = \frac{P_o}{P_i} \tag{3-5}$$

式中：P_o 为液压泵实际输出功率；P_i 为电动机输出功率。

液压泵的功率 P_o 的计算公式为

$$P_o = pq \tag{3-6}$$

式中：p 为液压泵输出的工作压力；q 为液压泵的实际输出流量。

【例 3-1】 某液压系统，液压泵的排量 $V=10\text{mL/r}$，电动机转速 $n=1\ 500\text{r/min}$，液压泵的输出压力 $p=5\text{MPa}$，液压泵的容积效率 $\eta_v=0.92$，总效率 $\eta=0.84$，求：

(1) 液压泵的理论流量；

(2) 液压泵的实际流量；

(3) 液压泵的输出功率；

(4) 驱动电动机的功率。

解：(1) 液压泵的理论流量为

$$q_t = Vn = 10\times 1\ 500 = 15\ 000(\text{mL/min}) = 15(\text{L/min})$$

(2) 液压泵的实际流量为

$$q = q_t\eta_v = 15\times 0.92 = 13.8(\text{L/min})$$

(3) 液压泵的输出功率为

$$P_o = pq = 5\times 10^6 \times \frac{13.8\times 10^{-3}}{60} = 1\ 150(\text{W}) = 1.15(\text{kW})$$

(4) 驱动电动机功率为

$$P_i = \frac{P_o}{\eta} = \frac{1.15}{0.84} = 1.37(\text{kW})$$

3.1.4 液压泵的性能试验

1. 试验目的

本试验测量以下定量叶片泵的特性曲线。

(1) 实际流量 Q_{ac} 与工作压力 p 之间的关系，即 $Q_{ac}-p$ 曲线。

(2) 容积效率 η_v、总效率 η 与工作压力 p 间的关系即 η_v-p 和 $\eta_{总}-p$ 曲线。

(3) 输入功率 $P_{入}$ 与工作压力 p 之间关系，即 $P_{入}-p$ 曲线。

通过以上测量，了解液压泵的静态特性、技术性能。

2. 试验设备及液压系统原理

液压泵性能测试试验部分液压系统原理如图 3-3 所示。

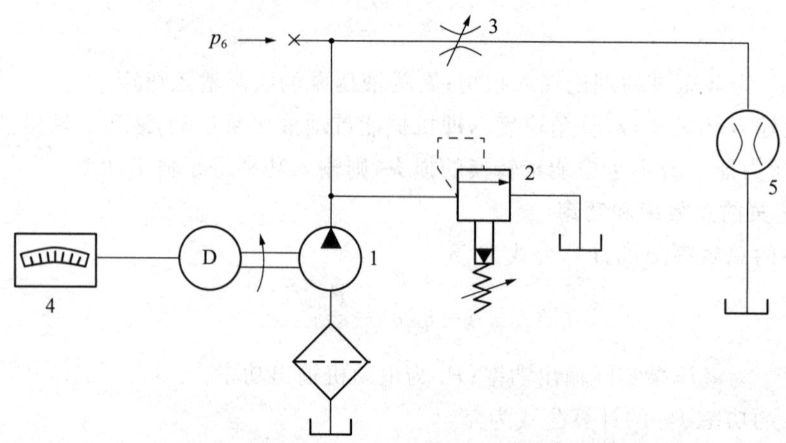

图 3-3　液压泵性能测试试验部分液压系统原理

1—定量叶片泵；2—溢流阀；3—节流阀；4—功率表；5—流量计

3. 试验内容及原理

(1) 液压泵的流量-压力特性。液压泵因内泄漏产生流量损失。油液黏度越低、工作压力越大，其损失越大。本试验测定液压泵在不同工作压力下的实际流量，得出流量-压力特性曲线。

压力由压力表 p_6 读出，流量由流量计示数 ΔV(体积量)和秒表时间 t 计算得出。

① 空载(零压)流量。在实际生产中，液压泵的理论流量 Q_{th} 并不是按液压泵设计时的几何参数和运动参数计算得到的，通常在额定转速下，以空载时的流量 $Q_{空}$ 代替 Q_{th}。本试验以节流阀 3 的开口为最大的情况下所测出液压泵的流量为空载流量。

② 额定流量。液压泵工作在额定压力和额定转速的情况下，测出的流量为额定流量 $Q_{额}$，本试验通过节流阀 3 进行加载，调节工作压力。

③ 不同压力下的实际流量 Q_{ac}。不同的压力由节流阀 3 调定，用流量计 5 测出相应压力 p 下的流量 Q_{ac} 为

$$Q_{ac}=\frac{\Delta v}{t} \tag{3-7}$$

(2) 液压泵的容积效率 η_v 的计算公式为

$$\eta_v=\frac{Q_{ac}}{Q_{th}}\approx\frac{Q_{ac}}{Q_{空}} \tag{3-8}$$

式中：$Q_{空}$ 为额定转速下的空载流量。

利用上述方法测出不同压力 p 下的实际流量 Q_{ac} 即可计算出不同压力下的 η_v，记录

好数据，再作出 $\eta_v-\eta$ 曲线。

(3) 液压泵的总效率 $\eta_{总}$ 的计算公式为

$$\eta_{总}=\frac{P_{出}}{P_{入}}=\eta_m\eta_v \tag{3-9}$$

输入功率 $P_{入}$ 用功率表间接测出。功率表指示的数值 $P_{表}$ 为电动机的输入功率，再根据该电动机的功率曲线，查出功率为 $P_{表}$ 时的电动机效率 $\eta_{电}$，则此时电动机的输出功率也就是液压泵的输入功率 $P_{入}=P_{表}\ \eta_{电}$。

图 3-4 所示为 JO_2-22-4 型电动机效率 $\eta_{电}$ 曲线图，可求得总效率 $\eta_{总}$ 为

$$\eta_{总}=\frac{P_{出}}{P_{入}}=\frac{pQ_{ac}}{60P_{表}\ \eta_{电}} \tag{3-10}$$

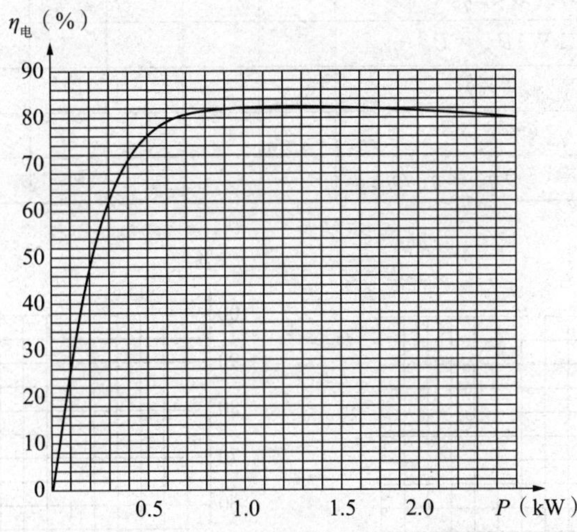

图 3-4 JO_2-22-4 型电动机效率曲线

4. 试验步骤

(1) 将各电磁阀置于“0”位，溢流阀 2 的弹簧放松，节流阀 3 关闭，压力表开关置于 p_6 位置。

(2) 起动叶片泵 1，将溢流阀 2 调节为安全阀。逐渐调高溢流阀 2 的压力，使压力 p_6 高于液压泵(YB－6.3 型)的额定压力 7.5MPa(即安全阀压力)。

(3) 将节流阀 3 完全打开，使 p_6 的压力为 0，测出在零压时的空载流量 $Q_{空}$。

(4) 调节节流阀 3，使 p_6 的压力从 0 开始，以 1MPa 的间隔逐渐上升到 6.3MPa，分别记下对应的功率表读数 $P_{表}$ 并测量实际流量 Q_{ac}。

(5) 关闭试验台，将测得的试验数据交指导教师审阅。

5. 试验数据报告

根据试验内容，填写表 3-1 所示的试验报告。

根据试验数据分析计算，画出液压泵流量-压力特性曲线和效率-压力特性曲线，如图 3-5 和图 3-6 所示。

分析计算，画输入功率-压力特性曲线，如图 3-7 所示。

表 3-1 试验数据报告

试验数据记录：试验油温_______℃

测算内容		数据							
		1	2	3	4	5	6	7	8
1	液压泵的压力 p(MPa)								
2	液压泵输出的液容积变化量 ΔV(L)								
3	对应 ΔV 所需时间 t(s)								
4	液压泵流量(L/min)$Q=60\Delta V/t$								
5	液压泵的输出功率 $P_{出}$(kW)								
6	电动机输入功率 $P_{表}$(kW)								
7	对应于 $P_{表}$ 的电动机效率 $\eta_{电}$(%)								
8	液压泵输入功率(kW)$P_{入}=P_{表}\ \eta_{电}$								
9	液压泵的容积效率 $\eta_{容}$(%)								
10	液压泵的总效率 $\eta_{总}$(%)								
11	液压泵的机械效率(%)$\eta_{机}=\eta_{总}/\eta_{容}$								

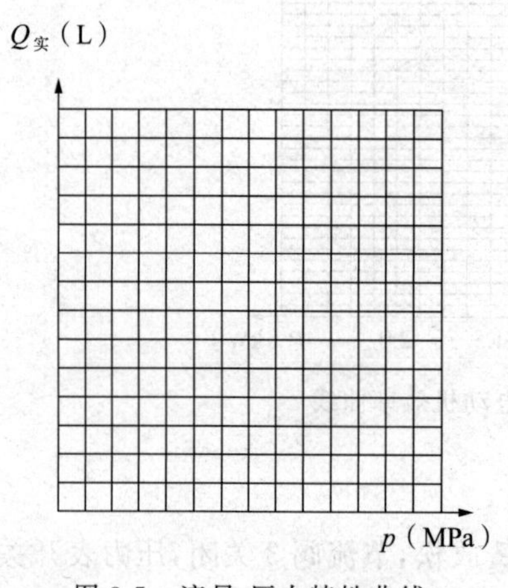

图 3-5 流量-压力特性曲线

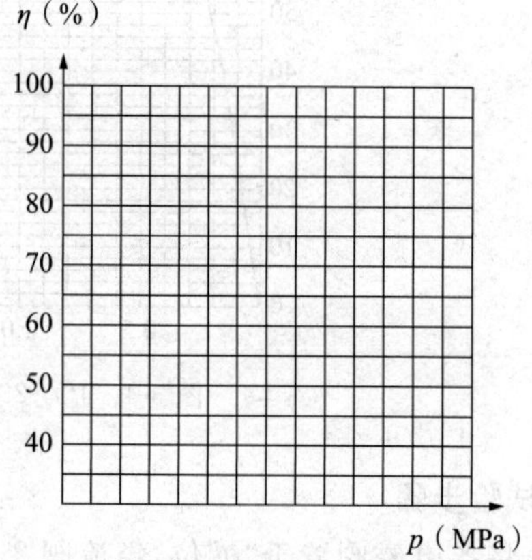

图 3-6 效率-压力特性曲线

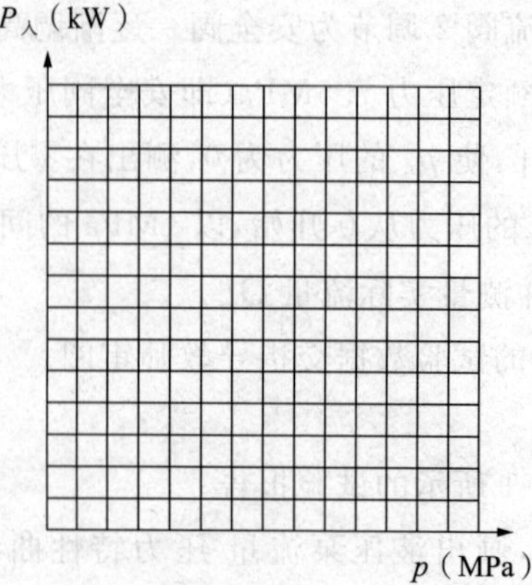

图 3-7 输入功率-压力特性曲线

6. 思考题

(1) 图 3-3 中的溢流阀 2 起什么作用?

(2) 图 3-3 中的节流阀 3 为什么能够加载被试泵?

(3) 从液压泵的效率曲线中可得到什么启示?

3.2　常用液压泵

3.2.1　齿轮泵

齿轮泵是结构最简单的一种液压泵,且价格便宜,故在一般机械上被广泛使用。齿轮泵是定量泵,可分为外啮合齿轮泵和内啮合齿轮泵两种。

齿轮泵

1. 外啮合齿轮泵

外啮合齿轮泵的构造和工作原理如图 3-8 所示。它由装在壳体内的一对齿轮组成。齿轮两侧由端盖罩住,壳体、端盖和齿轮的各个齿间槽组成了很多密封工作腔。当齿轮按图 3-8 所示的方向旋转时,右侧吸油腔由于相互啮合的齿轮逐渐脱开,密封工作腔容积逐渐增大,形成部分真空,油箱中的油液在外界大气压的作用下,经吸油管进入吸油腔,将齿间槽充满,并随着齿轮的旋转,把油液带到左侧的压油腔内。在压油腔的一侧,由于齿轮在这里逐渐啮合,密封工作腔容积不断减小,油液便被挤出去,从压油腔输送到压油管路中。啮合点处的齿面接触线一直起着隔离高、低压腔的作用。

外啮合齿轮泵运转时的主要泄漏途径有三条:一为齿顶与齿轮壳内壁的间隙;二为啮合点处;三为齿轮端面与两端盖之间的间隙。当压力增加时,前两者基本不会改变,但因端盖的挠度大增,故为外啮合齿轮泵泄漏的最主要原因,因此外啮合齿轮泵不适合用作高压泵。

固定侧板式齿轮泵解决了外啮合齿轮泵的内泄漏问题,并提高了压力,其最高压力可达 10MPa;浮动侧板式齿轮泵在高压时侧板被向内推向齿轮端面,以减少高压时的内漏,其最高压力可达 17MPa。

液压油在渐开线齿轮泵运转过程中,因齿轮相交处的封闭体积随时间而改变,常有一部分液压油被封闭在齿间,如图 3-9 所示,我们称为困油现象。因为液压油不可压缩,会使外啮合齿轮泵在运转过程中产生极大的振动和噪声,所以必须在侧板上开设卸荷槽,以防止振动和噪声的发生。

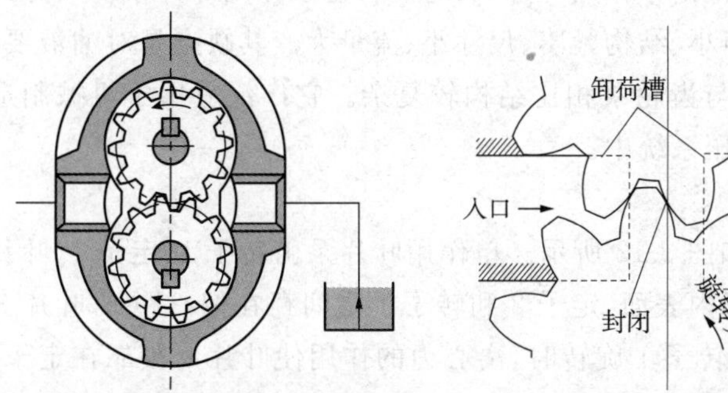

图 3-8　外啮合齿轮泵的构造和工作原理

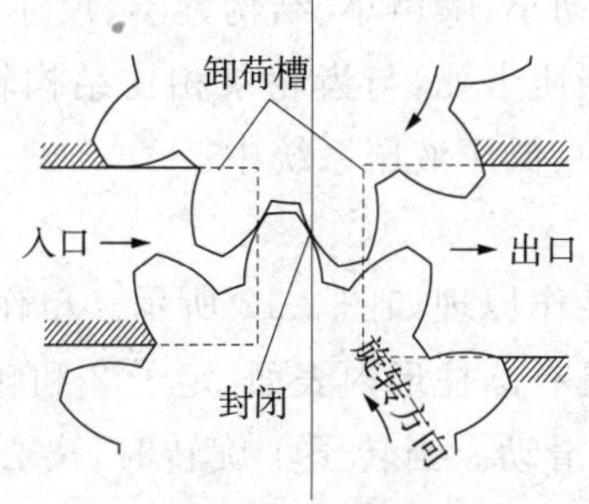

图 3-9　困油现象

动画:齿轮泵原理

2. 内啮合齿轮泵

内啮合齿轮泵的工作原理与外啮合齿轮泵类似，如图 3-10(a)所示。在渐开线齿形的内啮合齿轮泵中，小齿轮为主动轮，并且小齿轮和内齿轮之间要装一块月牙形的隔板，以便把吸油腔和压油腔隔开。内啮合齿轮泵有渐开线齿形(有隔板的内啮合齿轮泵)和摆线齿形(又称摆线转子泵)两种。

图 3-10(b)所示为有隔板的内啮合齿轮泵，图 3-10(c)所示为摆线转子泵，它们共同的特点是内外齿轮转向相同，齿面间相对速度较小，运转噪声小；齿数相异，绝对不会发生困油现象。因为外齿轮的齿端必须始终与内齿轮的齿面紧贴，以防内漏，所以内啮合齿轮泵不适用于具有较高压力的场合。

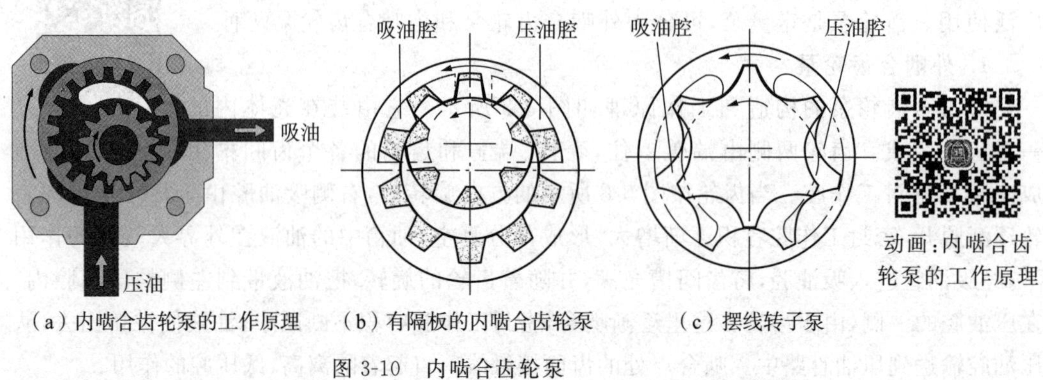

(a) 内啮合齿轮泵的工作原理　(b) 有隔板的内啮合齿轮泵　(c) 摆线转子泵

图 3-10　内啮合齿轮泵

3.2.2 螺杆泵

图 3-11 所示为螺杆泵。它的液压油沿螺旋方向前进，转轴径向负载各处均相等，脉动小，运动时噪声低，可高速运转，常用作容量泵。但压缩量小，不适用于具有高压的场合。一般用作燃油泵、润滑油泵、气泵，较少用作液压泵。

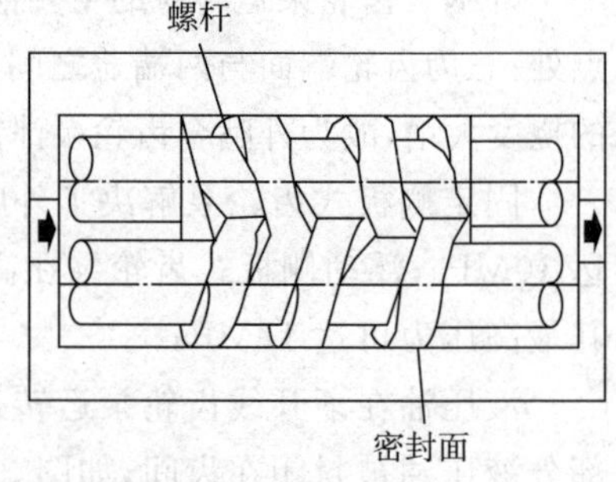

图 3-11　螺杆泵

3.2.3 叶片泵

叶片泵有两种结构形式，一种是单作用叶片泵；另一种是双作用叶片泵。叶片泵的优点是运转平稳、压力脉动小、噪声小、结构紧凑、尺寸小、流量大。其缺点是对油液要求高，叶片容易被油液中的杂质卡死，与齿轮泵相比结构较复杂。它广泛应用于机械制造中的专用机床和自动线等中、低压液压系统中。

1. 单作用叶片泵

单作用叶片泵的工作原理如图 3-12 所示。单作用叶片泵由转子 1、定子 2、叶片 3 和端盖等组成。定子 2 具有圆柱形内表面，定子 2 和转子 1 之间存在偏心距 e，叶片 3 装在转子槽中，并可在槽内滑动。当转子 1 旋转时，离心力的作用使叶片 3 紧靠在定子内壁。这样，在定子 2、转子 1、叶片 3(每两个叶片之间)和两侧配油盘之间就形成了若干密封的工作空间。当转子 1 按逆时针方向旋转时，在图 3-12 的右部，叶片 3 逐渐伸出，叶片之间的空间逐渐增大，形成吸油腔，从吸油口吸油。在图3-12的左部，叶片3被定子内壁逐渐压进槽内，工作空间逐渐缩小，形成压油腔，将油液从压油口压出。

叶片泵

动画：单作用叶片泵

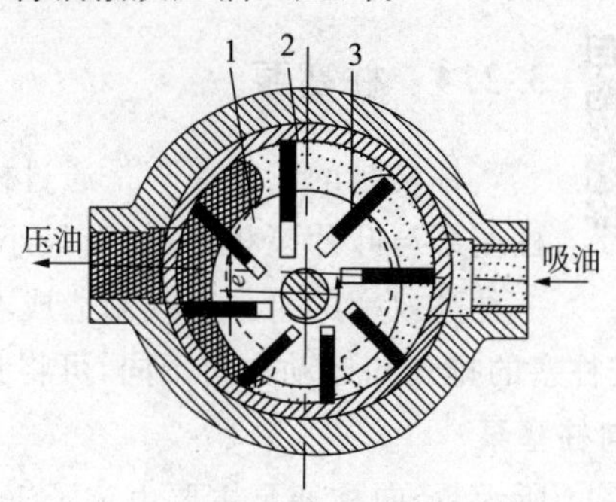

图3-12　单作用叶片泵的工作原理
1—转子；2—定子；3—叶片

在吸油腔和压油腔之间有一段封油区把吸油腔和压油腔隔开。这种叶片泵每转一周，每个工作腔就完成一次吸油和压油，因此称为单作用叶片泵。转子1不停地旋转，泵就不断地吸油和排油。

改变转子1与定子2的偏心量，即可改变泵的流量。偏心量越大，流量越大。若将转子1与定子2调成几乎是同心的，则流量接近于0，因此单作用叶片泵大多为变量泵。

另外，还有一种限压式变量泵。当负载小时泵输出流量大，执行元件可快速移动；当负载增加时，泵输出流量变小，输出压力增加，执行元件速度降低。如此可减少能量消耗，避免油温上升。

2. 双作用叶片泵

双作用叶片泵的工作原理如图3-13所示。定子内表面近似于椭圆，转子1和定子4同心安装，有两个吸油区和两个压油区对称布置。转子1每转一周，完成两次吸油和压油。双作用叶片泵大多是定量泵。叶片泵的结构较齿轮泵复杂，但其工作压力较高，且流量脉动小，工作平稳，噪声较小，寿命较长。所以被广泛应用于机械制造中的专用机床和自动线等中、低压液压系统中。缺点是结构复杂，吸油特性不好，对油液的污染也比较敏感。

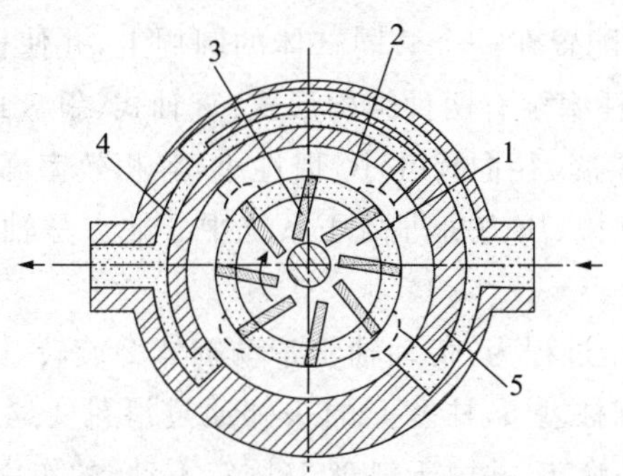

图3-13　双作用叶片泵的工作原理
1—转子；2—配油盘；3—叶片；4—定子；5—泵体

动画：双作用叶片泵

还有一种双联叶片泵，它是由两套单联叶片泵的转子、定子、叶片和配油盘组装在一个泵体内，由同一根传动轴带动，它们有一个共同的吸油口和两个独立的排油口。低压时，两个泵同时大量供油，系统可轻载快速运动；高压时，大泵通过卸荷阀直通油箱卸荷以减小功率损失，小泵单独供油，系统重载慢速运动。

柱塞泵

3.2.4 柱塞泵

柱塞泵的工作原理是通过柱塞在缸体内做往复运动实现吸油和压油。柱塞泵与叶片泵相比，能以最小的尺寸和最小的重量供给最大的动力，是一种高效率的泵。因其制造成本相对较高，故适用于高压、大流量、大功率的场合。按柱塞的排列和运动方向不同，可将其分为径向柱塞泵和轴向柱塞泵两大类。

1. 径向柱塞泵

如图 3-14 所示，径向柱塞泵主要由定子 1、配油轴 2、转子 3 和柱塞 4 等组成。转子 3 上均匀分布着几个径向排列的孔，柱塞 4 可在孔中自由地滑动。配油轴 2 把衬套的内孔分隔为上下两个分油室，这两个分油室分别通过配油轴 2 上的轴向孔与泵的吸油口和压油口相通。定子 1 与转子 3 偏心安装。当转子 3 按图示方向逆时针旋转时，柱塞 4 在下半周时逐渐向外伸出，柱塞孔的容积增大形成局部真空，油箱中的油液经过配油轴 2 上的吸油口和油室进入柱塞孔，这就是吸油过程。当柱塞 4 运动到上半周时，定子 1 将柱塞 4 压入柱塞孔中，柱塞孔的密封容积变小，孔内的油液通过油室和排油口压入系统，这就是压油过程。转子 3 每转一周，每个柱塞各吸油、压油一次。

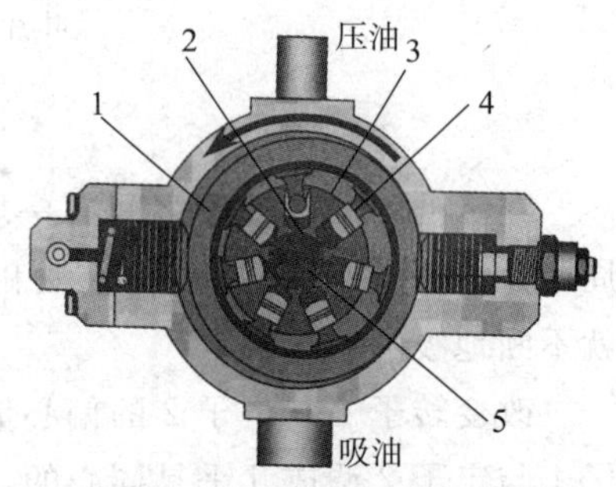

图 3-14 径向柱塞泵工作原理

1—定子；2—配油轴；3—转子；4—柱塞；5—轴向孔

径向柱塞泵的输出流量由定子 1 与转子 3 间的偏心距决定。若偏心距可调，就为变量泵，图 3-14 所示即为变量泵。偏心距的方向改变后，进油口和压油口也随之互相变换，变成双向变量泵。

2. 轴向柱塞泵

轴向柱塞泵是将多个柱塞轴向配置在一个共同缸体的圆周上，并使柱塞中心线和缸体中心线平行的一种液压泵。轴向柱塞泵有两种结构形式：直轴式(斜盘式)和斜轴式(摆缸式)。轴向柱塞泵的优点是结构紧凑，径向尺寸小，惯性小，容积效率高，目前压力可达 40MPa，甚至更高。一般用于工程机械、压力机等高压系统中。缺点是轴向尺寸较大，轴向作用力也较大，结构比较复杂。

如图 3-15 所示，轴向柱塞泵工作过程为：传动轴 1 带动缸体 2 旋转，缸体 2 上均匀分布有奇数个柱塞孔，柱塞孔 6 内装有柱塞 5，柱塞 5 的头部通过滑靴 4 紧压在斜盘 3 上。缸体 2 旋转时，柱塞 5 一面随缸体 2 旋转，并由于斜盘 3(固定不动)的作用，柱塞 5 在孔内做往复运动。当缸体 2 从图示的最下方位置向上转动时，柱塞 5 向外伸出，柱塞孔 6 的密封容积增大，形成局部真空，油箱中的油液被吸入柱塞孔 6，这就是吸油过程。当缸体 2 带动柱塞 5 从图示最上方位置向下转动时，柱塞 5 被压入柱塞孔 6，柱塞孔 6 内密封容积减小，孔内油液被挤出，这就是压油过程。缸体 2 每旋转一周，每个柱塞孔都完成一次吸油和压油的过程。

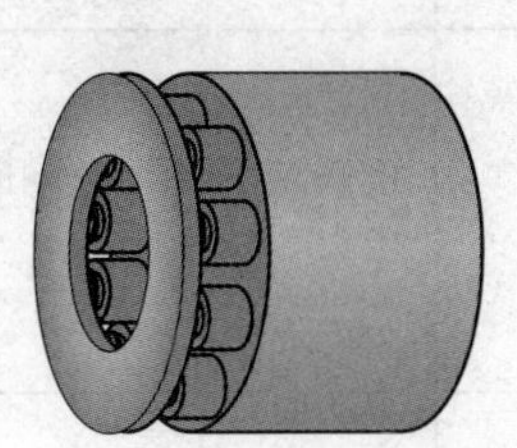

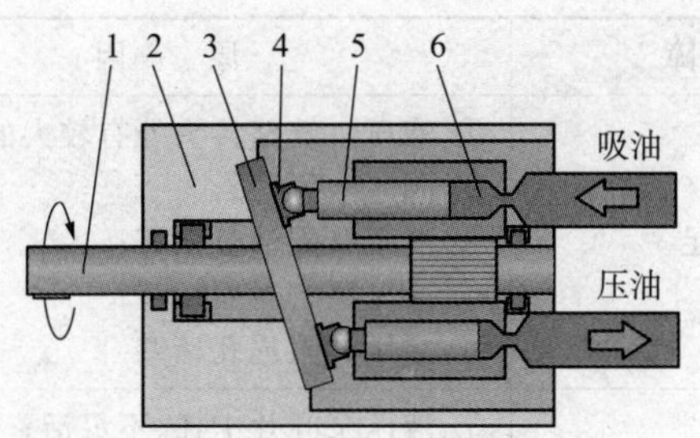

图 3-15 轴向柱塞泵工作原理

1—传动轴;2—缸体;3—斜盘;4—滑靴;5—柱塞;6—柱塞孔

(1) 直轴式(斜盘式)轴向柱塞泵。图 3-16 所示为直轴式轴向柱塞泵工作原理。直轴式轴向柱塞泵是靠斜盘推动活塞产生往复运动,进而改变缸体柱塞腔内容积,进行吸油和排油的。它的传动轴中心线和缸体中心线重合,柱塞轴线和主轴平行。改变斜盘的倾角大小或倾角方向,即可改变液压泵的排量以及吸油和压油的方向,成为双向变量泵。

(2) 斜轴式轴向柱塞泵。图 3-17 所示为斜轴式轴向柱塞泵工作原理。斜轴式轴向柱塞泵的传动轴线与缸体的轴线以特定角度相交。柱塞通过连杆与主轴盘铰接,并由连杆的强制作用使柱塞产生往复运动,从而使柱塞腔的密封容积发生变化而输出液压油。这种柱塞泵的优点是流量变化范围大,且泵的强度大,缺点是结构较复杂,外形尺寸和重量都较大。

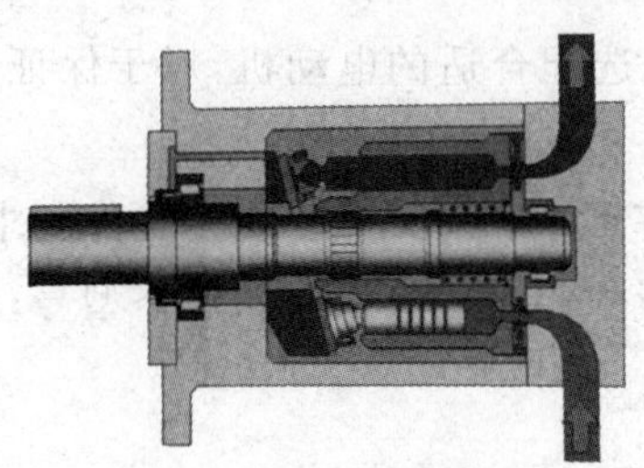

图 3-16 直轴式轴向柱塞泵工作原理

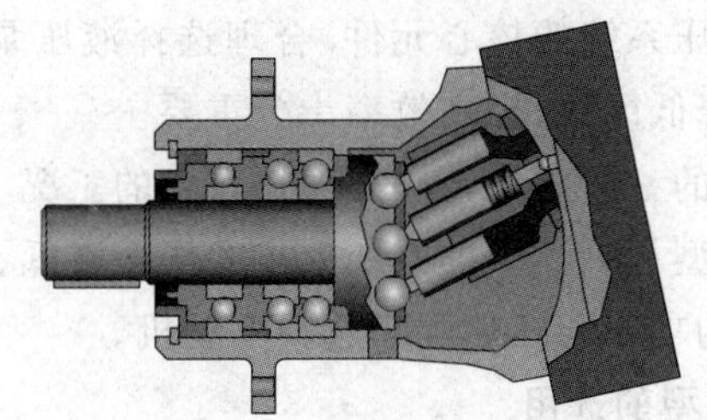

图 3-17 斜轴式轴向柱塞泵工作原理

动画:斜轴式轴向柱塞泵

3.2.5 机床液压系统常见故障及排除方法

机床液压系统常见故障及排除方法见表 3-2。

表 3-2 机床液压系统常见故障及排除方法

故 障	原 因	排除方法
液压泵不供油和输油量明显减少	① 液压泵电动机反转; ② 油箱中油量不足; ③ 吸油管被堵塞; ④ 液压泵损坏	变换液压泵电动机接线,检查油位,排除污物,检修液压泵

续表

故　障	原　因	排除方法
系统压力不足	① 液压缸管路接头处有较大的泄漏； ② 阀芯卡死； ③ 液压泵配油盘损坏； ④ 液压泵密封圈损坏； ⑤ 减压阀阻尼孔堵塞	检修液压泵及减压阀，拧紧管接头
系统有噪声	① 液压泵叶片卡住、不灵活； ② 液压泵吸入空气； ③ 吸油管及过滤器被堵塞； ④ 阀振动	排出空气，清洗吸油管及过滤器，检修液压泵及阀
液压驱动部件运动不均或速度过低	① 系统内有空气； ② 液压泵损坏，供油不均； ③ 油箱内油量不足； ④ 管路泄漏	排出空气，检修液压泵及管路，油箱加油
机床在运行中可能出现的误动作	主要是由电磁滑阀造成，有时电磁铁吸不上或放不开	在检修电路的基础上检修电磁滑阀，更换弹簧或电磁铁

3.3 液压泵和电动机的选用

3.3.1 液压泵的选用

液压泵是液压系统的核心元件，合理选择液压泵，并选配合适的电动机，对于保证系统的工作性能、降低能耗、提高效率十分重要。

选用液压泵的一般顺序：首先，根据设备的工况、功率大小和对液压系统的性能要求，确定液压泵的类型；然后，根据系统要求的压力高低、流量大小确定液压泵的规格型号；最后，根据液压泵的功率和转速配套选择电动机。

1. 液压泵类型的选用

了解各种常用液压泵的性能是正确选用液压泵的基础。表 3-3 列举了几种常用类型液压泵的性能，可供选用时参考。

表 3-3　几种常用类型液压泵的性能

项　目	类　型				
	外啮合齿轮泵	双作用叶片泵	单作用叶片泵	轴向柱塞泵	螺杆泵
工作压力/MPa	＜20	6.3～21	≤7	20～35	＜10
转速/(r/min)	500～3 500	500～4 000	500～2 000	750～3 000	500～4 000
流量调节	不能	不能	能	能	不能
排量/cm^3	12～250	5～300	5～160	100～800	4～630
容积效率	0.7～0.95	0.8～0.95	0.8～0.9	0.85～0.95	0.9～0.98

续表

项　目	类　型				
	外啮合齿轮泵	双作用叶片泵	单作用叶片泵	轴向柱塞泵	螺杆泵
总效率	0.6～0.85	0.75～0.85	0.7～0.85	0.85～0.95	0.7～0.85
流量稳定性	差	好	中	中	很好
流量脉动性	大	小	中	中	中
自吸特性	好	较差	较差	差	较差
对油的污染敏感性	不敏感	较敏感	较敏感	很敏感	很敏感
寿命	较短	较长	较短	长	很长
单位功率价格	最低	中	较高	高	较高
噪声	大	小	中	大	很小

2. 液压泵规格的选用

选定液压泵的类型后，再根据液压泵应保证的压力和流量确定它的具体规格。

液压泵的工作压力是根据执行元件的最大工作压力确定的。考虑各种压力损失，液压泵的最大工作压力 $p_{泵}$ 可按式(3-11)确定：

$$p_{泵} \geqslant K_p p_{缸} \tag{3-11}$$

式中：$p_{泵}$ 为液压泵需要提供的压力；K_p 为系统中的压力损失系数，一般取 1.3～1.5；$p_{缸}$ 为液压缸中所需的最大工作压力。

液压泵的输出流量取决于系统所需最大流量及泄漏量，即

$$Q_{泵} \geqslant K_Q Q_{缸} \tag{3-12}$$

式中：$Q_{泵}$ 为液压泵需要输出的流量；K_Q 为系统的泄漏系数，一般取 1.1～1.3；$Q_{缸}$ 为液压缸需提供的最大流量。

若液压系统为多液压缸同时动作，$Q_{泵}$ 应为同时动作的几个液压缸所需的最大流量之和。

在求出 $p_{泵}$、$Q_{泵}$ 以后，就可以具体选择液压泵的规格了。选择时应使实际选用液压泵的额定压力大于所求出的 $p_{泵}$ 值，通常可放大 25%。液压泵的额定流量一般选择略大于或等于所求出的 $Q_{泵}$ 值即可。

3.3.2 电动机参数的选择

液压泵是由电动机驱动的，可根据液压泵的功率计算出电动机需要的功率，再考虑液压泵的转速，最终从电动机样本中合理选定标准的电动机。

驱动液压泵所需的电动机功率可按下式确定：

$$P_m = \frac{p_{泵} \times Q_{泵}}{\eta} \tag{3-13}$$

式中：P_m 为电动机所需的功率；$p_{泵}$ 为液压泵所需的最大工作压力；$Q_{泵}$ 为液压泵需输出的最大流量；η 为泵的总效率。

【例 3-2】 已知某液压系统工作时，活塞上所受的外荷载 $F=9\ 720\text{N}$，活塞有效工作面积 $A=0.008\text{m}^2$，活塞运动速度 $v=0.04\text{m/s}$，应选择额定压力和额定流量为多大的液压泵？驱动它的电动机功率应为多大？

解： 首先确定液压缸中的最大工作压力 $p_{缸}$ 为

$$p_{缸}=\frac{F}{A}=\frac{9\ 720}{0.008}=12.15\times10^5(\text{Pa})=1.215(\text{MPa})$$

选择 $K_p=1.3$，计算液压泵所需最大压力为

$$p_{泵}=K_p p_{缸}=1.3\times1.215=1.58(\text{MPa})$$

再根据运动速度计算液压缸中所需的最大流量为

$$Q_{缸}=vA=0.04\times0.008=3.2\times10^{-4}(\text{m}^3/\text{s})$$

选取 $K_Q=1.1$，计算液压泵所需的最大流量为

$$Q_{泵}=K_Q Q_{缸}=1.1\times3.2\times10^{-4}=3.52\times10^{-4}(\text{m}^3/\text{s})=21.12(\text{L/min})$$

查液压泵的样本资料，选择 CB－B25 型齿轮泵。该泵的额定流量为 25L/min，略大于 $Q_{泵}$；该泵的额定压力为 25kgf/cm^2（约为 2.5MPa），大于泵需要提供的最大压力。

查得液压泵的总效率 $\eta=0.7$，则驱动液压泵的电动机功率为

$$P_m=\frac{p_{泵}\ Q_{泵}}{\eta}=\frac{1.58\times10^6\times25\times10^{-3}}{60\times0.7}=940(\text{W})=0.94(\text{kW})$$

在上式中，计算电机功率时用的是液压泵的额定流量，而没有用计算出的液压泵流量，这是因为所选择的齿轮泵是定量泵，定量泵的流量是不能调节的。

3.4 液压马达

液压马达是将液体的压力能转换为旋转运动机械能的液压执行元件。液压马达与液压泵从理论上是可逆的，即齿轮泵、叶片泵、柱塞泵等理论上都可以作为液压马达使用。但实际上，除个别型号的齿轮泵和柱塞泵可作为液压马达使用，由于结构上的原因，大多数液压泵并不能直接作为液压马达使用。

按照转速的不同，液压马达可分为高速和低速两大类。一般认为，额定转速高于 500r/min 属于高速马达，额定转速低于 500r/min 属于低速马达。按照排量可否调节，液压马达可分为定量马达和变量马达两大类。变量马达又可分为单向变量马达和双向变量马达。

3.4.1 齿轮式液压马达的工作原理

图 3-18(a)所示为齿轮式液压马达的外形，图 3-18(b)所示为齿轮式液压马达的工作原理。液压油从进油口进入，作用于相互啮合的两个齿轮中的齿 1、2、3 和齿 $1'$、$2'$、$3'$上，C 点为啮合点，齿 2、$2'$两面作用力相等。由于啮合点到齿顶的距离小于全齿高，作用于齿 3、$3'$上的液压力大于作用于齿 1、$1'$上的液压力，所以轮齿按图示方向转动，将液压能转变为齿轮转动的机械能。

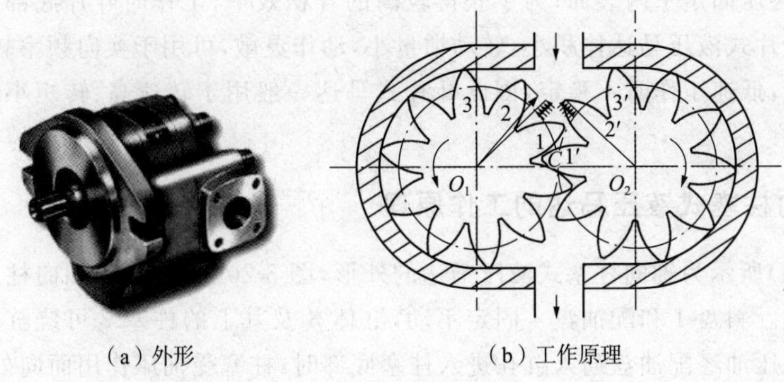

（a）外形　（b）工作原理

图 3-18 齿轮式液压马达

为了适应正反转的要求，齿轮式液压马达的进出油口截面相等，具有对称性。齿轮式液压马达密封性差，容积效率较低，输入油的压力不能过高，不能产生较大的转矩，并且瞬时转速和转矩随啮合点的位置变化而变化，因此齿轮式液压马达仅适于高速小转矩的场合，一般用于工程机械、农业机械以及对转矩均匀性要求不高的机械设备上。

3.4.2 叶片式液压马达的工作原理

图 3-19(a)所示为叶片式液压马达的外形，图 3-19(b)所示为叶片式液压马达的工作原理。当液压油经过配油窗口进入叶片 1、2、8(或叶片 4、5、6)之间时，叶片 2 和叶片 8 一侧作用高压油，另一侧作用低压油，由于叶片 2 伸出的面积大于叶片 8 伸出的面积，因此使转子产生逆时针转动的力矩。同时，叶片 4 和叶片 6 的液压油作用面积之差也使转子产生逆时针转矩，两者之和即为液压马达产生的转矩。在供油量一定的情况下，液压马达将以确定的转速旋转。位于压油腔的叶片 1 和叶片 5 两面同时受液压油作用，受力平衡，对转子不产生转矩。

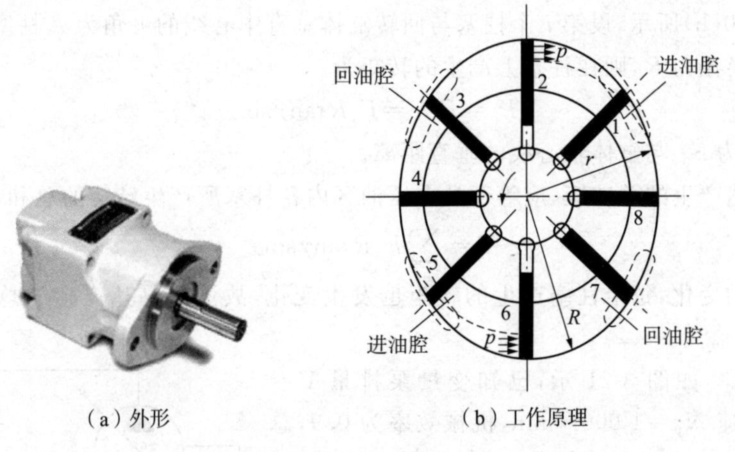

（a）外形　（b）工作原理

图 3-19 叶片式液压马达

为了适应正反转的要求，叶片式液压马达的叶片沿转子径向放置，叶片的倾角等于零；为了保证起动时叶片与定子内表面密封，转子的两侧面开有环形槽，槽内放有燕式弹簧，使叶片始终压向定子内表面；为了获得较高的容积效率，工作时叶片底部始终要与压油腔连通。叶片式液压马达体积小，转动惯量小，动作灵敏，可用于换向频率较高的场合，但泄漏量较大，低速工作时不稳定，因此叶片式马达一般用于转速高、转矩小和动作要求灵敏的场合。

3.4.3 轴向柱塞式液压马达的工作原理

图 3-20(a)所示为轴向柱塞式液压马达的外形，图 3-20(b)所示为轴向柱塞式液压马达的工作原理。斜盘 1 和配油盘 4 固定不动，缸体 3 及其上的柱塞 2 可绕缸体的水平轴线旋转。当液压油经配油盘通入缸孔进入柱塞底部时，柱塞受油压作用而向外顶出，紧压在斜盘上，这时斜盘对柱塞的反作用力为 F，由于斜盘有一倾斜角 γ，所以 F 分为两个分力：一个分力是轴向分力 F_x，平行于柱塞轴线，并与柱塞底部油压力平衡；另一个分力是 F_y，垂直于柱塞轴线。垂直分力 F_y 对缸体产生转矩，带动马达轴转动。

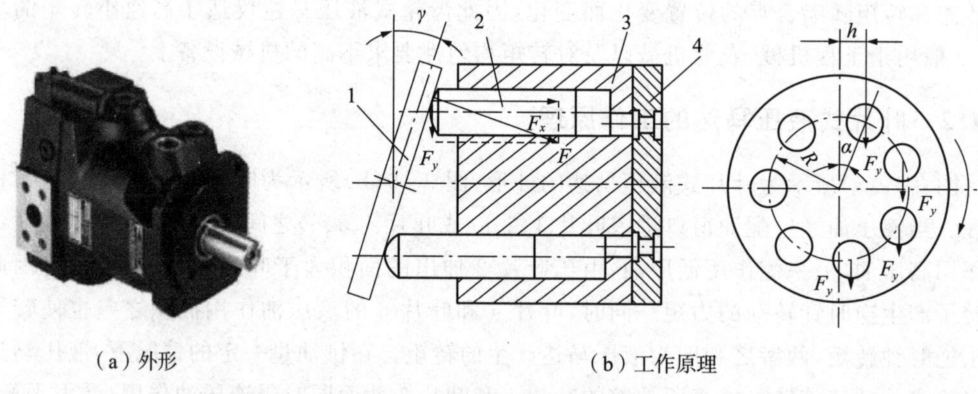

(a) 外形　　(b) 工作原理

图 3-20 轴向柱塞式液压马达

1—斜盘；2—柱塞；3—缸体；4—配油盘

如图 3-20(b)所示，设第 i 个柱塞与回转缸体垂直中心线的夹角为 α，柱塞在回转缸体上分布圆的半径为 R，则在柱塞上产生的转矩为

$$T_i = F_y h = F_x R \tan\gamma \sin\alpha \tag{3-14}$$

式中：h 为 F_y 与缸体轴心线的垂直距离。

液压马达产生的总转矩，应等于处在压油区内各柱塞所产生转矩的总和，即

$$T = \sum F_x R \tan\gamma \sin\alpha \tag{3-15}$$

随着 α 的变化，每个柱塞产生的转矩也发生变化，故液压马达产生的总转矩也是脉动的。

【例 3-3】 如图 3-21 示，已知变量泵排量 $V=160\text{mL/r}$，转速 $N_p=1\ 000\text{r/min}$，机械效率为 0.9，总效率 η 为 0.85。液压马达的排量 $V'=140\text{mL/r}$，机械效率为 0.9，总效率 η' 为 0.8。系统的最大允许压力 $p=8.5\text{MPa}$，不计管路损失。求

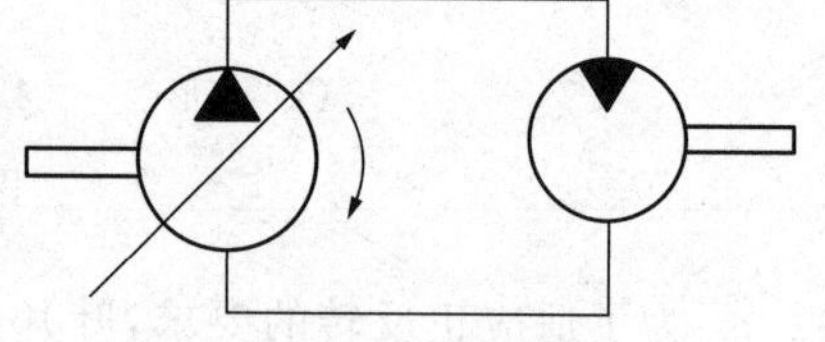

图 3-21 变量泵系统

(1) 液压马达转速 N_m 是多少？在该转速下，液压马达的输出转矩是多少？

(2) 驱动泵所需的转矩和功率是多少？

解：(1)液压马达的转速和转矩计算如下。

液压泵的输出流量：

$$q_v = q_{vt}\eta_v = VN_p\eta_v = 160\times10^{-3}\times1\,000\times\frac{0.85}{0.9} = 151(\text{L/min})$$

液压马达的容积效率：

$$\eta_{vm} = \frac{\eta'}{\eta_m} = \frac{0.8}{0.9} = 0.89$$

液压马达的转速：

$$N_m = \frac{q_v\eta_{vm}}{V'} = \frac{151\times0.89}{140\times10^{-3}} = 960(\text{r/min})$$

液压马达输出的扭矩：

$$T_m = \frac{pV'}{2\pi\eta_m} = \frac{8.5\times10^6\times140\times10^{-6}}{2\times3.14\times0.9} = 170.5(\text{N}\cdot\text{m})$$

(2) 驱动液压泵所需的功率和转矩计算如下。

① 驱动液压泵所需的功率：

$$P_i = \frac{pq_{vt}}{\eta} = 8.5\times10^6\times\frac{160\times10^{-6}\times\frac{1\,000}{60}}{0.85} = 26\,667(\text{W}) = 26.7(\text{kW})$$

② 驱动液压泵的转矩：

$$T = \frac{P_i}{2\pi N_p} = \frac{26\,667}{2\times3.14\times\frac{1\,000}{60}} = 254.8(\text{N}\cdot\text{m})$$

3.4.4　液压马达在结构上与液压泵的差异

(1) 液压马达是依靠输入液压油起动的，所以密封容腔必须有可靠的密封。

(2) 液压马达往往要求能正转、反转，因此它的配流机构应该对称，进出油口的截面大小应相等。

(3) 液压马达是依靠泵输出压力进行工作的，不需要具备自吸能力。

(4) 液压马达要实现双向转动，高、低压油口要能相互变换，故采用外泄式结构。

(5) 液压马达应有较大的起动转矩，为使起动转矩尽可能接近工作状态下的转矩，要求马达的转矩脉动小，内部摩擦小，齿数、叶片数、柱塞数比泵多一些。同时，马达轴向间隙补偿装置的压紧力系数也比泵小，以减小摩擦。

虽然马达和泵的工作原理是可逆的，但是由于上述差异，同类型的泵和马达一般不能通用。

3.4.5　液压马达的常见故障及排除方法

液压马达的常见故障及排除方法见表 3-4。

表 3-4　液压马达的常见故障及排除方法

故障现象	故障分析	排除方法
转速低，输出功率不足	液压泵输出油量或压力不足	检查泵并排除原因
	液压泵内部泄漏严重	查明原因和部位，采取密封措施
	液压泵外部泄漏严重	加强密封
	液压马达零件磨损严重	更换磨损的零件
	液压油黏度不合适	按要求选定黏度合适的液压油
噪声大	进油口堵塞	排除污物
	进油口漏气	拧紧接头
	油液不清洁，空气混入	加强过滤，排出空气
	安装不良	重新安装
	液压马达零件磨损严重	更换磨损的零件
泄漏	密封件损坏	更换密封件
	结合面螺钉未拧紧	拧紧螺钉
	管接头未拧紧	拧紧管接头
	配油装置发生故障	检修配油装置
	运动件之间的间隙过大	重新装配或调整

知识延伸

中国天眼叩问宇宙亘古之谜

2016 年 9 月 25 日，有中国自主知识产权的世界最大单口径巨型射电望远镜——500m 口径球面射电望远镜(FAST)在贵州平塘落成启动，被誉为“中国天眼”，如图 3-22 所示。

图 3-22　中国天眼

“天何所沓？十二焉分？日月安属？列星安陈？”中国战国时期诗人屈原在他创作的

长诗《天问》中面对宇宙星空发出惊天一问。

作为世界上最大也是最灵敏的单口径射电望远镜——“中国天眼”为什么能吸引全世界的目光?

天文学本就是一个比较开放的学科,它也是一个能够满足人类好奇心的学科。FAST的国际合作一直都有,包括现在一些进行中的项目研究,也有国外团队做支撑。FAST的数据在合作开放后,国外科学家也可以有同等权利对数据进行分析。

FAST的预期目标是加大前沿方向探索,加强国内外开放共享,推动重大成果产出,勇攀世界科技高峰。

我们将努力用好“中国天眼”,以产生更多科研成果,推动人类对宇宙的探索和认知。

观察与实践

液压泵的拆装实训

1. 实训目的

(1) 熟悉常用液压泵的外形、铭牌和结构,进一步掌握其工作原理。

(2) 通过拆装,学会使用各种工具,掌握拆装常用液压泵的步骤和技巧。

(3) 掌握常用液压泵各零件的装配关系。

(4) 在拆装的同时,分析和理解常用液压泵易出现的故障及排除方法。

2. 实训设备

(1) 实物:齿轮泵(CB－B型)(见图3-8)、叶片泵(YBX型)(见图3-12)和斜盘式柱塞泵(SCY14－1B型)(见图3-17)。

(2) 工具:卡钳、内六角扳手、固定扳手、螺丝刀、游标卡尺、油盆、耐油橡胶板和清洗油。

3. 实训内容

(1) 记录各液压泵的名称、型号、规格、基本参数。

(2) 参照结构原理图拆卸齿轮泵、叶片泵、柱塞泵,并清洗干净。

(3) 掌握拆下的零件的名称,观察、分析各主要零件的结构、作用,各类液压泵的工作原理。

(4) 装配液压泵。拆装注意事项如下。

① 拆装过程中,应使用铜棒敲打零部件,以免损坏部件和轴承。

② 拆卸过程中,遇到元件卡住的情况时,不能硬砸乱敲。

③ 装配前,零件应清洗干净。装配时,要遵循“先拆后装,后拆先装”的原则,合理安装。

④ 安装完后,泵应转动灵活平稳,没有阻滞和卡死现象。

4. 实训步骤

具体步骤如下。

1) CB-B型齿轮泵的拆装

(1) 拆卸顺序。松开紧固螺钉,拆除定位销,分开前、后端盖,从泵体中取出主动齿轮及主动轴、从动齿轮及从动轴,分解端盖与轴承、齿轮与轴、端盖与油封。

(2) 装配顺序。装配前清洗、检验和分析各零件,然后按拆卸时的反向顺序装配。

(3) 主要零件分析。泵体的两端面开有封油槽,此槽与吸油口相通,用来防止泵内油液从泵体与端盖结合面外泄。泵体与齿顶圆的径向间隙为0.13～0.16mm,前后端盖内侧开有卸荷槽,用来消除困油。端盖上吸油口大,压油口小,用来减小作用在轴和轴承上的径向不平衡力。两个齿轮的齿数和模数都相等,齿轮与端盖轴向间隙为0.03～0.04mm,轴向间隙不可调节。

2) YBX型叶片泵的拆装

(1) 拆卸顺序。松开固定螺钉,拆下弹簧压盖,取出调压弹簧和弹簧座。松开固定螺钉,拆下活塞压盖,取出变量活塞。松开固定螺钉,拆下滑块压盖,取出滑块和滚针。松开固定螺钉,拆下传动轴左右端盖,取出左配油盘、定子、转子传动轴组件和右配油盘。最后分解以上各部件。

(2) 装配顺序。清洗、检验和分析各零件,然后按拆卸时的反向顺序装配,先装部件后总装。

(3) 主要零件分析。定子的内表面和转子的外表面是圆柱面,转子中心固定,定子中心可以上下移动,转子径向开有可放置叶片的叶片槽。叶片数为15片,叶片有后倾角,有利于叶片在惯性力的作用下向外伸出。配油盘上有三个圆弧槽,分别为压油窗口、吸油窗口、通叶片底部的油槽,这样可以保证压油腔一侧的叶片底部油槽和压油腔相通,吸油腔一侧油槽与吸油腔相通,从而保持叶片的底部和顶部所受的液压力是平衡的。滑块用来支承定子,并承受液压油对定子的作用力。压力调节装置由调压弹簧、调压螺钉和弹簧座组成,调节弹簧的预压缩量可以改变泵的限定压力。最大流量调节螺钉可以改变活塞的原始位置,也改变了定子与转子的原始偏心量,从而改变泵的最大流量。泵的出口压力作用在活塞上,活塞对定子产生反馈力,构成压力的反馈装置。

3) SCY14-1B型斜盘式柱塞泵的拆装

(1) 拆卸顺序。松开固定螺钉,分开左端手动变量机构、中间泵体和右端泵盖三个部件,最后分解以上各部件。

(2) 装配顺序。清洗、检验和分析各零件,然后按拆卸时的反向顺序装配,先装部件后总装。

(3) 主要零件分析。泵体用铝青铜制成,其上有七个与柱塞相配合的圆柱孔,其加工精度很高,以保证既能相对滑动,又有良好的密封性能。泵体中心开有花键孔,与传动轴相配合。泵体右端与配油盘相配合。柱塞的球头与滑靴铰接,柱塞在泵体内做往复运动,并随泵体一起转动。滑靴随柱塞做轴向运动,并在斜盘的作用下绕柱塞球头中心摆动,使滑靴平面与斜盘斜面贴合。柱塞和滑靴中心开有ϕ1mm的小孔,液压油可进入柱塞和滑靴、滑靴和斜盘间的相对滑动表面形成油膜,起静压支承作用,并减小这些零件的磨损。定心弹簧通过内套、钢珠和压盘将滑靴压向斜盘,使柱塞做往复运动,产生吸、压油效果。同时,定心弹簧又通过外套使泵体紧贴配油盘,以保证起动时基本无泄漏。配油盘上开有两条牙形的吸油窗口和压油窗口,外圈开有环形卸荷槽,与回油腔相通,使直径超过卸荷槽的配流端面上的压力降到零,以保证配流盘端面能可靠地贴合。两个通孔起减少冲击、降低噪声的作用。四个小盲孔起储油润滑作用。配油盘下端的缺口用来与泵盖准确定位。滚珠轴承用来承受斜盘作用在泵上的径向力。变量活塞在变量壳体内，并与丝杆相连。斜盘前后有两根耳轴支承在变量壳体上，并可绕耳轴中心线摆动。斜盘中部装有销轴，其左侧球头插入变量活塞的孔内。转动手轮，丝杆带动变量活塞上下移动，通过销轴使斜盘摆动，从而改变斜盘倾角γ，以达到变量的目的。

5. 思考题

(1) 齿轮泵的密封容积是怎样形成的？

(2) 齿轮泵中存在几种可能产生泄漏的途径？为了减少泄漏，应采取什么措施？

(3) 叶片泵密封空间由哪些零件组成？

(4) 叶片泵的配流盘上开有几个槽孔？各有什么作用？

(5) 柱塞泵的密封工作容积由哪些零件组成？密封腔有几个？

(6) 柱塞泵是如何实现配流的？

(7) 柱塞泵的配流盘上开有几个槽孔？各有什么作用？

(8) 柱塞泵的手动变量机构由哪些零件组成？如何调节柱塞泵的流量？

本实训评价内容包括专业能力评价、方法能力评价及社会能力评价等。其中项目测试占30%，自我评定占20%，小组评定占10%，教师评定占30%，实训报告和答辩占10%，总计为100%，具体见表3-5。

表3-5　实训项目综合评价表

评定形式	比重	评定内容	评定标准	得分
项目测试	30%	(1) 根据图形符号认读液压元件，占10%； (2) 画出液压泵的图形符号，并说出该符号的含义，占10%； (3) 说出液压泵的主要组成部分及其作用，占10%	好(30)，较好(24)，一般(18)，差(<18)	
自我评定	20%	(1) 学习工作态度； (2) 出勤情况； (3) 任务完成情况	好(20)，较好(16)，一般(12)，差(<12)	
小组评定	10%	(1) 责任意识； (2) 交流沟通能力； (3) 团队协作精神	好(10)，较好(8)，一般(6)，差(<6)	
教师评定	30%	(1) 小组整体学习情况； (2) 计划制订、执行情况； (3) 任务完成情况	好(30)，较好(24)，一般(18)，差(<18)	
实训报告和答辩	10%	答辩内容	好(10)，较好(8)，一般(6)，差(<6)	
成绩总计：		组长签字：	教师签字：	

本章小结

(1) 液压泵工作的三个必要条件是有周期性的密封容积变化；须有配油装置；油箱中

液压油的压力大于或等于大气压力。

(2) 液压泵和液压马达的排量和理论流量是根据密封油腔的几何尺寸和转速计算出来的理论值,而实际流量是根据实测得出的实际值。

(3) 液压泵和液压马达由于泄漏而产生的流量损失用容积效率来表示,液压泵和液压马达由于各种摩擦产生的损失用机械效率来表示,液压泵和液压马达的总效率均为容积效率与机械效率的乘积。

(4) 常用的液压泵和液压马达按其结构形式可分为齿轮式、叶片式和柱塞式三大类。其中,齿轮式又分为外啮合齿轮式和内啮合齿轮式,叶片式又分为单作用叶片式和双作用叶片式,柱塞式又分为径向柱塞式和轴向柱塞式,轴向柱塞式还可分为斜盘柱塞式和斜轴柱塞式。

(5) 齿轮泵具有结构简单、制造方便、价格低廉、体积小、重量轻、自吸性能好、对油液污染不敏感、工作可靠等优点;缺点是流量和压力脉动大、噪声大、排量不可调。外啮合齿轮泵结构上存在三个问题:困油、径向力不平衡、泄漏。

(6) 叶片泵具有结构紧凑、运动平稳、噪声小、流量脉动小、寿命较长等优点。缺点是吸油特性不佳,对油液的污染比较敏感,转速不能太高。单作用叶片泵可以通过改变偏心距来实现变量,而双作用变量泵不能实现变量。双作用变量泵作用在转子上的径向力处于平衡状态。

(7) 柱塞泵具有压力高、结构紧凑、效率高、流量调节方便等优点。缺点是结构复杂、价格高、对油液的污染敏感。径向柱塞泵可通过改变偏心距实现变量,轴向柱塞泵可通过改变倾斜角实现变量。

(8) 由于液压马达对工作条件的要求与液压泵不同,所以在结构上与同类型的液压泵存在差别。

思考与习题

1. 什么是容积式液压泵? 容积式液压泵必须满足什么条件?
2. 什么是泵的排量、理论流量、实际流量?
3. 什么是泵的工作压力、额定压力?
4. 什么是泵的容积效率、机械效率?
5. 如何消除齿轮泵的径向不平衡力?
6. 什么是齿轮泵的困油现象? 如何解决?
7. 什么是变量泵? 什么是定量泵?
8. 为什么齿轮泵只能作为低压泵使用?
9. 各种液压泵的特点如何? 各适用于什么场合?
10. 简述双作用叶片泵与限压式变量叶片泵的区别。
11. 马达的容积效率如何计算? 它与液压泵有什么区别?
12. 某液压泵的输出压力为 5MPa,排量为 10mL/r,机械效率为 0.95,容积效率为 0.9,当转速为 1 300r/min 时,泵的输出功率和驱动泵的电动机功率各为多少?
13. 液压泵转速为 950r/min,排量 V=168mL/r,在额定压力 29.5MPa 和该转速下,

测得的实际流量为 150L/min，额定工况下的总效率为 0.87，试求：①泵的理论流量；②泵的容积效率和机械效率；③在额定工况下所需驱动电动机的功率。

14. 液压马达的排量 $V=200\text{mL/r}$，马达入口压力为 10.5MPa，出口压力为 0.5MPa，总效率为 0.88，容积效率为 0.9，当输入流量为 20L/min 时，试求马达的实际转速和马达的输出转矩。

15. 某液压马达，工作中要求输出转矩为 52N·m，转速为 30r/min，马达排量为 100mL/r，马达的机械效率为 0.9，容积效率为 0.92，出口压力为 0.2MPa，试求马达所需的流量和压力。

16. 某液压泵，其负载压力为 8MPa 时，输出流量为 96L/min；压力为 10MPa 时，输出流量为 94L/min。用此泵带动排量为 80mL/min 的液压马达，当负载为 120N·m 时，马达的机械效率为 0.94，转速为 1 100r/min，试求此时马达的容积效率。

17. 某液压马达的进油压力为 10MPa，排量为 200mL/r，总效率为 0.85，机械效率为 0.9，试计算：①该马达能输出的理论转矩；②若马达的转速为 500r/min，则输入马达的流量为多少？③当外负载为 200N·m（$n=500\text{r/min}$）时，该马达输入功率和输出功率各为多少？

18. 图 3-23 所示为定量泵和定量马达系统。泵输出压力 $p_p=10\text{MPa}$，排量 $V_p=10\text{mL/r}$，转速 $n=1\ 450\text{r/min}$，机械效率为 0.92，容积效率为 0.9，马达排量 $V_m=10\text{mL/r}$，机械效率为 0.92，容积效率为 0.9，泵出口和马达进口之间压力损失为 0.5MPa，其他损失不计，试求：

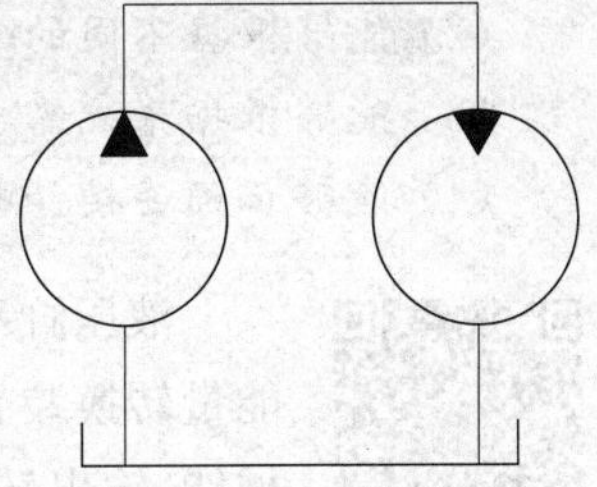

图 3-23　习题 18 图

(1) 泵的驱动功率；

(2) 泵的输出功率；

(3) 马达的输出转速、转矩和功率。

19. 某液压马达，要求输出转矩为 52.5N·m，转速为 30r/min，液压马达的排量为 105mL/r，求所需要的流量和压力。（液压马达的机械效率和容积效率各为 0.9）

20. 已知液压马达的排量 $V_m=250\text{mL/r}$，入口压力 $p_1=9.8\text{MPa}$，出口压力 $p_2=0.49\text{MPa}$，此时总效率 $\eta=0.9$，容积效率 $\eta_{vm}=0.92$。当输入流量 $Q=22\text{L/min}$ 时，试求：

(1) 液压马达的输出转矩（N·m）；

(2) 液压马达的输出功率（kW）；

(3) 液压马达的转速（r/min）。

21. 如图 3-24 所示。泵输出压力 $p=10\text{MPa}$，排量 $V_p=10\text{mL/r}$，转速 $n=1\ 450\text{r/min}$，机械效率 $\eta_{mp}=0.9$，容积效率 $\eta_{vp}=0.9$；液压马达排量 $V_m=10\text{mL/r}$，机械效率 $\eta_{mv}=0.9$，容积效率 $\eta_{vm}=0.9$。泵出口和马达进油管路之间的压力损失为 0.5MPa，假设其他损失不计，且系统无过载，试求：

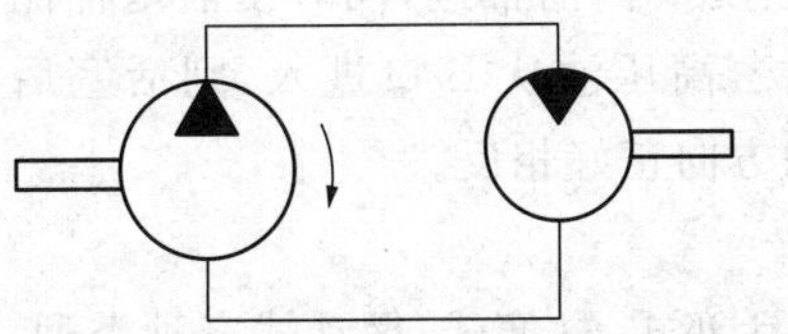

图 3-24　习题 21 图

(1) 泵的输出功率；

(2) 驱动泵的电动机功率；

(3) 液压马达的输出转矩；

(4) 液压马达的输出转速。

第 4 章　液压缸及辅助元件

【知识目标】

(1) 掌握常见液压缸的工作原理和结构特点。

(2) 掌握液压缸的速度和推力的计算方法。

(3) 了解各类辅助元件的用途及图形符号。

【能力目标】

(1) 能够根据液压缸的特点区分各类液压缸。

(2) 能够根据不同的工作环境选择合适的液压缸。

(3) 能够根据系统需要选择适合的辅助元件。

(4) 能够正确连接和拆装管路。

液压执行元件

液压缸和液压马达都是执行元件,都是将压力能转换成机械能的一种能量转换装置,它们的区别在于:液压马达将压力能转换成连续回转的机械能,输出转矩与转速;液压缸是将压力能转换成能进行直线运动(或往复直线运动)的机械能,输出推力(或拉力)与直线运动速度。摆动缸则介于两者之间,用来实现往复摆动,输出转矩与和角速度。

液压系统中的辅助元件,如蓄能器、滤油器、油箱、热交换器、管件等,对系统的动态性能、工作稳定性、工作寿命、噪声和温升等都有直接影响,必须予以重视。其中,油箱可以选用成品或根据系统要求自行设计,其他辅助元件则做成标准件,供设计时选用。

4.1 液 压 缸

4.1.1 液压缸的工作原理和类型

1. 液压缸的工作原理

液压缸的工作原理如图 4-1 所示。液压缸体固定时,液压油从 A 口进入,作用在活塞上,产生一个推力 F,通过活塞杆克服负载 W。活塞以速度 v 向前推进,同时使活塞杆侧缸内的液压油通过 B 口流回油箱;相反,若高压油从 B 口进入,则活塞后退。若采用液压缸的杆固定方式,则运动方向正好相反。

动画:柱塞式液压缸

2. 液压缸的分类

(1) 液压缸按结构形式不同,可分为活塞式、柱塞式、摆动式三种类型。

(2) 液压缸按安装固定方式不同,可分为缸固定和杆固定两类。

(3) 液压缸按运动方向不同,可分为单作用式液压缸和双作用式液压缸两类。单作用式液压缸可分为膜片式、弹簧式、柱塞式三种类型,如图 4-2 所示。双作用式液压缸可分为单杆式、双杆式两种类型,如图 4-3 所示。

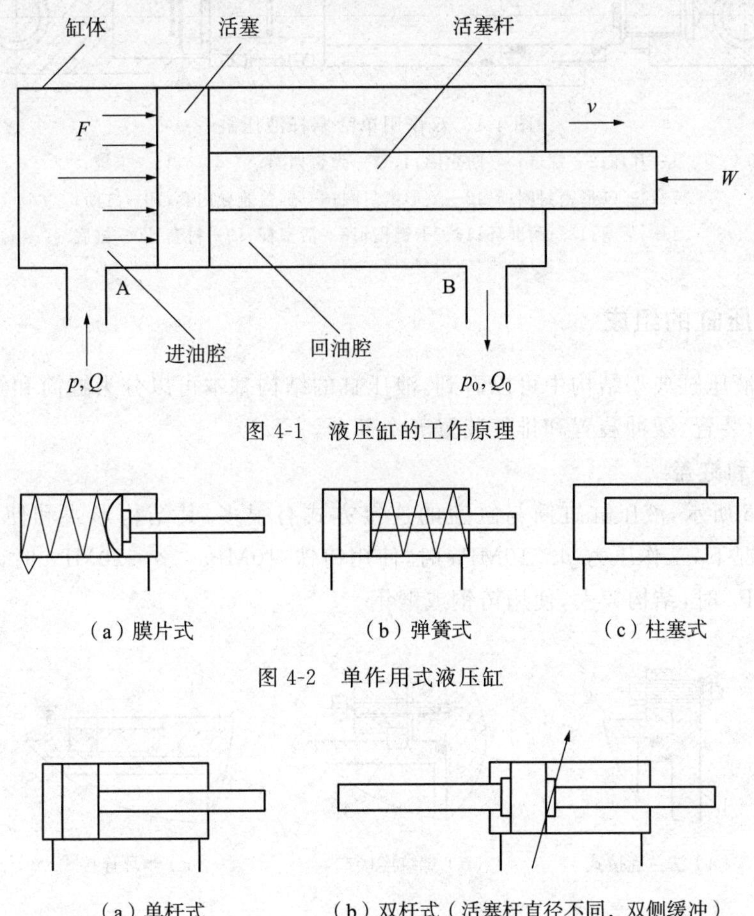

图 4-1　液压缸的工作原理

(a) 膜片式　(b) 弹簧式　(c) 柱塞式

图 4-2　单作用式液压缸

(a) 单杆式　(b) 双杆式(活塞杆直径不同,双侧缓冲)

图 4-3　双作用式液压缸

4.1.2　液压缸的结构

一个较常用的双作用单活塞杆液压缸,如图 4-4 所示。它由缸底 20、缸筒 10、缸盖兼导向套 9、活塞 11 和活塞杆 18 组成。其中,一端缸筒 10 与缸底 20 焊接,另一端缸盖兼导向套 9 与缸筒 10 用卡键 6、套 5 和弹簧挡圈 4 固定,以便拆装检修,两端设有油口 A 和 B。活塞 11 与活塞杆 18 利用卡键 15、卡键帽 16 和弹簧挡圈 17 连在一起。活塞与缸孔采用一对 Y 形聚氨酯密封圈 12 密封,由于活塞与缸孔有定间隙,采用由尼龙 1010 制成的耐磨环(又称支承环)13 定心导向。活塞杆 18 和活塞 11 的内孔由密封圈 14 密封。较长的缸盖兼导向套 9 则可保证活塞杆 18 不偏离中心。缸盖兼导向套 9 外径由 O 形密封圈 7 密封,而其内孔则分别由 Y 形密封圈 8 和防尘圈 3 密封,以防止油外漏和将灰尘带入缸内。通过缸与杆端的销孔与外部连接,销孔内有尼龙衬套抗磨。

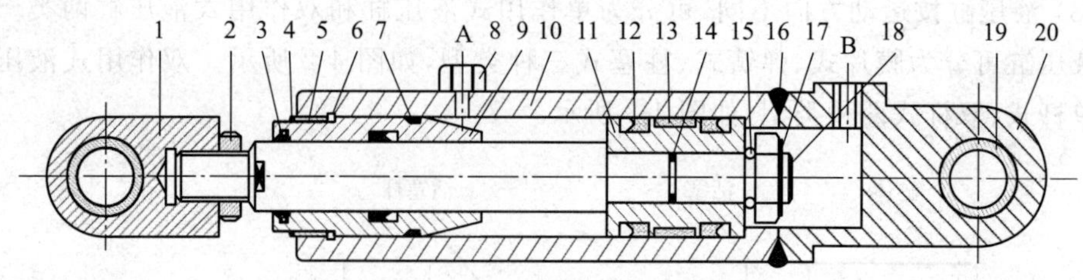

图 4-4 双作用单活塞杆液压缸

1—耳环；2—螺母；3—防尘圈；4、17—弹簧挡圈；5—套；6、15—卡键；7、14—O 形密封圈；8、12—Y 形密封圈；9—缸盖兼导向套；10—缸筒；11—活塞；13—耐磨环；16—卡键帽；18—活塞杆；19—衬套；20—缸底

4.1.3 液压缸的组成

从上述液压缸典型结构中可以看到，液压缸的结构基本可以分为缸筒和缸盖、活塞和活塞杆、密封装置、缓冲装置和排气装置五个部分。

1. 缸筒和缸盖

如图 4-5 所示，液压缸缸筒与缸盖的连接方式有很多，其结构形式和使用的材料有关。一般情况下，工作压力 $p<10$MPa 时，使用铸铁；10MPa$<p<$20MPa 时，使用无缝钢管；$p>$20MPa 时，结构较大，使用铸钢或锻钢。

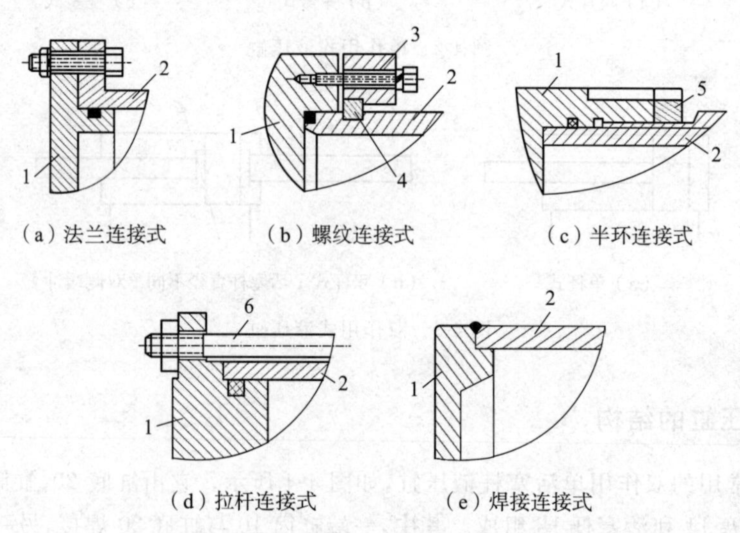

图 4-5 缸筒与缸盖的连接形式

1—缸盖；2—缸筒；3—防松螺母；4—压环；5—半环；6—拉杆

(1) 法兰连接式，如图 4-5(a)所示。这种结构容易加工和装拆，缺点是外形尺寸和重量都较大。常用于铸铁制的缸筒上。

(2) 螺纹连接式，如图 4-5(b)所示。它的重量较轻，外形较小，但端部结构复杂，装卸需使用专门工具。常用于无缝钢管或铸钢制作的缸筒上。

(3) 半环连接式，如图 4-5(c)所示。它结构简单，易装卸，但其缸筒壁因开了环形槽而削弱了强度，为此有时要加厚缸壁。常用于无缝钢管或锻钢制的缸筒上。

(4) 拉杆连接式，如图 4-5(d)所示。它的缸筒易加工和装拆，结构通用性大，重量较重，外形尺寸较大。主要用于较短的液压缸。

(5) 焊接连接式，如图 4-5(e)所示。其结构简单，尺寸小，但缸筒有可能因焊接而变形，且缸底内径不易加工。适用于安装空间有限、运行高压力、高负载能力、特殊的油口形式，或者需要安装液压锁、平衡阀块等特殊情况。

2. 活塞与活塞杆

短行程的液压缸可以把活塞杆与活塞做成一体，这是最简单的形式。但当行程较长时，这种整体式活塞组件的加工较困难，所以常把活塞与活塞杆分开制造，然后再连接成一体。

图 4-6 所示为几种常见的活塞与活塞杆的连接形式。

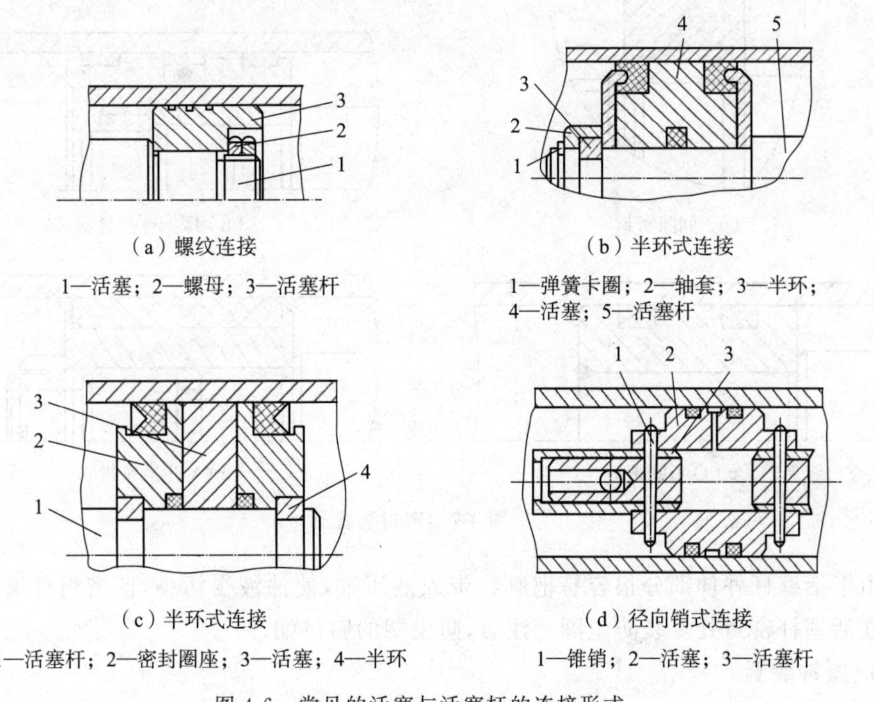

(a) 螺纹连接
1—活塞；2—螺母；3—活塞杆

(b) 半环式连接
1—弹簧卡圈；2—轴套；3—半环；4—活塞；5—活塞杆

(c) 半环式连接
1—活塞杆；2—密封圈座；3—活塞；4—半环

(d) 径向销式连接
1—锥销；2—活塞；3—活塞杆

图 4-6 常见的活塞与活塞杆的连接形式

图 4-6(a)为活塞与活塞杆之间采用螺纹连接。螺纹连接结构简单，安装方便，但要注意防松可靠性；它适用于负载较小，受力无冲击的液压缸中。图 4-6(b)和图 4-6(c)为半环式连接方式。图 4-6(b)中活塞杆 5 上开有一个环形槽，槽内装有两个半环 3 以夹紧活塞 4；半环 3 由轴套 2 套住，而轴套 2 的轴向位置用弹簧卡圈 1 固定。图 4-6(c)中的活塞杆使用了两个半环 4，它们分别由两个密封圈座 2 套住；活塞 3 安放在密封圈座的中间。图 4-6(d)所示为一种径向销式连接结构，用锥销 1 把活塞 2 固连在活塞杆 3 上，这种连接方式适用于双杆式活塞。

3. 密封装置

液压缸中常见的密封装置如图 4-7 所示。图 4-7(a)所示为间隙密封。它依靠运动间的微小间隙防止泄漏。为了提高这种装置的密封能力，常在活塞的表面制出几条细小的环形槽,以增大油液通过间隙时的阻力。它的结构简单,摩擦阻力小,可耐高温,但泄漏大,对加工要求较高,磨损后无法恢复原有能力,只能在尺寸较小、压力较低、相对运动速度较高的缸筒和活塞间使用。图 4-7(b)所示为摩擦环密封。它依靠套在活塞上的摩擦环(尼龙或其他高分子材料制成)在 O 形密封圈弹力作用下贴紧缸壁而防止泄漏。这种材料效果较好,摩擦阻力较小且稳定,可耐高温,磨损后有自动补偿能力,但对加工要求高,装拆不太方便,适用于缸筒和活塞之间的密封。图 4-7(c)和图 4-7(d)所示为密封圈(O 形圈、V 形圈等)密封。它利用橡胶或塑料的弹性使各种截面的环形圈紧贴在静、动配合面之间以防止泄漏。它结构简单,制造方便,磨损后有自动补偿能力,性能可靠,在缸筒和活塞之间、缸盖和活塞杆之间、活塞和活塞杆之间、缸筒和缸盖之间都能使用。

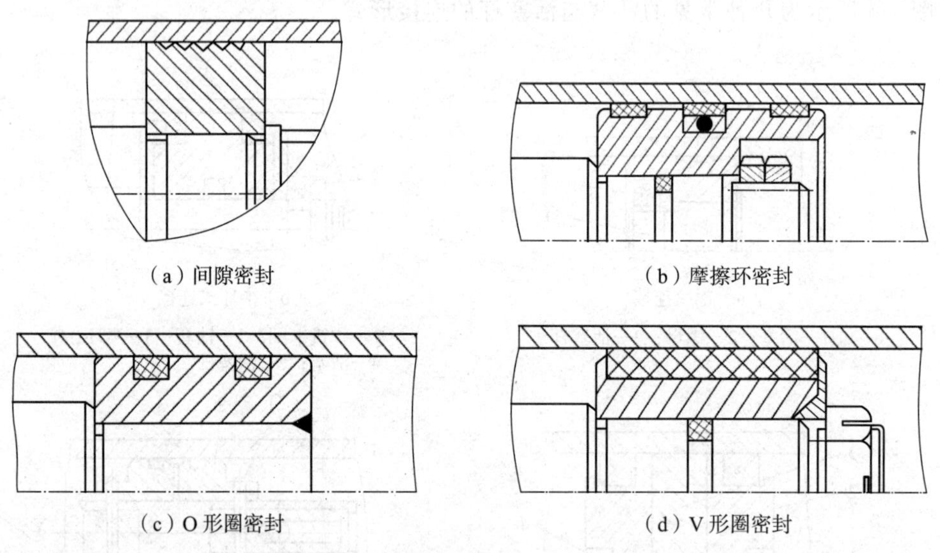

(a)间隙密封　(b)摩擦环密封　(c)O 形圈密封　(d)V 形圈密封

图 4-7　密封装置

由于活塞杆外伸部分很容易把脏物带入液压缸,使油液受污染,使密封件磨损,所以常需在活塞杆密封处安装防尘圈。注意,防尘圈的唇口朝外。

4. 缓冲装置

液压缸一般都设有缓冲装置,特别是对于大型、高速或要求较高的液压缸,为了防止活塞在行程终点时和缸盖相互撞击而引起噪声、冲击,必须设置缓冲装置。

缓冲装置的工作原理:利用活塞或缸筒在其走向行程终端时,封住活塞和缸盖之间的部分油液,强迫油液从小孔或细缝中挤出,以产生很大的阻力,使工作部件受到制动,逐渐减慢运动速度,达到避免活塞和缸盖相互撞击的目的。

如图 4-8(a)所示,当缓冲柱塞进入与其相配的缸盖上的内孔时,孔中的液压油只能通过间隙 δ 排出,进而降低活塞速度。由于配合间隙不变,所以随着活塞运动速度的降低形成缓冲作用。如图 4-8(b)所示,当缓冲柱塞进入配合孔之后,油腔中的油只能经节流阀 1 排出。由于节流阀 1 是可调的,因此缓冲作用也可调节,但仍不能解决速度降低后缓冲作用减弱的缺点。如图 4-8(c)所示,在缓冲柱塞上开有三角槽,随着柱塞逐渐进入配合孔中,其节流面积越来越小,从而解决了在行程最后阶段缓冲作用过弱的问题。

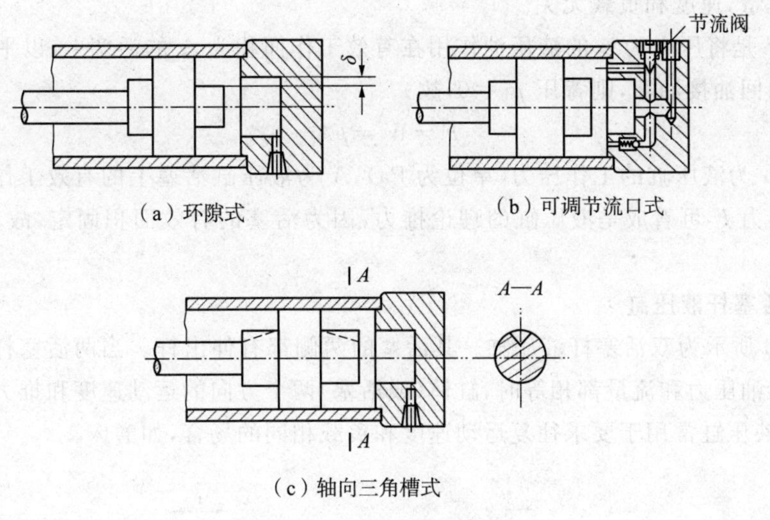

图 4-8　液压缸的缓冲装置

5. 排气装置

液压缸在安装过程中或长时间停放后，会在液压缸和管道系统中渗入空气。液压缸重新工作时会出现爬行、噪声和发热等不正常现象，故需要把系统中的空气排出。一般可在液压缸和系统的最高处设置出油口把气体带走，或设置专用的排气阀，如图 4-9 所示。

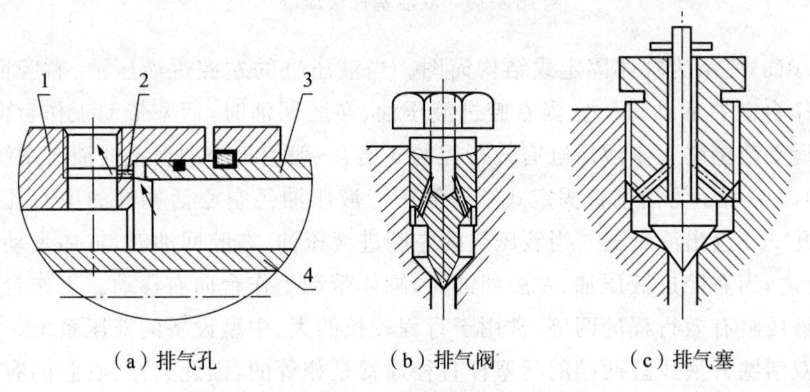

图 4-9　排气装置

1—缸盖；2—放气小孔；3—缸体；4—活塞杆

4.1.4　液压缸的参数计算

若忽略泄漏，则液压缸的速度和流量关系为

$$q = Av \tag{4-1}$$

$$v = \frac{q}{A} \tag{4-2}$$

式中：q 为液压缸的输入流量；A 为液压缸活塞上的有效工作面积；v 为活塞的移动速度。通常，活塞上的有效工作面积是固定的。由式(4-2)可知，活塞的速度取决于输入液压缸的流量，速度和负载无关。

推力 F 是将压力为 p 的液压油作用在有效工作面积为 A 的活塞上，以平衡负载 W。若液压缸的回油接油箱，则背压 $p_0=0$，故

$$F=W=pA \tag{4-3}$$

式中：p 为液压缸的工作压力(单位为 Pa)；A 为液压缸活塞上的有效工作面积(单位为 m^2)。推力 F 可看成是液压缸的理论推力，因为活塞的有效面积固定，故压力取决于总负载。

1. 双活塞杆液压缸

图 4-10 所示为双活塞杆液压缸。其活塞的两侧都有伸出杆。当两活塞杆直径相同，缸两腔的供油压力和流量都相等时，缸体(或活塞)两个方向的运动速度和推力也都相等。因此，这种液压缸常用于要求往复运动速度和负载相同的场合，如磨床。

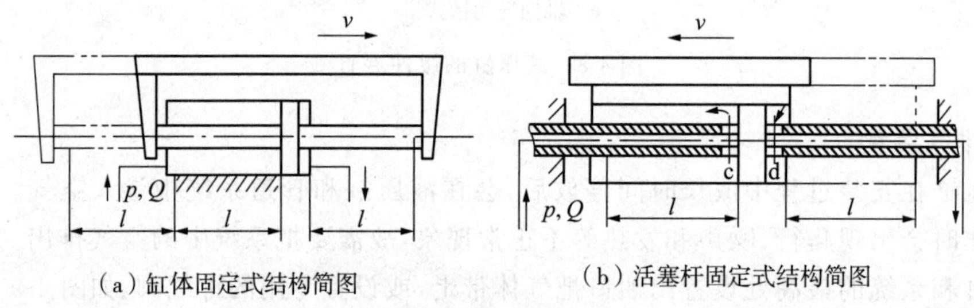

图 4-10　双活塞杆液压缸

图 4-10(a)所示为缸体固定式结构简图。当液压缸的左腔进液压油、右腔回油时，活塞带动工作台向右移动；反之，当右腔进液压油、左腔回油时，活塞带动工作台向左移动。工作台的运动范围略大于液压缸有效行程的 3 倍，一般用于小型设备的液压系统。

图 4-10(b)所示为活塞杆固定式结构简图。液压油经空心活塞杆的中心孔及其活塞处的径向孔 c、d 进出液压缸。当液压缸的左腔进液压油、右腔回油时，缸体带动工作台向左移动；反之，当右腔进液压油、左腔回油时，缸体带动工作台向右移动。工作台的运动范围略大于液压缸有效行程的两倍，常用于行程较长的大、中型设备的液压系统。

由于双活塞杆液压缸两端的活塞杆直径通常是相等的，因此其左、右腔的有效面积也相等。当分别向左、右腔输入相同压力和流量的油液时，液压缸左、右两个方向的推力和速度相等。当活塞和活塞杆的直径分别为 D 和 d，液压缸进、出油腔的压力为 p_1 和 p_2，输入流量为 q_V 时，双活塞杆液压缸的推力 F 和速度 v 为

$$F=A(p_1-p_2)=(p_1-p_2)(D^2-d^2)\frac{\pi}{4} \tag{4-4}$$

若回油腔直接接油箱，则

$$F=Ap_1=(D^2-d^2)p_1\frac{\pi}{4} \tag{4-5}$$

$$v=\frac{q_V}{A}=\frac{4q_V}{\pi(D^2-d^2)} \tag{4-6}$$

式中：A 为活塞的有效工作面积。

双活塞杆液压缸在工作时，只有一个活塞杆是受力的，另一个活塞杆不受力，因此这种液压缸的活塞杆可以做得细些。

2. 单活塞杆液压缸

图 4-11 所示为单活塞杆液压缸，活塞只有一端带活塞杆。单活塞杆液压缸也分为缸体固定式和活塞杆固定式两种，但它们工作台移动范围都是活塞有效行程的两倍。

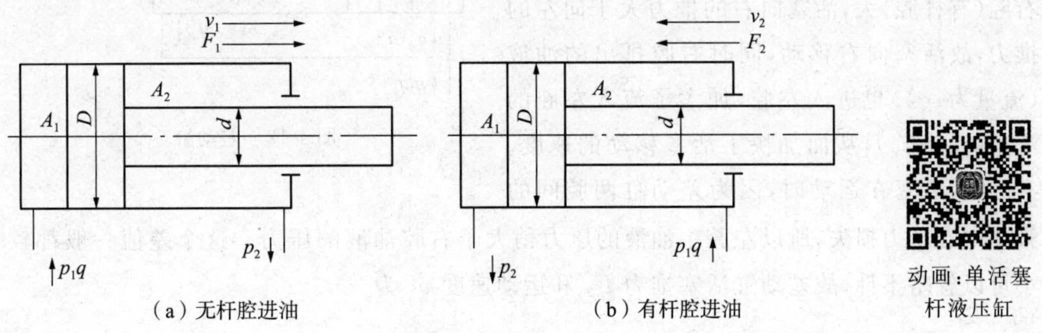

（a）无杆腔进油　　（b）有杆腔进油

图 4-11　单活塞杆液压缸

由于单活塞杆液压缸活塞两端有效面积不等，所以当相同流量的液压油分别进入液压缸的左、右两腔时，液压缸左、右两个方向输出的推力和速度不相等。此时，活塞移动的速度与进油腔的有效面积成反比，而活塞上产生的推力则与进油腔的有效面积成正比。

(1) 无杆腔进油。如图 4-11(a)所示，无杆腔进液压油，有杆腔回油。输入液压缸的油液流量为 q_V，液压缸进出油口的压力分别为 p_1 和 p_2，若回油腔直接接油箱，即 p_2 为 0 时，该活塞上所产生的推力 F_1 和运动速度 v_1 为

$$F_1 = A_1 p_1 = \frac{\pi p_1}{4} D^2 \tag{4-7}$$

$$v_1 = \frac{q_V}{A_1} = \frac{4q_V}{\pi D^2} \tag{4-8}$$

(2) 有杆腔进油。如图 4-11(b)所示，当有杆腔进液压油，无杆腔回油，即油液从图 4-11(b)所示的右腔(有杆腔)输入时，若回油腔直接接油箱，其活塞上产生的推力 F_2 和运动速度 v_2 为

$$F_2 = A_2 p_1 = \frac{\pi p_1}{4}(D^2 - d^2) \tag{4-9}$$

$$v_2 = \frac{q_V}{A_2} = \frac{4q_V}{\pi(D^2 - d^2)} \tag{4-10}$$

由式(4-7)～式(4-10)可知，因为 $A_1 > A_2$，所以 $F_1 > F_2$。若把两个方向上的输出速度 v_2 和 v_1 的比值称为速度比，记作 λ_v，则

$$\lambda_v = \frac{v_2}{v_1} = \frac{1}{1 - \left(\frac{d}{D}\right)^2} \tag{4-11}$$

因此，活塞杆直径 d 越小，λ_v 越接近 1，活塞两个方向的速度差值也越小。如果活塞杆较粗，活塞两个方向的运动速度差值就较大。在 D 和 λ_v 已知的情况下，可以较方便地确定 d。

(3) 差动连接。如图 4-12 所示,如果向单活塞杆液压缸的左右两腔同时通液压油,就是差动连接,作差动连接的单活塞杆液压缸称为差动缸。开始工作时,差动缸左右两腔的油液压力相同,但由于左腔(无杆腔)的工作面积比右腔(有杆腔)大,活塞向右的推力大于向左的推力,故活塞向右移动,同时右腔排出的油液(流量为 q_V')也进入左腔,加大了流入左腔的流量(q_V+q_V'),从而加快了活塞移动的速度。实际上,活塞在运动时,因为差动缸两腔间的管路中有压力损失,所以左腔中油液的压力稍大于右腔油液的压力。这个差值一般都较小可以忽略不计,故差动缸活塞推力 F_3 和运动速度 v_3 为

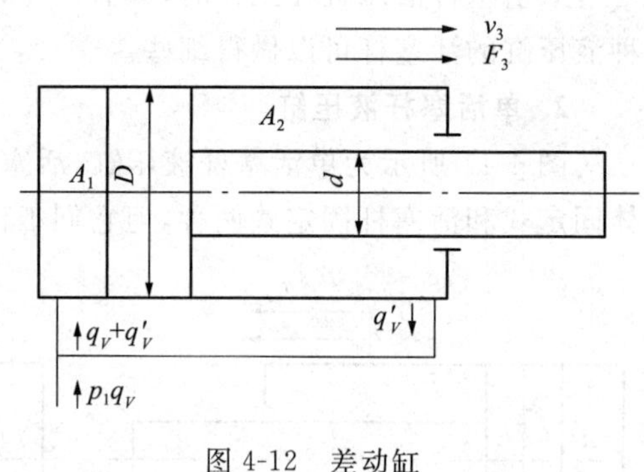

图 4-12 差动缸

$$F_3=(A_1-A_2)p_1=\frac{\pi p_1}{4}d^2 \tag{4-12}$$

$$v_3=\frac{4q_V}{\pi d^2} \tag{4-13}$$

比较式(4-7)和式(4-12)可知,$F_3<F_1$,比较式(4-8)和式(4-13)可知,$v_3>v_1$,这说明在输入流量和工作压力相同的情况下,差动连接时液压缸输出的推力比非差动连接时小,速度比非差动连接时大,即单活塞杆液压缸差动连接时活塞速度提高,同时输出的推力下降。利用这一点可使液压缸在不增加油液流量的情况下得到较快的运动速度,因此这种连接方式被广泛应用于组合机床的液压动力滑台和其他机械设备的快速运动中。

如果要求单活塞杆液压缸前进和退回速度相等,即 $v_2=v_3$,则由式(4-10)和式(4-13)推导出其条件为

$$D=\sqrt{2}\,d \tag{4-14}$$

4.2 液压辅助装置

液压辅助元件是保证液压系统正常工作不可缺少的组成部分。它在液压系统中虽然只起辅助作用,但使用数量多,分布很广,如果选择或使用不当,不但会直接影响系统的工作性能和使用寿命,甚至会使系统发生故障,因此必须予以足够重视。

4.2.1 油箱和油管

1. 油箱

1) 油箱的功能

油箱在液压系统中的功能是储存油液、散发油液中的热量、沉淀污物并逸出油液中的气体。

2）油箱的结构

油箱的结构如图 4-13 所示。为了保证油箱的功能，在结构上应注意以下几个方面。

（1）应便于清洗，油箱底部应有适当斜度，并在最低处设置放油塞，换油时可使油液和污物顺利排出。

（2）在易见的油箱侧壁上设置液位计（俗称油标），以指示油位高度。

（3）油箱加油口应装滤油网，口上应有带通气孔的盖。

（4）吸油管与回油管之间的距离要尽量远些，并采用多块隔板隔开，分成吸油区和回油区，隔板高度约为油面高度的 3/4。

（5）吸油管口离油箱底面距离应大于两倍油管外径，离油箱箱边距离应大于三倍油管外径。吸油管和回油管的管端应切成 46°的斜口，回油管的斜口应朝向箱壁。

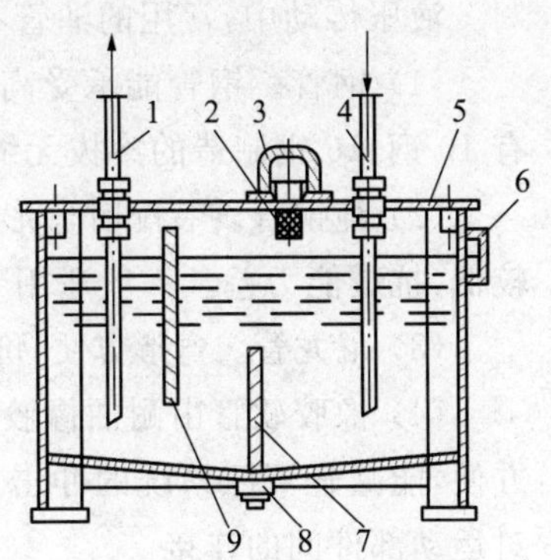

图 4-13　油箱的结构

1—吸油管；2—滤油网；3—盖；4—回油箱；5—盖板；6—液位计；7、9—隔板；8—放油塞

3）液压泵油箱的安装

液压泵的油箱安装有卧式安装（见图 4-14(a)）和立式安装（见图 4-14(b)）两种方式。

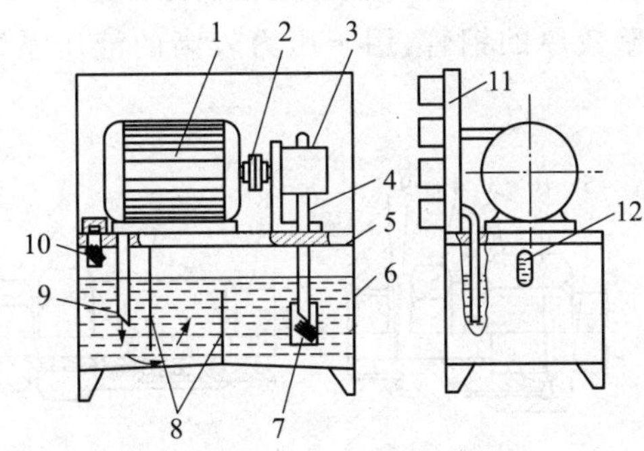

（a）液压泵卧式安装的油箱

1—电动机；2—联轴器；3—液压泵；4—吸油管；5—盖板；6—油箱体；7—过滤器；8—隔板；9—回油管；10—加油口；11—控制阀连接板；12—液位计

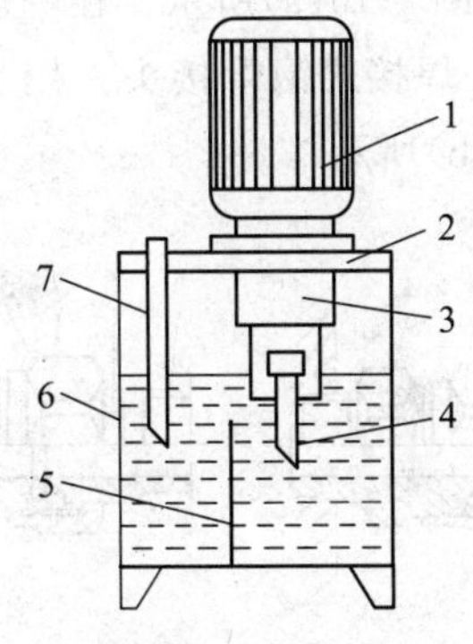

（b）液压泵立式安装的油箱

1—电动机；2—盖板；3—液压泵；4—吸油管；5—隔板；6—油箱体；7—回油管

图 4-14　液压泵油箱的安装

卧式安装时，液压泵及油管接头露在油箱外，安装和维修较方便；立式安装时，液压泵和油管接头均在油箱内部，便于收集漏油，油箱外形整齐，但维修不方便。

4）油箱的容量

油箱的容量必须保证液压设备停止工作时，系统中的全部油液流回油箱时不会溢出，而且还有一定的预备空间，即油箱液面不超过油箱高度的 80%。液压设备管路系统内充满油液工作时，油箱内应有足够的油量，使液面不至于太低，以防止液压泵吸油管处的滤油器吸入空气。通常油箱的有效容量为液压泵额定流量的 2～6 倍。一般情况下，随着系统压力的升高，油箱的容量应适当增加。

2. 油管和管接头

1）油管

液压传动中，常用的油管有钢管、纯铜管、尼龙管、橡胶软管、耐油塑料管等。

(1) 钢管。钢管能承受高压，油液不易氧化，价格低廉，但装配弯形较困难。常用的有 10 钢、16 钢制造的冷拔无缝钢管，主要用于中、高压系统中。

(2) 纯铜管。装配时弯形方便，且内壁光滑，摩擦阻力较小，但易使油液氧化，耐压力较低，抗震能力差。一般适用于中、低压系统中。

(3) 尼龙管。弯形方便，价格低廉，但寿命较短，可在中、低压系统中部分替代纯铜管。

(4) 橡胶软管由耐油橡胶夹以 1～3 层钢丝编织网或钢丝绕层制成。其特点是装配方便，能减轻液压系统的冲击，吸收振动，但制造困难，价格较贵，寿命短。一般用于有相对运动部件间的连接。

(5) 耐油塑料管。其价格便宜，装配方便，但耐压力低。一般用于泄漏油管。

2）管接头

管接头用于油管与油管、油管与液压元件间的连接。管接头的种类很多，图 4-15 所示为几种常用的管接头。

(1) 扩口式薄壁管接头。适用于铜管或薄壁钢管的连接，也可用来连接尼龙管和塑料管，如图 4-15(a)所示。在一般压力不高的机床液压系统中，应用较为普遍。

(2) 焊接式钢管接头。用来连接管壁较厚的钢管，用于压力较高的液压系统中，如图 4-15(b)所示。

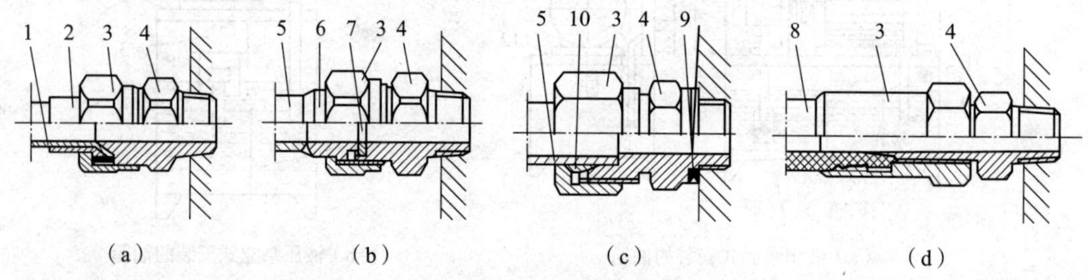

图 4-15 常用的管接头

1—扩口薄管；2—管套；3—螺母；4—接头体；5—钢管；6—接管；7—密封垫；8—橡胶软管；9—组合密封垫；10—夹套

(3) 夹套式管接头，如图 4-15(c)所示。当旋紧管接头的螺母时，利用夹套两端的锥面使夹套产生弹性变形以夹紧油管。这种管接头装拆方便，适用于高压系统的钢管连接，但制造工艺要求较高，对油管要求严格。

(4) 高压软管接头。多用于中、低压系统的橡胶软管的连接，如图 4-15(d)所示。

4.2.2 过滤器

1. 过滤器的功能

液压系统因清洗不好，残留的切屑、焊渣、型砂、涂料、尘埃、棉丝，加油时混入杂质，以及油箱、系统密封不良进入的杂质等外部污染和油液氧化变质的析出物混入，会引起系统中相对运动零件表面磨损、划伤甚至卡死，还会堵塞控制阀的节流口和管路小口，使系统不能正常工作。因此，清除油液中的杂质，使油液保持清洁是确保液压系统正常工作的必要条件。

使用前通常会利用油箱结构沉淀油液，然后采用过滤器进行过滤。

2. 过滤器的安装

过滤器又称滤油器，一般安装在液压泵的吸油口、压油口及重要元件的前面。通常，液压泵吸油口安装粗过滤器，压油口与重要元件前安装精过滤器。

(1) 安装在液压泵的吸油管路上(图 4-16 中的过滤器 1)，可保护泵和整个系统。要求过滤器有较大的通流能力(不得小于泵额定流量的两倍)和较小的压力损失(不超过 0.02MPa)，以免影响液压泵的吸入性能。一般多采用过滤精度较低的网式过滤器。

(2) 安装在液压泵的压油管路上(图 4-16 中的过滤器 2)，用以保护泵和溢流阀以外的其他液压元件。要求过滤器具有足够的耐压性能，同时压力损失应不超过 0.36MPa。为防止过滤器堵塞时引起液压泵过载或滤芯损坏，应将过滤器安装在与溢流阀并联的分支油路上，或与过滤器并联一个开启压力略低于过滤器最大允许压力的安全阀。

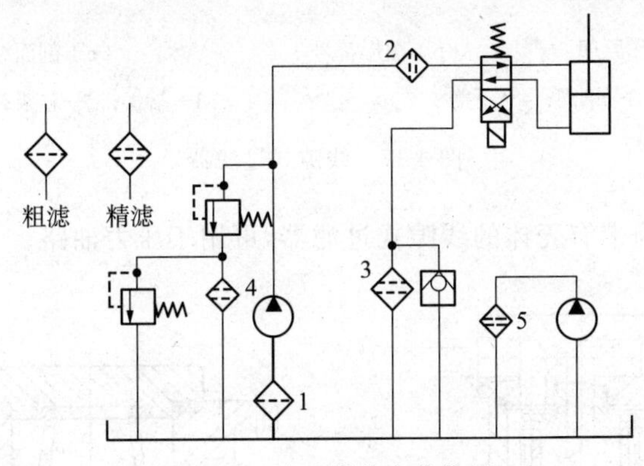

图 4-16　滤油器的安装位置

(3) 安装在系统的回油管路上(图 4-16 的过滤器 3)，不能直接防止杂质进入液压系统，但能循环地滤除油液中的部分杂质。这种方式安装的过滤器不承受系统工作压力，可以使用耐压性能较低的过滤器。为防止过滤器堵塞引起事故，也须并联安全阀。

(4) 安装在系统旁油路上(图 4-16 中的过滤器 4)，如过滤器安装在溢流阀的回油路，并与一安全阀相并联。这种方式安装的滤油器不承受系统工作压力，又不会给主油路造成压力损失，一般只通过泵的部分流量(20%～30%)，可采用强度低、规格小的过滤器。但过滤效果较差，不宜用在要求较高的液压系统中。

(5) 安装在单独过滤系统中(图 4-16 中的过滤器 5)。它是用一个专用液压泵和过滤器单独组成一个独立于主液压系统之外的过滤回路。这种方式可以经常清除系统中的杂质，但需要增加设备，适用于大型机械的液压系统。

3. 过滤器的类型

常用的过滤器有网式过滤器、线隙式过滤器、烧结式过滤器、纸芯式过滤器和磁性过滤器等多种类型。

1）网式过滤器

网式过滤器为周围开有很大窗口的金属或塑料圆筒，外面包着一层或两层方格孔眼的铜丝网，没有外壳，结构简单、通油能力大，但过滤效果差。通常安装在液压泵的吸油口。

2）线隙式过滤器

图 4-17 所示为线隙式过滤器。这种过滤器结构简单，通油能力强，过滤效果好，但不易清洗，一般用于低压系统液压泵的吸油口。

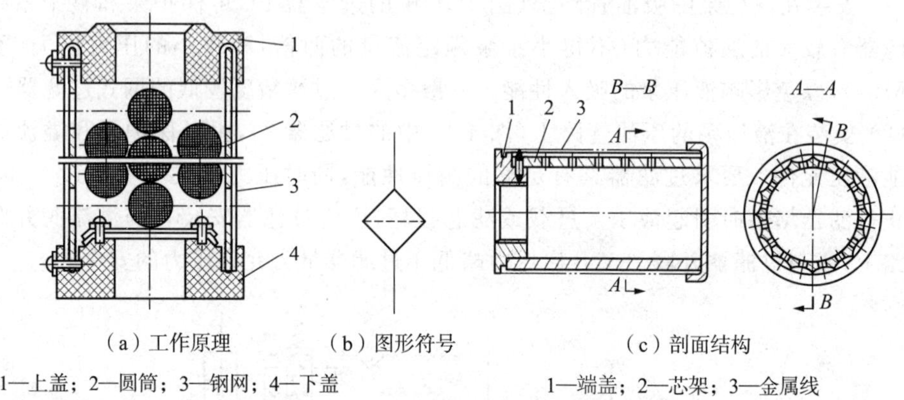

（a）工作原理　（b）图形符号　（c）剖面结构

1—上盖；2—圆筒；3—钢网；4—下盖　　1—端盖；2—芯架；3—金属线

图 4-17　线隙式过滤器

图 4-18(a)所示为带有壳体的线隙式过滤器，可用于压力油路。

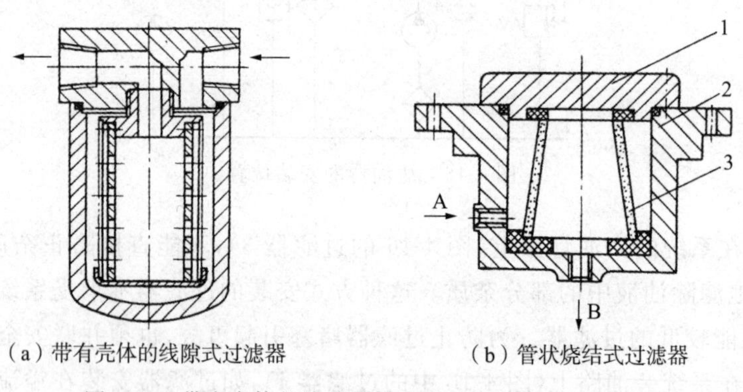

（a）带有壳体的线隙式过滤器　（b）管状烧结式过滤器

图 4-18　带有壳体的线隙式过滤器和管状烧结式过滤器

1—顶盖；2—壳体；3—滤芯

3）烧结式过滤器

烧结式过滤器的滤芯一般由金属粉末（颗粒状的锡青铜粉末）压制后烧结而成，通过金属粉末颗粒间的孔隙过滤油液中的杂质。滤芯可制成板状、管状、杯状、碟状等。图 4-18(b) 所示为管状烧结式过滤器。油液从壳体 2 左侧 A 孔进入，经滤芯 3 过滤后，从底部 B 孔流出。烧结式滤油器强度高、耐高温、耐腐蚀性强、过滤效果好，可在压力较大的条件下工作，是一种使用广泛的精过滤器。其缺点是通油能力差、压力损失较大、堵塞后清洗比较困难、烧结颗粒容易脱落等。

4）纸芯式过滤器

纸芯式过滤器是利用微孔过滤纸滤除油液中的杂质，如图 4-19 所示。

纸芯式过滤器过滤精度高，但通油能力差、易堵塞、不能清洗，纸芯需要经常更换，主要用于低压小流量的精过滤。

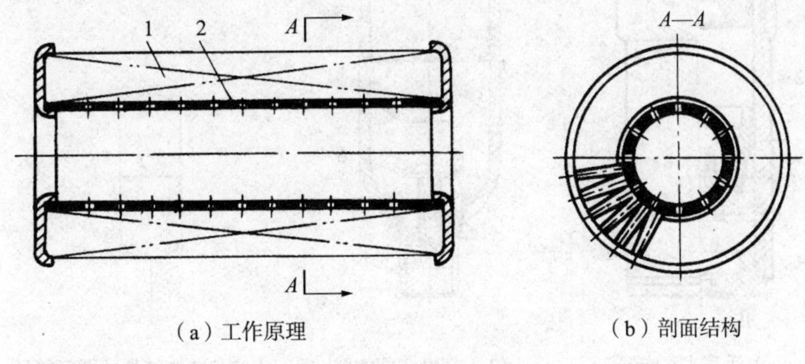

（a）工作原理　　（b）剖面结构

图 4-19　纸芯式过滤器

1—纸芯；2—芯架

5）磁性过滤器

磁性过滤器用于过滤油液中的铁屑。简单的磁性过滤器可以用几块磁铁组成。

4.2.3　蓄能器

蓄能器是液压系统中储存油液压力能的装置，即在适当的时候把系统的液压能储存起来，在需要时又释放出来供给系统。此外，它还能缓和液压冲击及吸收压力脉动等。

1. 蓄能器的类型及结构特点

蓄能器有重力式、弹簧式和充气式三种类型，常用的是充气式蓄能器，如图 4-20 所示。充气式蓄能器又分为活塞式、气囊式和隔膜式三种，这里介绍最常用的活塞式和气囊式蓄能器。

1）活塞式蓄能器

如图 4-20(a)所示，活塞式蓄能器由活塞 1、缸筒 2 和充气阀 3 组成。这种蓄能器由活塞将油液和气体分开，气体由充气阀 3 充入，油液经油孔 a 与系统连通。其优点是气体不易混入油液中，油不易氧化，系统工作平稳，结构简单，工作可靠，安装容易，维护方便，寿命长；缺点是活塞惯性大、有摩擦力、反应不够灵敏。活塞式蓄能器主要用于储能，不适于吸收压力脉动和压力冲击。

2）气囊式蓄能器

如图 4-20(b)所示，气囊式蓄能器由充气阀 3、壳体 4、气囊 5 和限位阀 6 组成。这种蓄能器是在高压容器内装入一个耐油橡胶制成的气囊，气囊内充气（一般为氮气），气囊外储油，气囊 5 与充气阀 3 一起压制为一体。壳体 4 下端有限位阀 6，它既能使油液通过阀口进入蓄能器，又能防止当油液全部排出时气囊膨胀出容器之外。气囊式蓄能器的优点是气囊惯性小，反应灵敏，容易维护；缺点是气囊及壳体制造困难。图 4-20(c)所示为充气式蓄能器的图形符号。

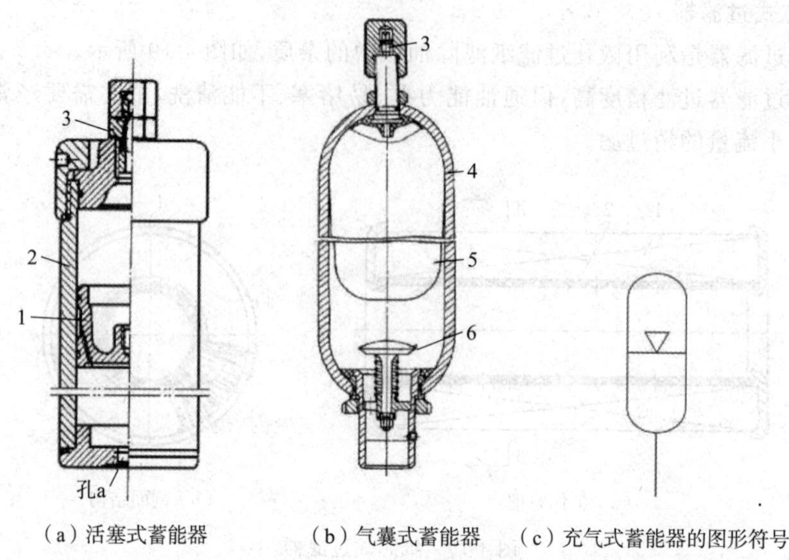

（a）活塞式蓄能器　　（b）气囊式蓄能器　　（c）充气式蓄能器的图形符号

图 4-20　充气式蓄能器

1—活塞；2—缸筒；3—充气阀；4—壳体；5—气囊；6—限位阀

2. 蓄能器的功能

蓄能器的功能主要有以下几个方面。

1）积蓄能量

对于间歇负载，当系统在短时间内需要大量的液压油，以满足执行机构快速运动的要求，而用量又超过液压泵的流量时，可采用蓄能器。当系统在小流量工作状态时，液压泵将多余的液压油储存在蓄能器内，以便系统在大流量状态下，同液压泵一起给系统供油。这种液压系统可采用小流量的液压泵，减少了电动机功率的消耗，降低了系统温升。

2）作为紧急动力源

有的系统要求当泵发生故障或停电（对执行元件的供油突然中断）时，执行元件应能继续完成必要的动作。例如，为了安全起见，液压缸的活塞杆必须内缩到缸内。在这种情况下，需要有适当容量的蓄能器作为紧急动力源。

3）保持系统压力

有的系统要求液压缸不运动时保持一定的系统工作压力，如夹紧装置，此时可使液压泵卸载，由蓄能器补偿泄漏并保持系统具有一定的工作压力，从而节省传动功率并减少系统的发热。当蓄能器压力降至要求的最低工作压力时，可再次起动液压泵供油。

4）缓和冲击、吸收压力脉动

阀门突然关闭或换向、液压泵突然停车、执行元件突然停止运动等，都会产生液压冲击。因这类液压冲击大多发生在瞬间，液压系统中的安全阀来不及开启，因此常常造成液压系统中的仪表、密封装置损坏或管道破裂。若在冲击源的前端管路安装蓄能器，即可吸收或缓和这种冲击。若将蓄能器安装在液压泵的出口处，可降低液压泵压力脉动的峰值。

3. 蓄能器的安装

蓄能器应安装在便于检查、维修的位置，并远离热源。用于降低噪声、吸收压力脉动和压力冲击的蓄能器，应尽可能靠近振动源。必须将蓄能器牢固地固定在托架或地基上，以防止蓄能器从固定部位脱开而发生飞起伤人事故。气囊式蓄能器应油口向下、充气阀向上竖直放置。蓄能器与液压泵之间应装设单向阀，防止液压泵卸载或停止工作时蓄能器中的液压油倒灌。蓄能器与系统之间应装设截止阀，供充气、检查、维修蓄能器或长时间停机时使用。

4.2.4　流量计、压力表及压力表开关

1. 流量计

流量计用来测量液压系统的流量。流量计的种类很多，常用的有涡轮流量计、椭圆齿轮流量计和电远传浮子流量计。

涡轮流量计由涡轮 5、壳体 4、轴承 3、导流器 1 和磁电传感器 6 等组成，其结构原理如图 4-21 所示。导磁的不锈钢涡轮安装在不导磁的壳体中心的轴承上，涡轮有 4～8 片螺旋形叶片。当油液流过流量计时，涡轮以一定的转速旋转，这时安装在壳体外的非接触式磁电传感器输出脉动信号，脉动信号的频率与涡轮的转速成正比，即与通过的流量成正比，由此可以测定油液的流量。涡轮流量计能承受的最大工作压力为 25MPa，压力损失为 0.25MPa，有多种规格可供选用。

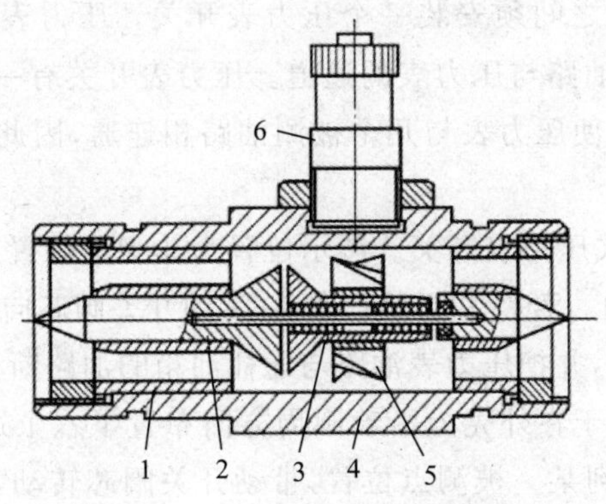

图 4-21　涡轮流量计的结构原理

1—导流器；2—支承；3—轴承；4—壳体；5—涡轮；6—磁电传感器

2. 压力表

液压系统中的压力是用压力表进行测量的。压力表用于观察液压系统中各工作点（如液压泵出口、减压阀后的某位置等）的油液压力，以便操作人员把系统的压力调整到要求的工作压力。

压力表的种类很多，最常用的是弹簧管式压力表，如图 4-22(a)所示。被测点的液压油通过弹簧弯管 3 的开口端进入弹簧弯管，在油压力作用下，弹簧弯管变形使其曲率半径加大，封闭端位移通过杠杆 4 使扇形齿轮 5 摆动，带动小齿轮 6 回转，从而带动指针 2 转动，这时即可由标度盘 1 读出压力值。图 4-22(b)所示为压力表的图形符号。

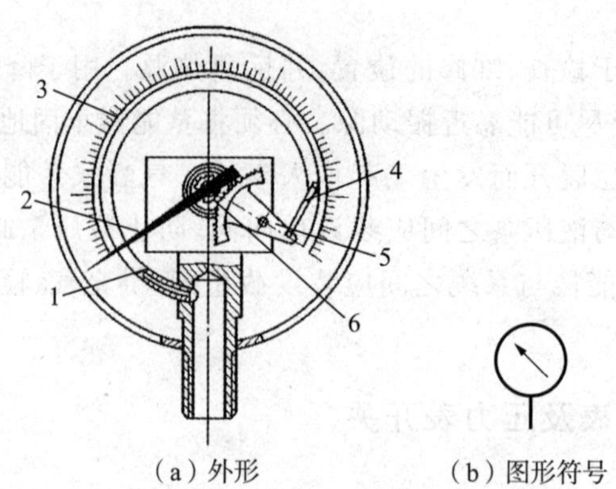

（a）外形　　（b）图形符号

图 4-22　弹簧管式压力表

1—标度盘；2—指针；3—弹簧弯管；4—杠杆；5—扇形齿轮；6—小齿轮

压力表有多种精度等级。普通的精度等级有 1、1.5、2.5……级，精密型的精度等级有 0.1、0.16、0.25……级。精度等级的数值是压力表最大误差占量程（压力表的测量范围）的百分数。一般机床上的压力表用 2.5～4 级精度即可。

用压力表测量压力时，被测压力不应超过压力表量程的 3/4。压力表必须直立安装，压力表接入压力管道时，应通过阻尼小孔，以防止被测点压力突然升高而将压力表冲坏。

3. 压力表开关

在压力油路与压力表之间须安装一个压力表开关。压力表开关为一个小型的截止阀，用于接通或断开压力油路与压力表的通道。压力表开关有一点式、三点式、六点式等类型。多点压力表开关能使压力表与几个被测油路相连通，因此用一个压力表可测量多个被测点的压力。

图 4-23 所示为六点式压力表开关。图示位置为非测量位置，此时的压力表油路通过槽沟 a、小孔 b 与油箱连通。若将手柄向右推动，带动开关阀芯向右移动，槽沟 a 把压力表油路与被测点的油路连通，并把压力表油路与通往油箱的油路断开，这时压力表就可以测量出被测点的压力了。由于在外壳上沿着圆周方向布置了六个通口，分别通往六个被测量点，因此只要将手柄推到某一被测点位置，带动开关阀芯转动，通过槽沟 a 将某被测点连通，即可测出相应的压力。压力表开关中的过油通道很小，可以防止表针的剧烈摆动。

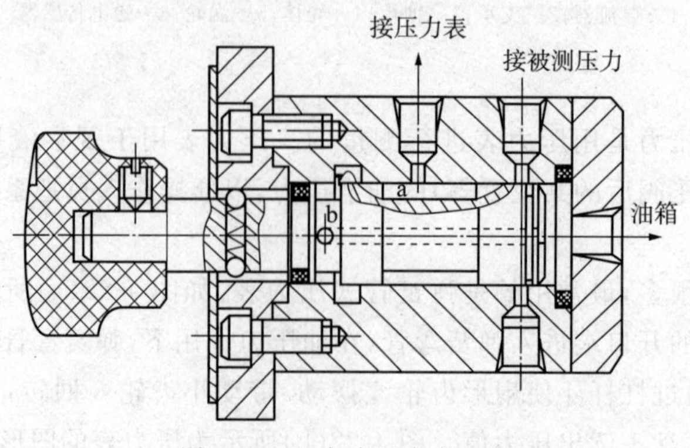

图 4-23　六点式压力表开关

当液压系统进入正常的工作状态后，应将手柄拉出，断开压力表油路与系统油路，以保护压力表并延长其使用寿命。

知识延伸

升空73秒后爆炸，“挑战者号”事故有多可怕？

1986年1月28日，美国佛罗里达州的上空一艘价值12亿美元的航天飞机发生爆炸解体，残骸散落进大海之中，机上七名宇航员全部遇难。

1986年的1月28日早晨，佛罗里达州肯尼迪航天中心一侧的看台上聚集了大批前来观看航天飞机发射的人。这次还要将一名小学教师送上太空，她将在太空通过电视直播给她的学生们讲一堂课。上午九时，“挑战者号”在蒸汽环绕下徐徐升空，如图4-24所示。升空73s后，已经呈现曲线飞行的“挑战者号”突然爆炸解体，七名宇航员在瞬间的高温和200G的过载中粉身碎骨。“挑战者号”的失事给了美国航天事业一次狠狠的打击，此后两年没有再将宇航员送入太空。

图4-24　“挑战者号”航天飞机

事故发生半年后，“挑战者号”失事的原因披露：一个火箭助推器的环形密封圈失效，导致燃料泄漏。因为密封固体助推火箭尾部的O形橡胶环无法抵抗低温，它在低温下会变硬失去弹性，无法起到应有的密封作用。航天飞机在起飞1s后，O形环就失效了，起飞68s后，指挥中心还命令“挑战者号”加速，但此时航天飞机已上升至相当高度，风速远超地面。5s后，处于加速过程中的固体助推火箭尾部彻底泄漏，高温气体直接引爆了外挂舱里的燃料，“挑战者号”瞬间被爆炸产生的火球吞噬，随即化为碎片，散落进茫茫大海中。泄漏出的燃料接触到火焰，高温的火焰很快扩散到主燃料舱，最终使整个燃料舱焙烧破裂而发生爆炸，“挑战者号”就此解体坠落。

通过“挑战者号”航天飞机失事的案例，同学们应意识到辅助元件在液压系统中担负的功能，从系统科学与系统工程的角度出发，事物的联系具有普遍性，任何事物内部的各个部分、要素是相互联系的，任何事物都与周围的事物相互联系，整个世界是一个相互联系的统一整体。事物的内在联系、现象与本质相统一。

观察与实践 1

液压缸的拆装实训

1. 实训目的

(1) 了解液压缸的结构形式和连接方式，进一步掌握液压缸的工作原理。

(2) 掌握拆装液压缸的步骤和方法。

(3) 掌握液压缸各主要零件的装配关系。

(4) 在拆装的同时，分析和理解液压缸易出现的故障及排除方法。

2. 实训设备

(1) 实物：双作用单活塞杆液压缸。

(2) 工具：卡钳、固定扳手、螺丝刀、缸盖拆装专用扳手、游标卡尺、油盆、耐油橡胶板和清洗油。

3. 实训内容与步骤

双作用单活塞杆液压缸(结构见图 4-4)的拆装过程如下。

1) 拆卸顺序

(1) 拆下耳环。

(2) 松开锁紧螺钉，用专用扳手拆下缸盖。

(3) 将活塞、活塞杆和导向套从缸筒中分离。

(4) 拆下导向套，取下密封圈。

(5) 用卡钳卸下弹簧卡圈，依次取下挡环、半环、活塞，取下密封圈和支承环。

2) 装配顺序

装配前清洗各零件，在活塞杆与导向套、活塞杆与活塞、活塞与缸筒等配合表面涂上润滑油，然后按拆卸时的反向顺序装配。

3) 液压缸拆装注意事项

(1) 拆卸时应防止损伤活塞杆顶端螺纹、油口螺纹、活塞杆表面、缸套内壁等。为了防止活塞杆等细长元件弯曲或变形，放置时应用垫木支承均衡。

(2) 拆卸时要按顺序进行。由于各种液压缸结构和大小不尽相同，拆卸顺序也稍有不同。拆卸时应放掉液压缸两腔的油液，然后拆卸缸盖，最后拆卸活塞与活塞杆。在拆卸液压缸的缸盖时，对于内卡键式连接的卡键或卡环要使用专用工具，禁止使用扁铲；对于法兰式缸盖必须用螺钉顶出，不允许锤击或硬撬。在活塞和活塞杆难以抽出时，不可强行抽出，应先查明原因再进行拆卸。

(3) 拆卸前后要创造条件，防止液压缸的零件被周围的灰尘和杂质污染。

(4) 拆卸后要认真检查，确定哪些零件可以继续使用，哪些零件可以修理后使用，哪些零件必须更换。

(5) 装配前必须仔细清洗各零件。

(6) 要正确安装各处的密封装置：①安装 O 形圈时，不要将其拉到永久变形的程度，也不要边滚动边套装，否则可能因形成扭曲状而漏油；②安装 Y 形和 V 形密封圈时，要注意其安装方向，避免因装反而漏油；③密封装置若与滑动表面配合，装配时应涂以适量的液压油；④拆卸后的 O 形密封圈和防尘圈应全部换新。

(7) 螺纹连接件拧紧时应使用专用扳手，拧紧力矩应符合标准。

(8) 活塞与活塞杆装配后，须设法测量其同轴度和在全长上的直线度是否合格。

(9) 装配完毕后活塞组件移动时应无阻滞感和阻力大小不匀等现象。

观察与实践 2

锅炉门开关实训

1. 实训目的

用一个双作用液压缸模拟控制锅炉门的开关。该液压缸由一个弹簧复位的二位四通换向阀来控制，即在开门过程中，操作者必须一直按住操作杆，一旦放手，门会重新关上。

2. 实训设备

液压传动实训台、双作用液压缸、二位四通换向阀、管接头、油管若干。工具包括卡钳、内六角扳手、固定扳手、螺丝刀、游标卡尺等。

3. 实训内容与步骤

熟悉试验设备及使用方法，了解液压泵的开关、元件的选择和固定，管线的插接等。液压元件安装方式主要采用快速接头的方式。练习快接油管的插、拔。

注意：在安装油管时，注意不要将油管接头上、下、左、右晃动或旋转，应尽量做到将油管的中心线和管接头的中心线重合。

步骤 1：根据回路中各元件的图形符号，找出相应元件并进行良好固定。

步骤 2：安装溢流阀和压力表。在设定的位置安装溢流阀，再从分油器引高压油管至接头进口，从接头的出口一条支路接压力表的入口，另一条支路接高压油管至二位四通电磁换向阀的入口 P，从压力表出口引管线至溢流阀入口 P。

步骤 3：安装电磁换向阀和液压缸。在试验台上设定的位置安装一个二位四通电磁换向阀和双作用液压缸，然后将三通接头的油管接至电磁换向阀的 P 端口。同样，A 端口用管线连接到液压缸的后面，B 端口连接到液压缸的前面。

步骤 4：连接回油管路。电磁换向阀的 T 端口与分油器的 T 端口连接，溢流阀的 T 端口与分油器的 T 端口连接，分油器的 T 端口与回油箱的 T 端口连接。

步骤 5：根据回路图进行回路连接并对回路进行检查。

步骤 6：电气接线。根据提供的电路图进行电路连接。从电源＋24V 端引线至按钮开关 S 的一端，从按钮开关 S 的另一端引线至二位四通电磁换向阀的电磁铁线圈 Y 的一端，从线圈 Y 的另一端引线至 0V 端。

步骤 7：起动液压泵，观察运行情况，对运行中出现的问题进行分析和解决。

步骤 8：完成试验，经老师检查评价后，关闭电源，拆下管线和元件，放回原来位置。首先关闭动力系统，然后关闭电源，并观察压力表的读数是否为零。在确保系统中的压力完全释放后，首先拆除电气连接线，再依次拆下各段油管，最后在试验台上拆下各液压元件，元件归类放入指定位置。在拆卸过程中，要注意保护液压元件不被损坏。

4. 任务评价

本实训项目的评价内容包含专业能力评价、方法能力评价及社会能力评价等。其中，项目测试占30%，自我评定占20%，小组评定占10%，教师评定占30%，实训报告和答辩占10%，总计为100%，具体见表4-1。

表4-1 实训项目综合评价表

评定形式	比重	评定内容	评定标准	得分
项目测试	30%	(1) 说明该装置由哪些元件组成，占10%； (2) 说明液压缸如何实现换向，占10%； (3) 指出该装置中的元件属于液压系统的哪部分，占10%	好(30)，较好(24)，一般(18)，差(<18)	
自我评定	20%	(1) 学习工作态度； (2) 出勤情况 (3) 任务完成情况	好(20)，较好(16)，一般(12)，差(<12)	
小组评定	10%	(1) 责任意识； (2) 交流沟通能力 (3) 团队协作精神	好(10)，较好(8)，一般(6)，差(<6)	
教师评定	30%	(1)小组整体学习情况； (2) 计划制订、执行情况； (3) 任务完成情况	强(30)，较强(24)，一般(18)，差(<18)	
实训报告和答辩	10%	答辩内容	好(10)，较好(8)，一般(6)，差(<6)	
成绩总计：		组长签字：	教师签字：	

本章小结

(1) 液压缸按结构可分为活塞缸、柱塞缸和摆动缸三大类。按作用方式可分为单作用式和双作用式两种。双作用式液压缸还可分为单活塞杆液压缸和双活塞杆液压缸两种，固定方式有缸体固定和活塞杆固定两种。

(2) 双活塞杆液压缸的特点是双向等推力、等速度。单活塞杆液压缸的特点是活塞杆伸出时，推力较大，速度较低；活塞杆缩回时，推力较小，速度较高；差动连接时，速度最高，推力最小。单活塞杆液压缸可以实现"快进—工进—快退"的工作循环。

(3) 液压缸一般由缸筒和缸盖、活塞和活塞杆、密封装置、缓冲装置和排气装置五部分组成。

思考与习题

1. 液压缸与液压马达在功能特点上有何异同？

2. 为什么伸缩套筒式液压缸活塞伸出的顺序是从大到小，缩回的顺序是由小到大？(提示：应考虑有效工作面积)

3. 活塞与缸体、活塞杆与端盖之间的密封形式有几种？各应用于什么场合？

4. 单活塞杆液压缸差动连接时，有杆腔与无杆腔相比谁的压力高？为什么？

5. 如何实现液压缸的排气和缓冲？

6. 查阅资料，了解液压缸工作时为什么会出现爬行现象，如何解决？

7. 要使差动连接单活塞杆液压缸快进速度是快退速度的两倍，则活塞与活塞杆直径之比应为多少？

8. 图 4-25 所示的液压系统中，液压泵铭牌参数 $q_V=18\text{L/min}$，$p=6.3\text{MPa}$。设活塞直径 $D=90\text{mm}$，$d=60\text{mm}$，当 $F=28\,000\text{N}$ 时，不计压力损失，试求在图示各情况下压力计的指示压力。

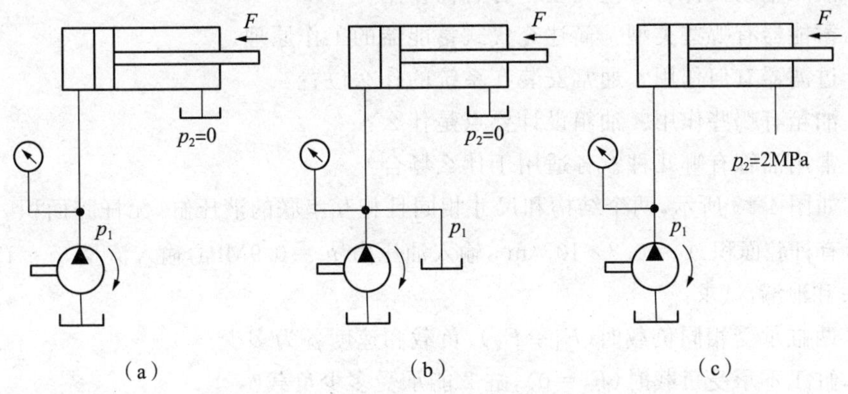

图 4-25　习题 8 图

9. 已知单杆液压缸缸筒内径 $D=100\text{mm}$，活塞杆直径 $d=50\text{mm}$，工作压力 $p_1=2\text{MPa}$，流量 $q_V=10\text{L/min}$，回油压力 $p_2=0.5\text{MPa}$，试求活塞往返运动时的推力和速度。

10. 图 4-26 所示为两结构尺寸相同的液压缸，$A_1=100\text{cm}^2$，$A_2=80\text{cm}^2$，$p_1=0.9\text{MPa}$，$q_{V1}=15\text{L/min}$。若不计摩擦损失和泄漏，试求：

(1) 当两缸负载相同($F_1=F_2$)时，两缸能承受的负载；

(2) 此时两缸运动的速度。

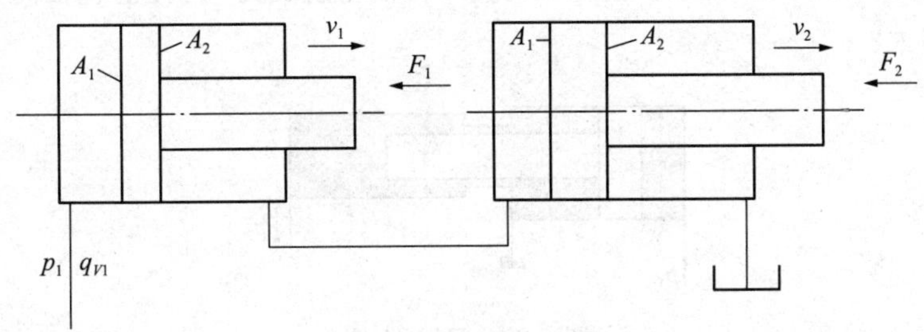

图 4-26　习题 10 图

11. 如图 4-27 所示，活塞和活塞杆直径分别为 D、d。如进入液压缸的流量为 q，压力为 p，试分析各缸产生的推力、速度大小及运动方向。(提示：注意运动件及其运动方向)

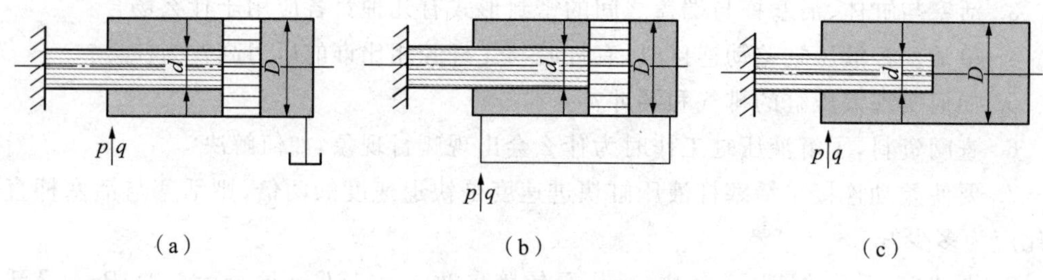

图 4-27　习题 11 图

12. 常用的管接头有哪几种？各有什么特点？

13. 液压辅助元件有哪些类型？各有何作用？

14. 蓄能器有哪些类型？简述充气式蓄能器的工作原理。

15. 过滤器有何作用？通常安装在系统的什么位置？

16. 油箱有哪些作用？油箱设计要点是什么？

17. 常用油管有哪几种？各适用于什么场合？

18. 如图 4-28 所示，两个结构和尺寸相同且相互串联的液压缸，无杆腔面积 $A_1=1\times10^{-2}\mathrm{m}^2$，有杆腔面积 $A_2=0.8\times10^{-2}\mathrm{m}^2$，输入油压力 $p_t=0.9\mathrm{MPa}$，输入流量 $q_1=12\mathrm{L/min}$，不计损失和泄漏，试求：

(1) 两缸承受相同负载时($F_1=F_2$)，负载和速度各为多少？

(2) 缸 1 不承受负载时($F_1=0$)，缸 2 能承受多少负载？

(3) 缸 2 不承受负载时($F_2=0$)，缸 1 能承受多少负载？

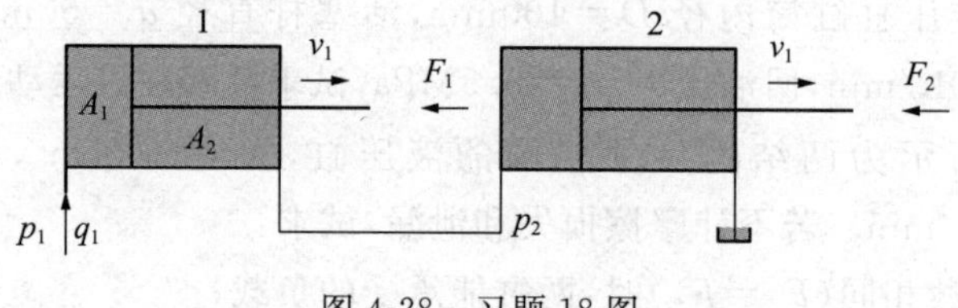

图 4-28　习题 18 图

19. 液压缸如图 4-29 所示。输入压力为 p_1，活塞直径为 D，柱塞直径为 d，试求输出压力 p_2 为多大？

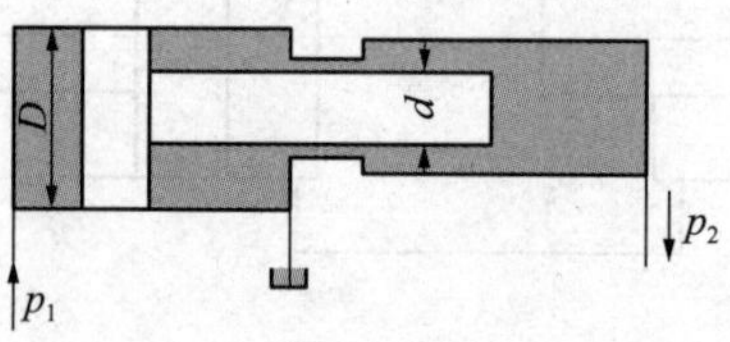

图 4-29　习题 19 图

第 5 章　液压控制阀

【知识目标】

(1) 了解常见液压控制阀的结构组成和分类,掌握其工作原理。

(2) 了解方向控制阀的种类;掌握单向阀的工作原理及图形符号。

(3) 掌握换向阀的工作原理、图形符号及其各种控制方法。

(4) 掌握压力控制阀的作用和分类。

(5) 掌握溢流阀、减压阀、顺序阀的工作原理和图形符号;了解溢流阀、减压阀、顺序阀的区别和使用范围。

(6) 掌握流量控制阀的作用和种类;了解节流阀和调速阀应用,能区分两者的不同;掌握节流阀和调速阀的工作原理、结构和图形符号。

【能力目标】

(1) 掌握常见液压控制阀的特点,区分各类液压阀;能根据不同的工作环境选择合适的液压阀。

(2) 掌握常见换向阀的特点,区分各类换向阀的优缺点。

(3) 掌握常见压力阀的特点,区分各类压力阀的应用场合,能根据不同的工作环境选择合适的压力控制阀。

(4) 掌握常用方向控制阀的图形符号,能根据不同的工作环境选择合适的方向控制阀。

(5) 掌握节流阀和调速阀的工作原理、结构和图形符号;了解常见流量阀的特点,区分其应用场合。

(6) 教学过程中通过工程案例,引导学生思考探索,比较各种阀的使用场合,理论联系实际,使学生根据不同的工作环境选择合适的液压控制阀,掌握正确拆装液压控制阀的方法。

5.1 阀的作用和分类

控制阀概述

液压系统中用来控制和调节液体流动的方向、压力高低和流量大小的液压元件称为液压控制元件,又称为液压控制阀。液压控制阀虽然种类繁多,但它们之间有如下一些基本共同点。

(1) 在结构上,所有的阀都是由阀体、阀芯和驱动阀芯动作的装置(如弹簧、电磁铁)三部分组成。

(2) 所有的阀都是利用阀芯和阀体的相对位移来改变通流面积,从而控制压力、流向和流速,因此都符合小孔流量公式 $q=KA\Delta p^m$。

(3) 各种阀都可以看成一个液阻,只要有液体流过就会产生压力降(压力损失)和温度升高现象。

1. 按用途和特点不同分类

根据用途和工作特点的不同,液压控制阀可分为以下三大类。

(1) 方向控制阀,包括单向阀、换向阀等。

(2) 压力控制阀,包括溢流阀、减压阀、顺序阀等。

(3) 流量控制阀,包括节流阀、调速阀等。

为了减少液压系统中元件的数目和缩短管道尺寸,常将两个或两个以上的阀类元件安装在一个阀体内,制成结构紧凑的独立单元,如单向顺序阀、单向节流阀等,这些阀称为组合阀。组合阀结构紧凑,使用方便。

2. 按连接方式不同分类

按阀在液压系统中安装连接方式的不同,液压控制阀可分为以下几种连接方式。

(1) 螺纹式(管式)连接。阀的油口为螺纹孔,可用螺纹管接头和油管同其他元件连接,并由此固定在管路上。这种连接方式虽然简单,但刚度差,拆卸不方便,仅用于简单液压系统。

(2) 板式连接。板式连接的阀各油口均布置在同一安装面上,且为光孔。它用螺钉固定在与阀各油口有对应螺纹孔的连接板上,再通过板上的孔或与板连接的管接头和管道同其他元件连接;还可把几个阀用螺钉分别固定在一个集成块的不同侧面上,由集成块上加工出的孔连接各阀组成回路。由于拆卸阀时不必拆卸与阀相连的其他元件,故这种连接方式应用较广泛。

(3) 法兰式连接。通径大于 32mm 的大流量阀采用法兰式连接,这种连接方式连接可靠、强度高。

(4) 叠加式连接。阀的上、下面为连接结合面,各油口分别在这两个面上,且同规格阀的油口连接尺寸相同。每个阀除其自身功能,还起油路通道的作用,阀相互叠装组成回路,不需油管连接。这种连接结构紧凑,压力损失小。

(5) 插装式连接。这类阀无单独的阀体,只有由阀芯和阀套等组成的单元组件,单元组件插装于块体(可通用)的预制孔中,用连接螺纹或盖板固定,并通过块内通道把各插装式阀连通组成回路。插装块体起到阀体和管路通道的作用。这是一种能灵活组装的新型连接阀。

3. 按操作方式不同分类

按阀的操作方式不同,液压控制阀可分为以下三种。

(1) 手动控制阀。操作方式为手把、手轮、踏板、丝杆等。

(2) 机动控制阀。操作方式为挡块或碰块、弹簧、液压、气动等。

(3) 电动控制阀。操作方式为电磁铁控制、电-液联合控制等。

5.2　方向控制阀

方向控制阀

方向控制阀是用于控制液压系统中油路的接通、切断或改变液流方向的液压阀(简称方向阀),主要用以实现对执行元件的起动、停止或运动方向的控制。常用的方向控制阀有单向阀和换向阀。

5.2.1　单向阀

动画:单向阀的工作原理

1. 单向阀的结构和工作原理

单向阀是保证通过阀的液流只向一个方向流动而不能反向流动的方向控制阀,一般由阀体、阀芯和弹簧等零件构成。

单向阀的阀芯分为钢球式(图 5-1(a))和锥式(图 5-1(b)和图 5-1(c))两种。

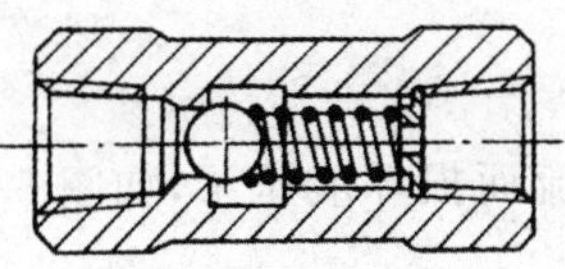
(a) 钢球式阀芯管式结构

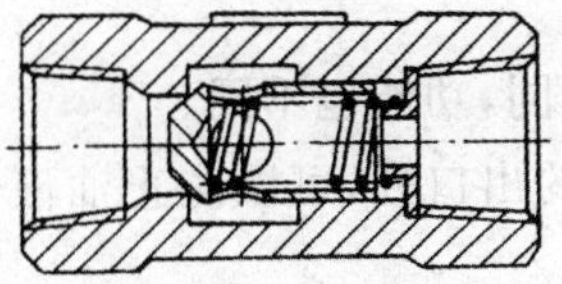
(b) 锥式阀芯管式结构

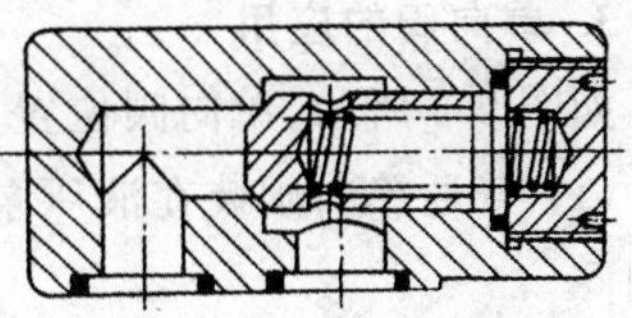
(c) 锥式阀芯板式结构

图 5-1　单向阀的结构

钢球式阀芯结构简单,价格低,但密封性较差,一般仅用在低压、小流量的液压系统中。锥式阀芯阻力小,密封性好,使用寿命长,所以应用较广,多用于高压、大流量的液压系统中。

2. 液控单向阀

在液压系统中,有时需要使被单向阀所闭锁的油路重新接通,可把单向阀做成闭锁方向能够控制的结构,这就是液控单向阀,如图 5-2 所示。

动画:液控单向阀

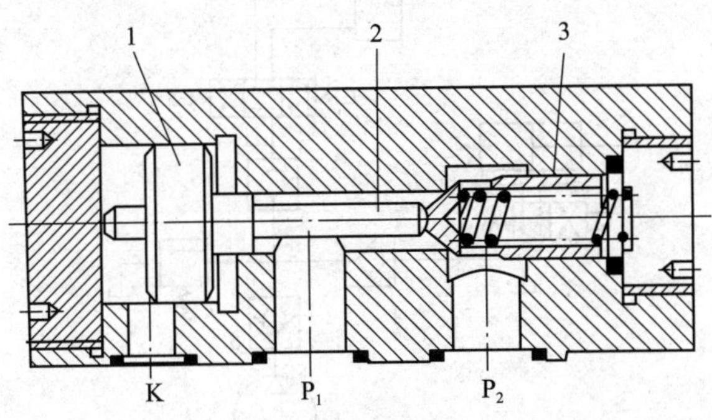

图 5-2　液控单向阀

1—活塞;2—顶杆;3—阀芯;P_1,P_2,K—油口

液控单向阀也可以做成常开式结构,即平时油路畅通,需要时通过液控闭锁一个方向的油液流动,使油液只能单方向流动。

单向阀和液控单向阀的图形符号见表 5-1。

表 5-1　单向阀和液控单向阀的图形符号

项目	单向阀		液控单向阀	
	无弹簧	带弹簧	无弹簧	带弹簧
详细符号				
简化符号		弹簧可省略	控制压力关闭阀	弹簧可省略，控制压力打开阀

3. 单向阀的应用

如图 5-3 所示，单向阀位置不同，功能也不同。

(1) 普通单向阀装在液压泵的出口处，可以防止油液倒流而损坏液压泵，如图 5-3 中的阀 5。

(2) 普通单向阀装在回油管路上作背压阀，使其产生一定的回油阻力，以满足控制油路使用要求或改善执行元件的工作性能。

(3) 隔开油路之间不必要的联系，防止油路相互干扰，如图 5-3 中的阀 1 和阀 2。

(4) 普通单向阀与其他阀制成组合阀，如单向减压阀、单向顺序阀、单向调速阀等。

另外，在安装单向阀时须认清进、出油口的方向，否则会影响系统的正常工作。系统主油路压力的变化，不能对控制油路的压力产生影响，以免引起液控单向阀的错误动作。

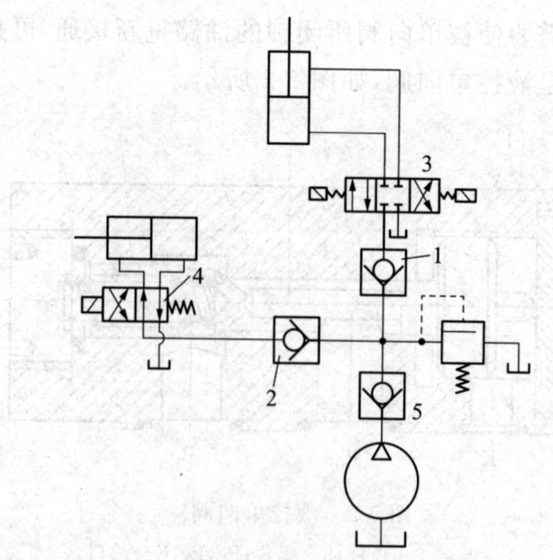

图 5-3　单向阀的应用

1,2,5—单向阀；3—三位四通电磁换向阀；4—二位四通电磁换向阀

5.2.2 换向阀

换向阀通过改变阀芯和阀体间的相对位置，控制油液流动方向，接通或关闭油路，从而改变液压系统的工作状态。

1. 换向阀的工作原理

图 5-4 所示为常见的滑阀结构，图 5-5 所示为三位四通换向阀的工作原理。控制时，滑阀在阀体内做轴向移动，通过改变各油口间的连接关系，实现油液流动方向的改变，这就是滑阀式换向阀的工作原理。

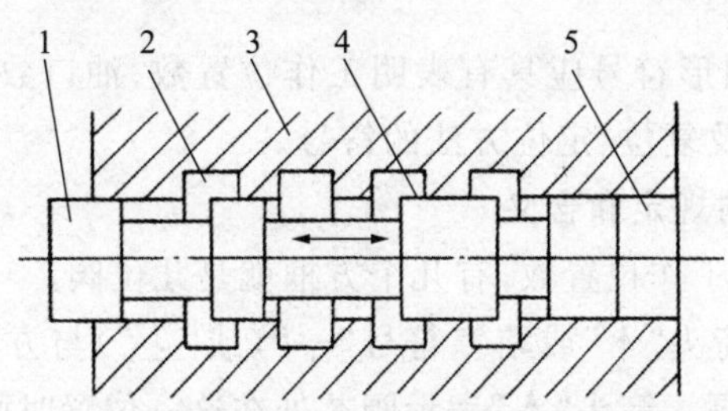

图 5-4 滑阀结构

1—滑阀；2—环形槽；3—阀体；4—凸肩；5—推杆

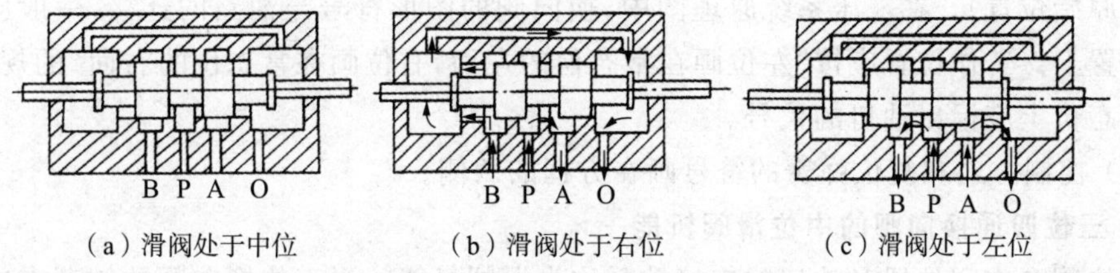

（a）滑阀处于中位 （b）滑阀处于右位 （c）滑阀处于左位

图 5-5 三位四通换向阀的工作原理

A,B,O,P—油口

动画：二位二通和二位四通换向阀

换向阀滑阀的工作位置数称为“位”，与液压系统中油路相连通的油口数称为“通”。常用的换向阀种类有二位二通、二位三通、二位四通、二位五通、三位三通、三位四通、三位五通和三位六通等。常用换向阀的图形符号见表 5-2。

表 5-2 常用换向阀的图形符号

二位二通		二位三通		二位四通	二位五通
常闭	常开		带中间过渡位置		

三位三通	三位四通	三位五通		三位六通

控制滑阀常用的移动方法有人力控制、机械控制、电气控制、行程控制和先导控制等。常用控制方法的图形符号示例见表 5-3。

表 5-3 常用控制方法的图形符号示例

人力控制	机械控制	电气控制	行程控制	先导控制
可拆卸把手和锁定要素的控制机构 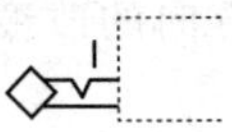	机械反馈 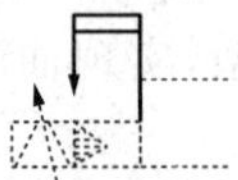	单作用电磁铁，动作指向阀芯 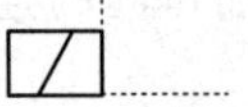	单向行程控制的滚轮杠杆 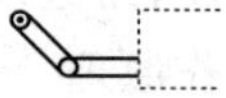	电液先导控制机构 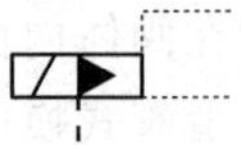

一个换向阀的完整图形符号应具有表明工作位置数、油口数和在各工作位置上油口的连通关系、控制方法以及复位、定位方法的符号。

2. 换向阀图形符号的规定和含义

(1) 用方框表示阀的工作位置数，有几个方框就是几位阀。

(2) 在一个方框内，箭头"↑"或堵塞符号"┬"(或"┴")与方框相交的点数就是通路数，有几个交点就是几通阀。箭头"↑"表示阀芯处在这一位置时两油口相通，但不一定是油液的实际流向，"┬"或"┴"表示此油口被阀芯封闭(堵塞)不通流。

(3) 三位阀中间的方框、两位阀画有复位弹簧的方框为常态位置(即未施加控制信号以前的原始位置)。在液压系统原理图中，换向阀的图形符号与油路的连接，一般应画在常态位置上。工作位置应按"左位画在常态位的左面，右位画在常态位的右面"的规定，同时在常态位上应标出油口的代号。

(4) 控制方式和复位弹簧的符号画在方框的两侧。

3. 三位四通换向阀的中位滑阀机能

三位阀在中间位置时油口的连接关系称为滑阀机能。当三位换向阀的阀芯在中间位置时，各油口间有不同的连通方式，可满足不同的使用要求，这种连通方式称为换向阀的中位机能。三位四通换向阀常见的中位机能、型号、符号及其特点见表 5-4，三位五通换向阀的情况与此相仿。

表 5-4 三位四通换向阀常见的中位机能、型号、符号及其特点

型号	结构简图	中位符号	中位油口状态和特点
O	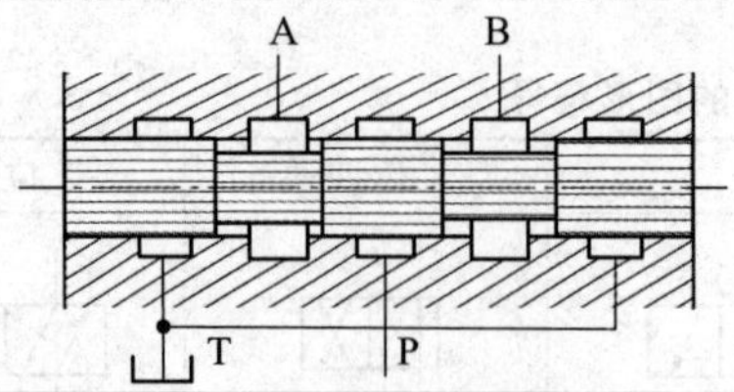 A B T P	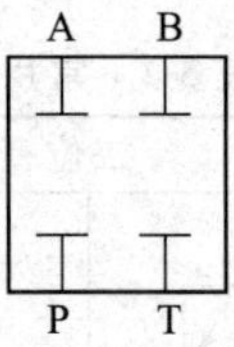 A B P T	各油口全封闭，换向精度高，但有冲击，缸被锁紧；泵不卸荷，并联泵可运动
H	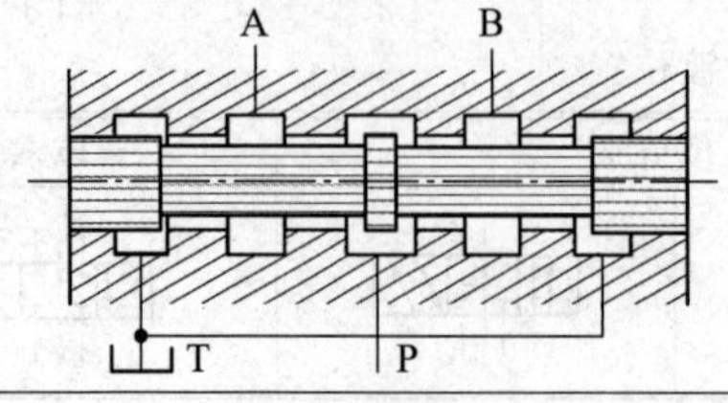 A B T P	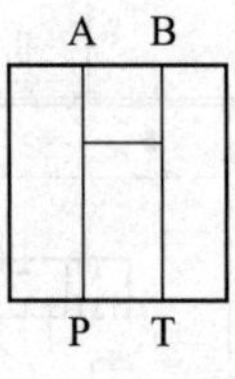 A B P T	各油口全接通；执行元件两腔与回油箱连通，在外力作用下可移动，缸浮动；泵卸荷，其他缸不能并联使用

续表

型号	结构简图	中位符号	中位油口状态和特点
M	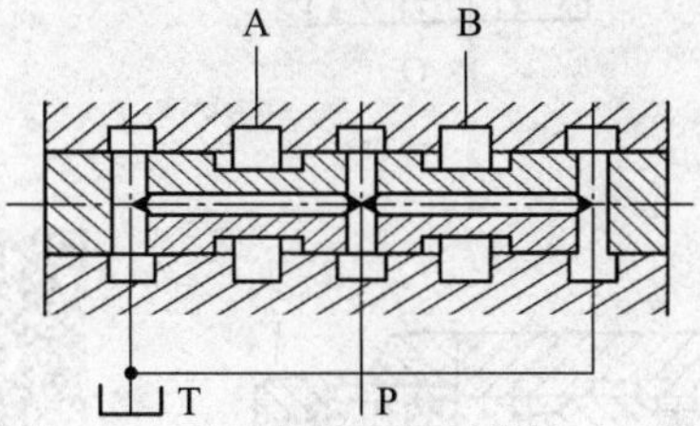	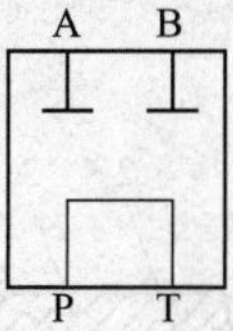	油口P、T相通，油口A、B封闭，换向精度高，但有冲击，缸被锁紧；泵卸荷，其他缸不能并联使用
Y	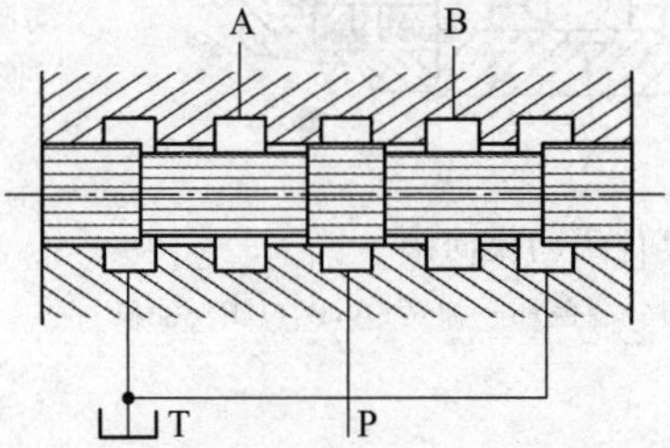	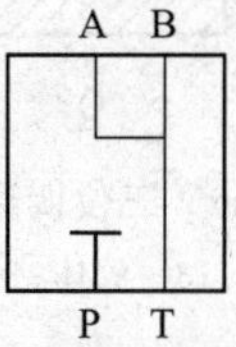	油口P封闭，油口A、B、T相通，换向较平稳；泵不卸荷，并联缸可运动
P	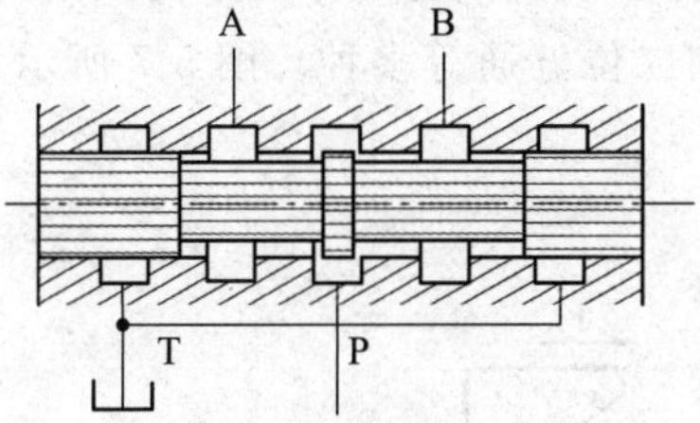	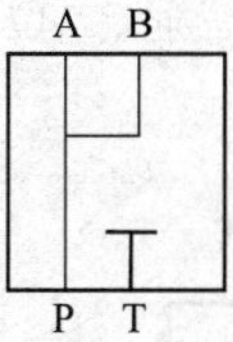	油口T封闭，油口P、A、B相通，换向最平稳，双杆缸浮动，单杆缸差动；泵不卸荷，并联缸可运动
K	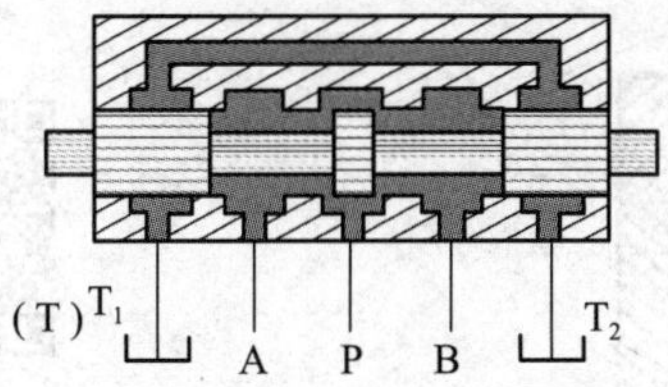	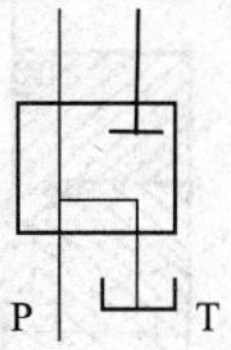	P、A、O通，B封闭，泵卸荷，缸起动平稳，换向有些冲击，停位精度高
X	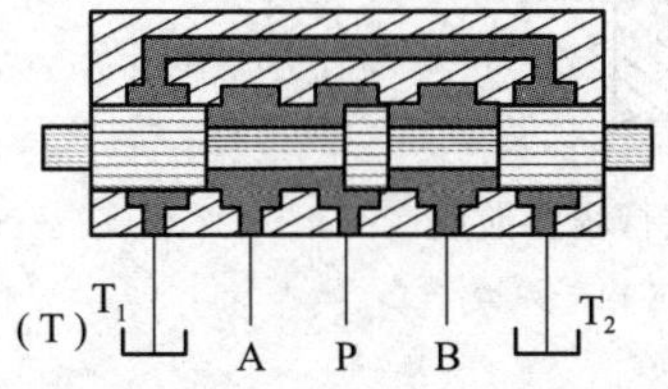	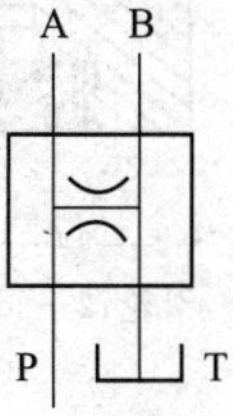	中位时，各油口半连通，P口保持一定压力；性能介于O、H型之间

4. 手动换向阀

手动换向阀是用人力控制方法改变阀芯工作位置的换向阀，有二位二通、二位四通和三位四通等多种形式。图5-6所示为一种三位四通自动复位手动换向阀。

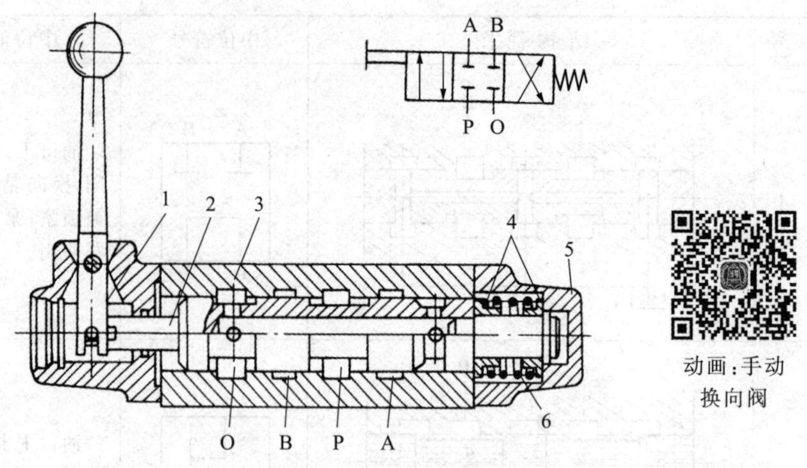

图 5-6　三位四通自动复位手动换向阀

1—手柄；2—滑阀（阀芯）；3—阀体；4—套筒；5—端盖；6—弹簧；A，B，O，P—油口

5. 机动换向阀

机动换向阀又称行程换向阀，是用机械控制方法改变阀芯工作位置的换向阀，常用的有二位二通（常闭和常通）、二位三通、二位四通和二位五通等多种。图 5-7 所示为二位二通常闭式行程换向阀。

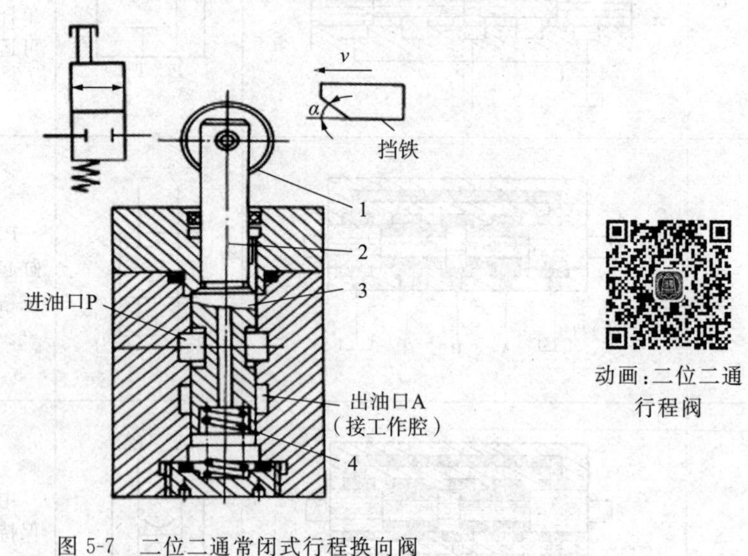

图 5-7　二位二通常闭式行程换向阀

1—滑轮；2—阀杆；3—阀芯；4—弹簧

6. 电磁换向阀

电磁换向阀简称电磁阀，是用电气控制方法改变阀芯工作位置的换向阀。

图 5-8 所示为二位三通电磁换向阀。当电磁铁通电时，衔铁通过推杆 1 将阀芯 2 推向右端，进油口 P 与油口 B 接通，油口 A 被关闭。当电磁铁断电时，弹簧 3 将阀芯推向左端，油口 B 被关闭，进油口 P 与油口 A 接通。

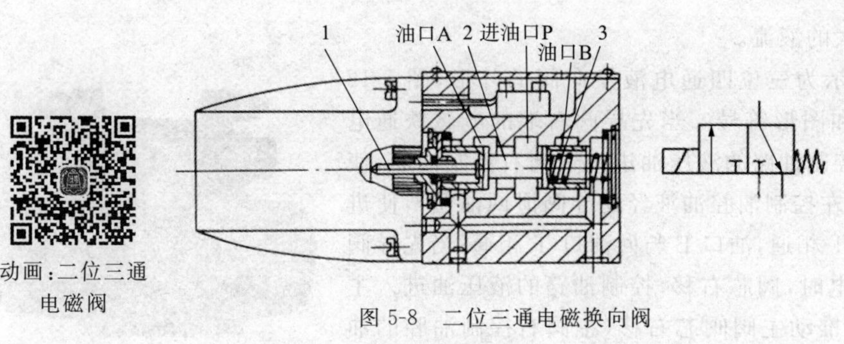

动画:二位三通电磁阀

图 5-8 二位三通电磁换向阀

1—推杆;2—阀芯;3—弹簧

图 5-9 所示为三位四通电磁换向阀。电磁换向阀的电磁铁可用按钮开关、行程开关、压力继电器等电气元件控制,无论位置远近,控制均很方便,且易于实现动作转换的自动化,因而得到了广泛的应用。根据使用电源的不同,电磁换向阀分为交流和直流两种。电磁换向阀适于流量不超过 $1.05\times10^{-4}\ m^3/s$ 的液压系统。

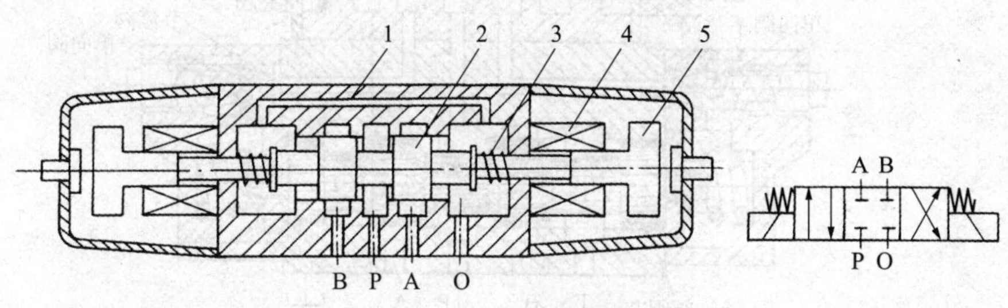

图 5-9 三位四通电磁换向阀

1—阀体;2—阀芯;3—弹簧;4—电磁线圈;5—衔铁;A,B,O,P—油口

7. 液动换向阀

液动换向阀是用直接压力控制方法改变阀芯工作位置的换向阀。图 5-10 所示为三位四通液动换向阀。由于液压油可以产生很大的推力,所以液动换向阀可用于高压大流量的液压系统中。

动画:三位四通液动换向阀

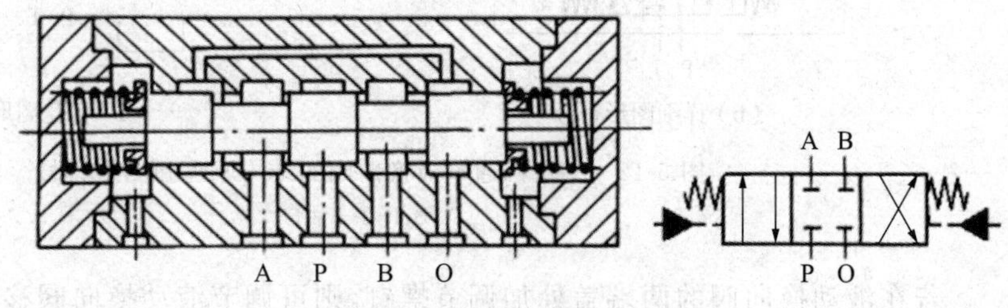

图 5-10 三位四通液动换向阀

A,B,O,P—油口

8. 电液换向阀

电液换向阀是用间接压力控制(又称先导控制)方法改变阀芯工作位置的换向阀。

电液换向阀由电磁换向阀和液动换向阀组合而成。电磁换向阀起先导作用(称先导阀),用来控制液流的流动方向,从而改变液动换向阀(称为主阀)的阀芯位置,实现用较小的电磁控制较大的液流。

图 5-11 所示为三位四通电液换向阀的外形，图 5-12 为其结构原理和图形符号。当先导阀右端的电磁铁通电时，阀芯左移，控制油路的液压油进入主阀右控制油腔，使主阀阀芯左移(左控制油腔油液经先导阀泄回油箱)，使进油口 P 与油口 T 相通，油口 B 与回油口 T 相通；当先导阀左端电磁铁通电时，阀芯右移，控制油路的液压油进入主阀左控制油腔，推动主阀阀芯右移(主阀右控制油腔的油液经先导阀泄回油箱)，使进油口 P 与油口 B 相通，油口 A 与回油口 T 相通，实现换向。

图 5-11 三位四通电液换向阀的外形

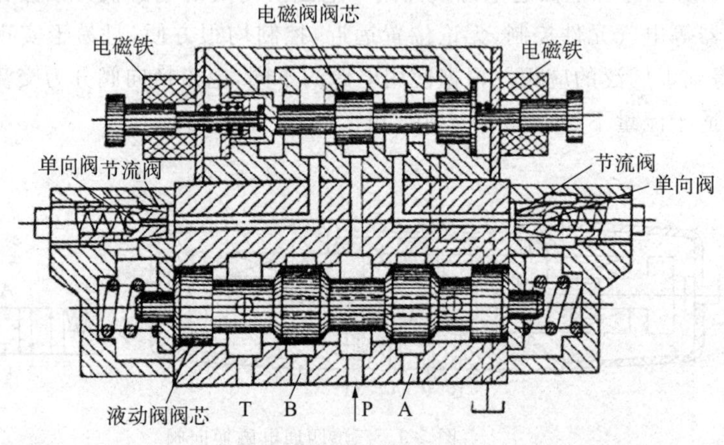

(a) 结构原理

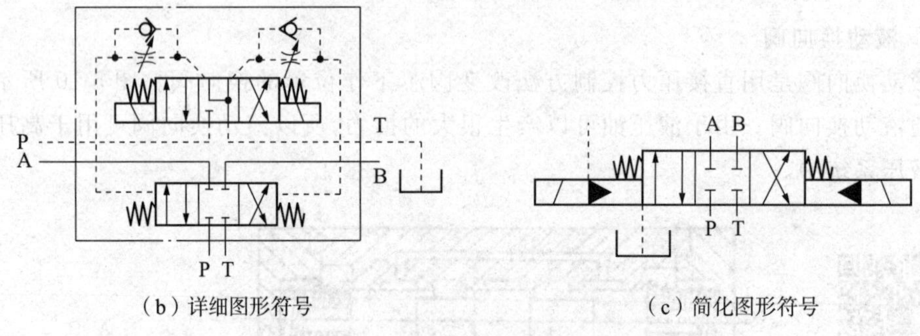

(b) 详细图形符号　　(c) 简化图形符号

图 5-12 三位四通电液换向阀的结构原理和图形符号

A,B,P,T—油口

若在液动换向阀的两端盖处加调节螺钉，则可调节液动换向阀移动的行程和各主阀口的开度，从而改变通过主阀的流量，对执行元件起粗略的速度调节作用。

5.3 压力控制阀

压力控制阀

压力控制阀是用于控制液压系统的压力或利用压力作为信号控制其他元件动作的液压阀，简称压力阀。按功能不同，常用的压力控制阀有溢流阀、减压阀和顺序阀等。

5.3.1 溢流阀

1. 溢流阀的功能和分类

(1) 溢流阀在液压系统中的功能主要有两个方面：一是起溢流和稳压作用，保持液压系统的压力恒定；二是起限压保护作用，防止液压系统过载。溢流阀通常安装在液压泵出口处的油路上。

(2) 根据结构和工作原理不同，溢流阀可分为直动式溢流阀和先导式溢流阀两类。

2. 直动式溢流阀的结构和工作原理

直动式溢流阀的结构和图形符号如图 5-13 所示。直动式溢流阀只用于低压液压系统中。

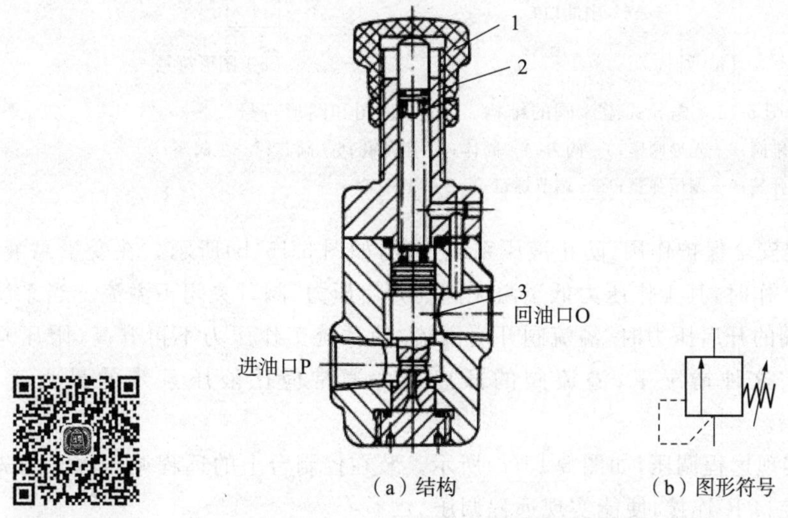

(a) 结构 (b) 图形符号

动画：直动式溢流阀

图 5-13 直动式溢流阀的结构和图形符号

1—调压螺母；2—弹簧；3—阀芯

3. 先导式溢流阀的结构和工作原理

先导式溢流阀的结构和图形符号如图 5-14 所示。先导式溢流阀由先导阀Ⅰ和主阀Ⅱ两部分组成。先导阀实际上是一个小流量的直动式溢流阀，阀芯是锥阀，用来控制压力；主阀阀芯是滑阀，用来控制溢流流量。

先导式溢流阀设有遥控口 K，可以实现远程调压（与远程调压接通）或卸荷（与油箱接通），不用时封闭。

先导式溢流阀压力稳定、波动小，主要用于中压液压系统中。

4. 溢流阀的应用

(1) 起溢流稳压作用，维持液压系统压力恒定，如图 5-15(a)所示。在定量泵进油或回油节流调速系统中，溢流阀和节流阀配合使用，液压缸所需流量由节流阀 2 调节，泵输出的多余流量由溢流阀 1 溢回油箱。在系统正常工作时，溢流阀阀口始终处于溢流状态，维持泵的输出压力恒定不变。

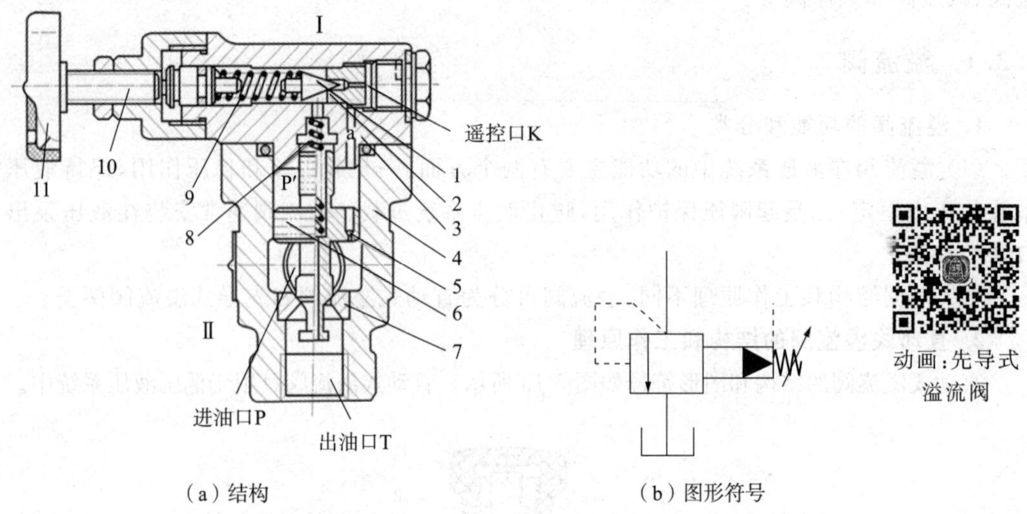

(a) 结构 (b) 图形符号

图 5-14 先导式溢流阀的结构、工作原理图和图形符号

1—先导锥阀;2—先导阀座;3—阀盖;4—阀体;5—阻尼孔;6—阀芯;7—主阀座;
8—主阀弹簧;9—调压弹簧;10—调节螺钉;11—调节手轮

(2) 起安全保护作用,防止液压系统过载,如图 5-15(b)所示。在变量泵液压系统中,系统正常工作时,其工作压力低于溢流阀的开启压力,阀口关闭不溢流。当系统工作压力超过溢流阀的开启压力时,溢流阀开启溢流,使系统工作压力不再升高(限压),以保证系统的安全。这种情况下,溢流阀的开启压力通常应比液压系统的最大工作压力高10%～20%。

(3) 实现远程调压,如图 5-15(c)所示。装在控制台上的远程调压阀 2 与先导式溢流阀 1 的遥控口 K 连接,便能实现远程调压。

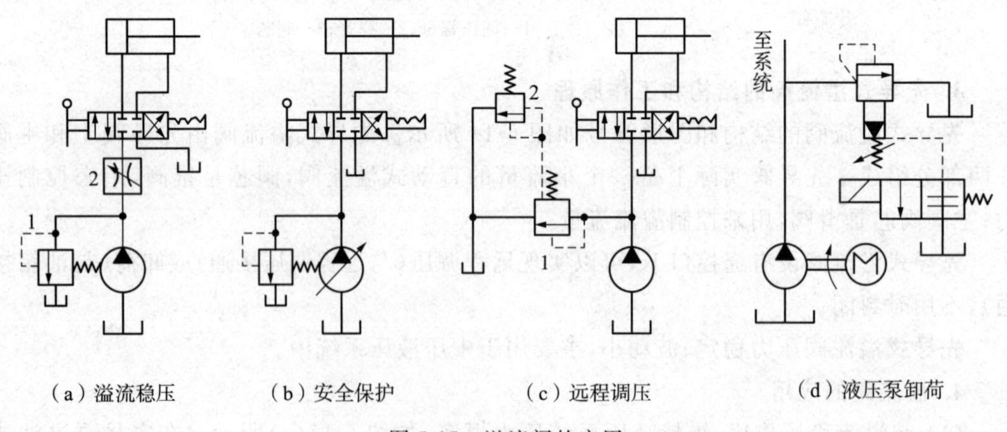

(a) 溢流稳压 (b) 安全保护 (c) 远程调压 (d) 液压泵卸荷

图 5-15 溢流阀的应用

(4) 用作背压阀,将溢流阀连接在系统的回油路上,在回油路中形成一定的回油阻力(背压),以改善液压执行元件运动的平稳性。

(5) 用作卸荷阀。溢流阀作为卸荷阀的情况如图 5-15(d)所示。采用先导式溢流阀调压的定量泵液压系统，当阀的遥控口与油箱连通时，其主阀阀芯在进口压力很低时即可迅速抬起，使泵卸荷，以减少能量损耗；当电磁铁通电时，溢流阀外控口通油箱，因而能使泵卸荷。因此，这种用途的溢流阀也称为卸荷阀。

5.3.2 减压阀

在液压系统中，常由一个液压泵向几个执行元件供油。当某一执行元件需要比泵的供油压力低且有稳定的压力时，可向该执行元件所在的油路上串联一个减压阀来实现。其出口压力降低且恒定的减压阀称为定压（定值）减压阀，简称减压阀。

1. 减压阀的功能和分类

（1）减压阀是用来降低液压系统中某一分支油路的压力，使之低于液压泵的供油压力，以满足执行机构（如夹紧、定位油路，制动、离合油路，系统控制油路等）的需要，并保持基本恒定。

（2）减压阀根据结构和工作原理不同，分为直动式减压阀和先导式减压阀两类。一般情况下，用先导式减压阀。

2. 先导式减压阀的结构和工作原理

先导式减压阀的外形、结构原理和图形符号如图 5-16 所示。其结构与先导式溢流阀的结构相似，也是由先导阀Ⅰ和主阀Ⅱ两部分组成，两阀的主要零件互相通用。其主要区别是：减压阀的进、出油口位置与溢流阀相反；减压阀的先导阀控制出口油液压力，而溢流阀的先导阀控制进口油液压力。由于减压阀的进、出口油液均有压力，所以先导阀的泄油不能像溢流阀一样流入回油口，而必须设有单独的泄油口。减压阀主阀芯结构中间多出一个凸肩（即三节杆），正常情况下减压阀阀口开得很大（常开），而溢流阀阀口则是关闭（常闭）的。

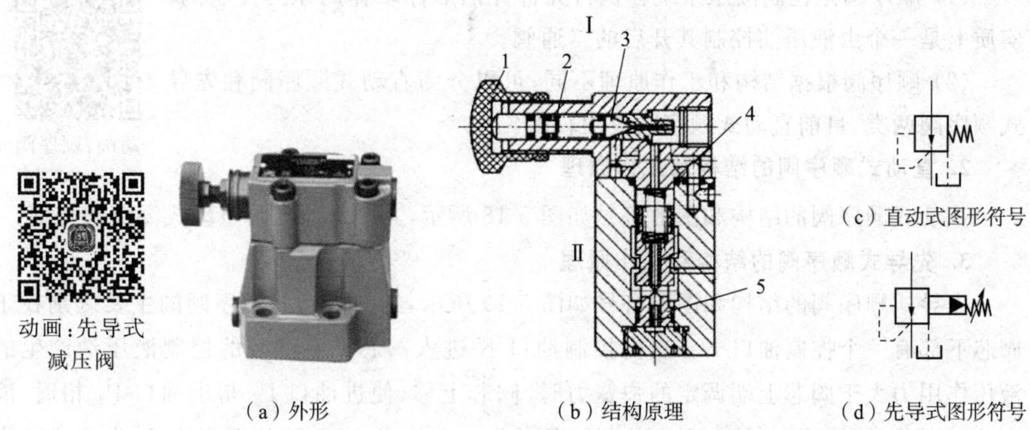

（a）外形　（b）结构原理　（c）直动式图形符号　（d）先导式图形符号

图 5-16 先导式减压阀的外形、结构原理和图形符号

1—手轮；2—调压弹簧；3—先导阀芯；4—主阀弹簧；5—主阀芯

3. 减压阀的应用

定压减压阀的功能是减压、稳压。图 5-17 所示为减压阀用作夹紧油路的原理。液压泵输出的液压油由溢流阀 2 调定压力以满足主油路系统的要求。当换向阀 3 处于图示位

置时，液压泵 1 经减压阀 4、单向阀 5 向夹紧液压缸 6 供给液压油。夹紧工件所需夹紧力的大小由减压阀 4 来调节。当工件夹紧后，换向阀换位，液压泵向主油路系统供油。单向阀的作用是当泵向主油路系统供油时，使夹紧缸的夹紧力不受液压系统中压力波动的影响。

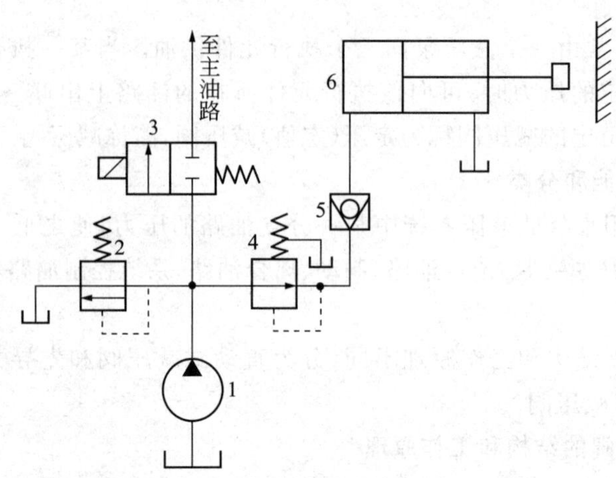

图 5-17　减压阀用作夹紧油路的原理

5.3.3　顺序阀

顺序阀是以压力作为控制信号，自动接通或切断某一油路的压力阀。由于它经常被用来控制执行元件动作的先后顺序，故称为顺序阀。

1. 顺序阀的功能和分类

(1) 顺序阀是控制液压系统各执行元件先后顺序动作的压力控制阀，实质上是一个由液压油控制其开启的二通阀。

(2) 顺序阀根据结构和工作原理不同，可以分为直动式顺序阀和先导式顺序阀两类，目前直动式顺序阀应用较多。

动画：顺序阀

2. 直动式顺序阀的结构和工作原理

直动式顺序阀的结构和图形符号如图 5-18 所示，其工作原理与直动式溢流阀相似。

3. 先导式顺序阀的结构和工作原理

先导式顺序阀的结构和图形符号如图 5-19 所示，它与直动式顺序阀的主要区别在于阀芯下部有一个控制油口 K。当由控制油口 K 进入阀芯下端油腔的控制液压油产生的液压作用力大于阀芯上端调定的弹簧力时，阀芯上移，使进油口 P_1 与出油口 P_2 相通，液压油液自 P_2 口流出，可控制另一执行元件动作。若将出油口 P_2 与油箱接通，先导式顺序阀可用作卸荷阀。

4. 顺序阀的应用

图 5-20 所示为顺序阀实现多个执行元件顺序动作的原理。当电磁换向阀 3 处于左位时，液压缸Ⅰ的活塞向上运动，到终点位置后停止运动，油路压力升高到顺序阀 4 的调定压力时，顺序阀打开，液压油经顺序阀进入液压缸Ⅱ的下腔，使活塞向上运动，从而实现

液压缸Ⅰ、Ⅱ的顺序动作。当电磁换向阀处于右位时，液压缸Ⅰ、Ⅱ同时向下运动。

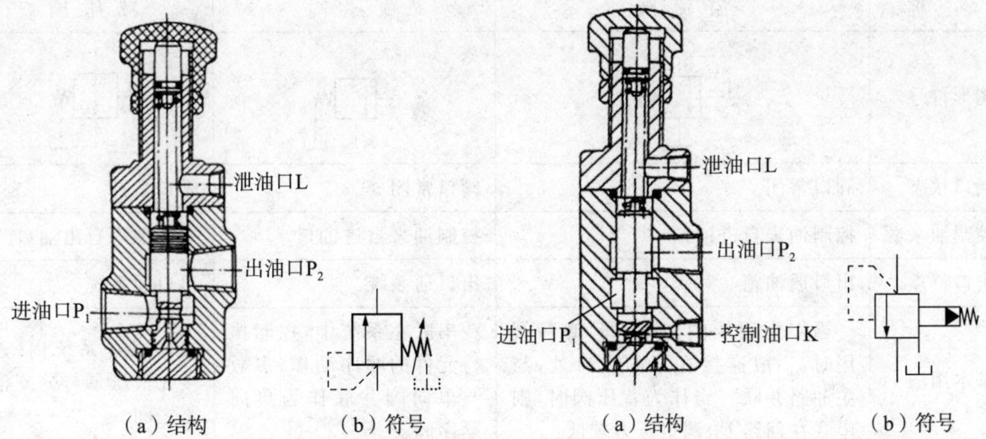

图 5-18　直动式顺序阀的结构和图形符号

图 5-19　先导式顺序阀的结构和图形符号

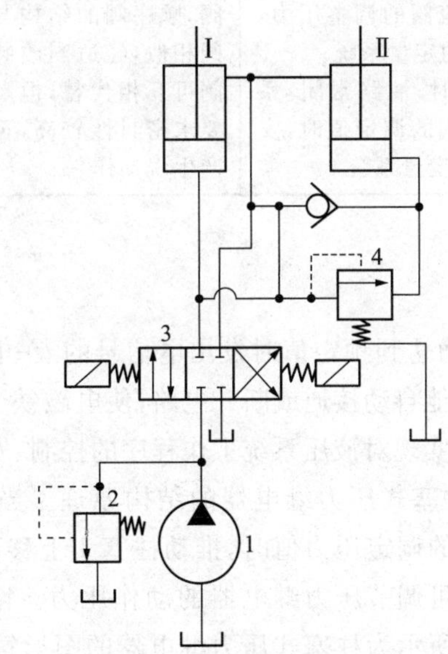

图 5-20　顺序阀实现多个执行元件顺序动作的原理

1—液压泵；2—溢流阀；3—三位四通换向阀；4—顺序阀

5. 顺序阀、减压阀与溢流阀的主要区别

(1) 溢流阀出油口连通油箱，顺序阀和减压阀的出油口通常是连接另一个工作油路。因此顺序阀、减压阀的进、出口处的油液都是液压油。

(2) 溢流阀打开时，进油口的油液压力基本上是保持在调定压力值附近；顺序阀打开后，进油口的油液压力可以继续升高。

(3) 由于溢流阀出油口连通油箱，其内部泄油可通过出油口流回油箱，而顺序阀、减压阀出油口油液为液压油，且通往另一工作油路，所以顺序阀、减压阀的内部要有单独设置的泄油口。

溢流阀、顺序阀和减压阀的区别见表 5-5。

表 5-5　溢流阀、顺序阀和减压阀的区别

名　称	溢 流 阀	顺 序 阀	减 压 阀
图形符号			
阀口状态	阀口常闭	阀口常闭	阀口常开
控制油来源	控制油来自进油口	控制油来自进油口	控制油来自出油口
出口特点	出口通油箱	出口通系统	出口通系统
基本用法	当作为调压阀、安全阀、卸荷阀用时，一般连接在泵的出口处，与主油路并联。当作为背压阀时，则串联在回路上，调定压力较低	串联在系统中，控制执行元件的顺序动作，多数与单向阀并联作为单向顺序阀	串联在系统内，连接在液压泵与分支油路之间
举例	当作为调压阀时，油路常开，泵的压力取决于溢流阀的调整压力，多用于节流调速的定量系统。 当作为安全阀时，油路常闭，系统压力超过安全阀的调定值时，安全阀打开，多用于变量系统	可作为顺序阀、平衡阀，顺序阀的结构与溢流阀相似，经适当改装后两阀可互相代替，但顺序阀要求密封性较高，否则会产生误动作	起减压作用，使辅助油路获得比主油路低且较稳定的压力油，阀口是常开的

5.3.4　压力继电器

压力继电器是在油液压力达到预定值时发出电信号的液-电信号转换元件。当其进油口压力达到弹簧的调定值时，能自动接通或断开电路，使电磁铁、继电器、电动机等电气元件通电运转或断电停止工作，以实现对液压系统工作程序的控制、安全保护或动作的联动等。

图 5-21(a)所示为常用柱塞式压力继电器的结构原理。当从压力继电器下端进油口通入的油液压力达到弹簧 3 的调定压力值时，推动柱塞 1 上移，通过杠杆 2 推动开关 5 动作。改变弹簧 3 的压缩量即可调节压力继电器的动作压力。图 5-21(b)所示为柱塞式压力继电器的外形，图 5-21(c)所示为柱塞式压力继电器的图形符号。

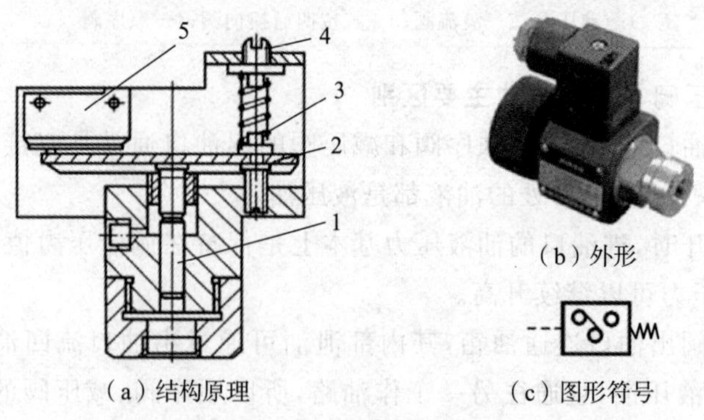

(a) 结构原理　(b) 外形　(c) 图形符号

图 5-21　柱塞式压力继电器

1—柱塞；2—杠杆；3—弹簧；4—调压螺钉；5—开关

压力继电器的应用有两种，一是实现顺序动作，如图 5-22 所示；二是实现安全保护，如图 5-23 所示。压力继电器装在液压缸的进油端，当液压缸前进碰上挡块或切削力过大时，其进油腔压力增大，当达到压力继电器的调定值时，压力继电器发出电信号，使换向阀 2 的电磁铁断电，液压缸快速退回。

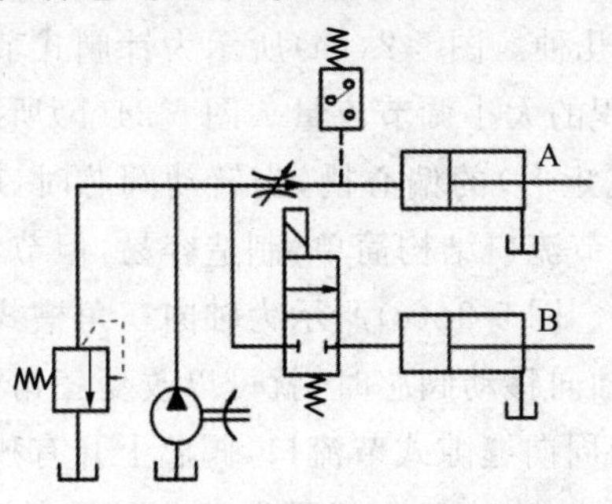

注：缸 A 运动到头后缸 B 顺序动作。

图 5-22 压力继电器的顺序回路

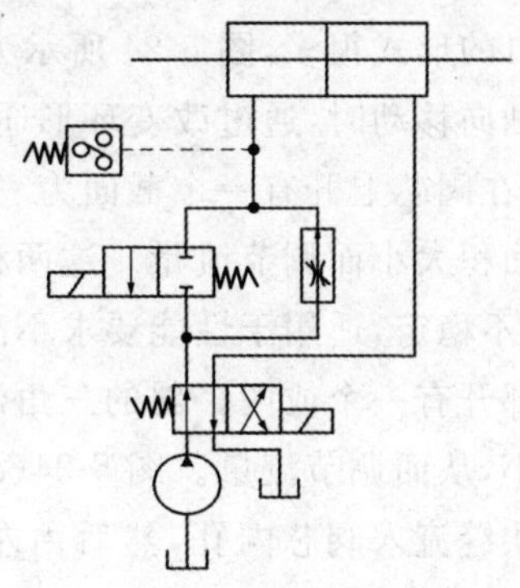

图 5-23 压力继电器的保护回路

5.4 流量控制阀

流量控制阀

在液压系统中，控制工作液体流量的阀称为流量控制阀，简称流量阀。常用的流量控制阀有节流阀、调速阀、分流阀等，其图形符号见表 5-6。其中节流阀是最基本的流量控制阀。流量控制阀通过改变节流口的开口大小调节通过阀口的流量，从而改变执行元件的运动速度，通常用于定量液压泵液压系统中。本节主要介绍节流阀和调速阀。

表 5-6 流量控制阀的图形符号

节 流 阀		调 速 阀		分 流 阀
详细图形符号	简化图形符号	详细图形符号	简化图形符号	图形符号

5.4.1 节流阀

1. 流量控制的工作原理

油液流经小孔、狭缝或毛细管时，会产生较大的液阻。通流面积越小，油液受到的液阻越大，通过阀口的流量就越小。所以，改变节流口的通流面积，使液阻发生变化，就可以调节流量的大小，这就是流量控制的工作原理。大量实验证明，节流口的流量特性可以用下式表示：

$$q_V = kA_0(\Delta P)^n \tag{5-1}$$

式中：q_V 为通过节流口的流量；A_0 为节流口的通流面积；ΔP 为节流口前后的压力差；k 为流量系数，随节流口的形式和油液的黏度而变化；n 为节流口形式参数，范围一般在 0.5～1，节流路程短时取小值，节流路程长时取大值。

节流口的形式很多，图 5-24 所示为常用的几种。图 5-24(a)所示为针阀式节流口，当针阀芯做轴向移动时，通过改变环形通流截面积的大小调节流量。图 5-24(b)所示为偏心式节流口，在阀芯上开有一个截面为三角形（或矩形）的偏心槽，当转动阀芯时，就可以调节通流截面积大小而调节流量。这两种形式的节流口结构简单，制造容易，但节流口容易堵塞，流量不稳定，适用于性能要求不高的场合。图 5-24(c)所示为轴向三角槽式节流口，在阀芯端部开有一个或两个斜的三角沟槽，当轴向移动阀芯时，就可以改变三角槽通流截面积的大小，从而调节流量。图 5-24(d)所示为周向缝隙式节流口，阀芯上开有狭缝，油液可以通过狭缝流入阀芯内孔，然后由左侧孔流出，转动阀芯就可以改变缝隙的通流截面积。图 5-24(e)所示为轴向缝隙式节流口，在套筒上开有轴向缝隙，轴向移动阀芯即可改变缝隙的通流截面积大小，以调节流量。

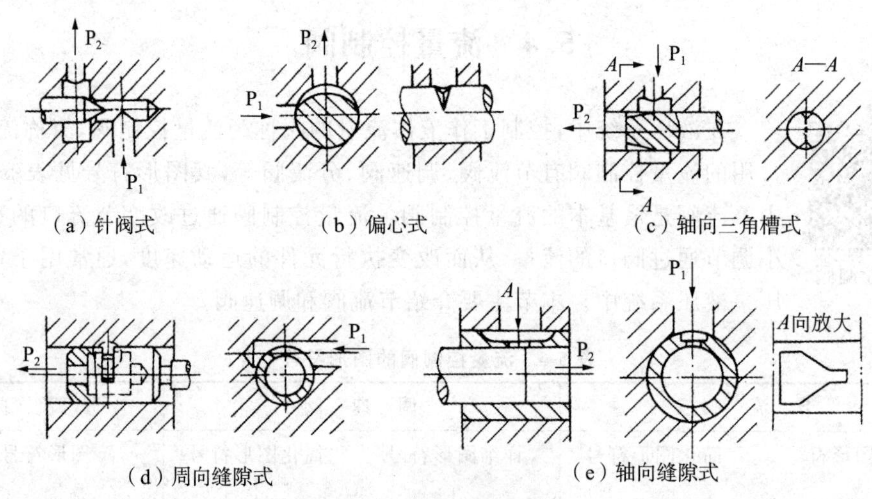

图 5-24 节流口的形式

P_1，P_2—油口

2. 常用节流阀的类型

常用节流阀的类型有可调节流阀、固定式节流阀、可调单向节流阀和减速阀等。

(1) 可调节流阀。图 5-25 所示为可调节流阀。这种节流阀结构简单，制造容易，体积小，但负载和温度的变化对流量的稳定性影响较大，因此只适用于负载和温度变化不大或执行机构对速度稳定性要求较低的液压系统。

(2) 固定式节流阀。固定式节流阀又称不可调节流阀，其节流口大小不能调整。通过更换节流油嘴的大小实现流量控制。

(3) 可调单向节流阀。图 5-26 所示为可调单向节流阀。

(4) 减速阀。减速阀是滚轮控制可调节流阀，又称行程节流阀。其原理是通过行程挡块压下滚轮，使阀芯下移改变节流口通流面积，减小流量以实现减速。图 5-27 所示为一种与单向阀组合的单向减速阀。单向减速阀又称单向行程节流阀，它可以满足下述机床液压进给系统的快进、工进、快退工作循环的需要。

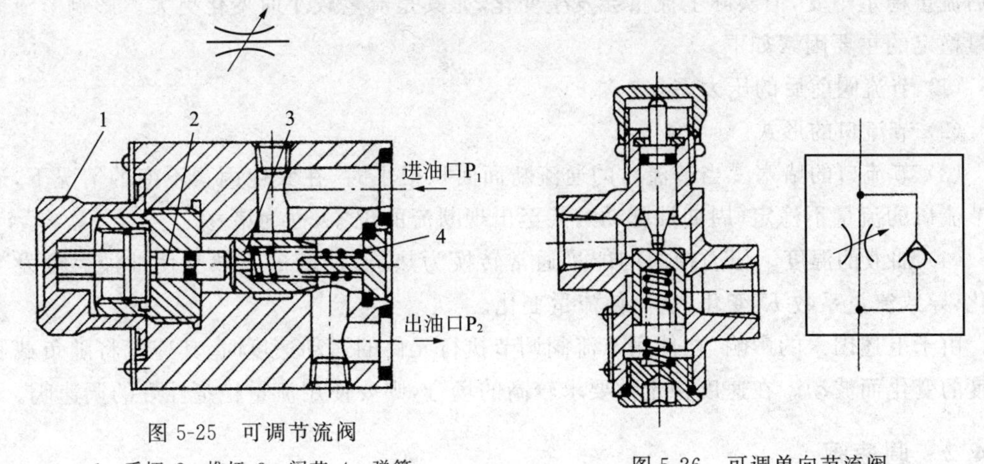

图 5-25　可调节流阀

1—手柄；2—推杆；3—阀芯；4—弹簧

图 5-26　可调单向节流阀

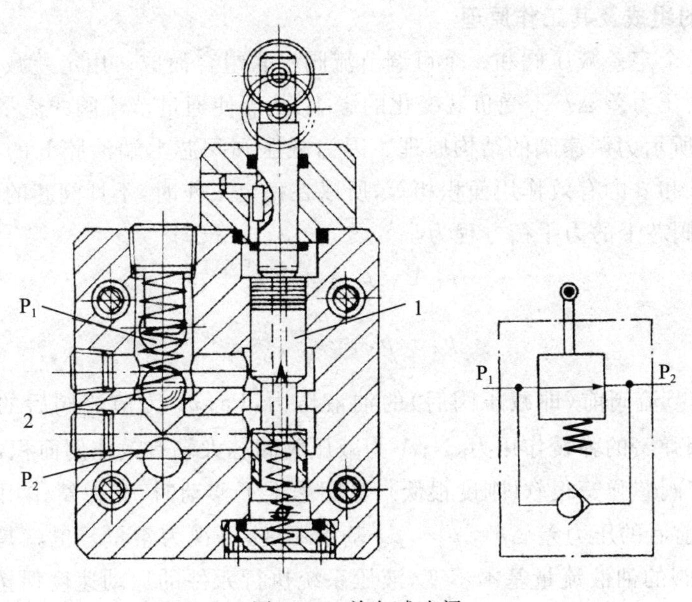

图 5-27　单向减速阀

1—阀芯；2—钢球；P_1，P_2—油口

① 快进。快进时，阀芯 1 未被压下，液压油从油口 P_1 不经节流口流向油口 P_2，执行元件快进。

② 工进。当行程挡块压在滚轮上，使阀芯下移一定距离，将通道大部分遮断，由阀芯上的三角槽节流口调节流量，实现减速，执行元件慢进(工作进给)。

③ 快退。液压油从油口 P_2 进入，推开单向阀阀芯 2(钢球)，油液直接由油口 P_1 流出，不经节流口，执行元件快退。

3. 影响节流阀流量稳定的因素

节流阀是利用油液流动时的液阻来调节阀的流量的。产生液阻的方式有两种：一种是薄壁小孔、缝隙节流，造成压力的局部损失；另一种是细长小孔（毛细管）节流，造成压力的沿程损失。各种形式的节流口实际上是介于两者之间。一般希望在节流口通流面积调好后流量稳定不变，但实际上流量会发生变化，尤其是流量较小时变化更大。影响节流阀流量稳定的主要因素如下。

(1) 节流阀前后的压力差。

(2) 节流口的形式。

(3) 节流口的堵塞。当节流口的通流断面面积很小时，在其他因素不变的情况下，通过节流口的流量不稳定（周期性脉动），甚至出现断流的现象，称为堵塞。

(4) 油液的温度。压力损失的能量通常转换为热能，油液的发热会使油液黏度发生变化，导致流量系数 K 变化，从而使流量变化。

由于上述因素的影响，在使用节流阀调节执行元件的运动速度时，其速度将随负载和温度的变化而波动。在速度稳定性要求较高的场合，则要使用流量稳定性好的调速阀。

5.4.2 调速阀

1. 调速阀的组成及其工作原理

调速阀由一个定差减压阀和一个可调节流阀串联组合而成。用定差减压阀来保证可调节流阀前后的压力差 Δp 不受负载变化的影响，从而使通过节流阀的流量保持稳定。

图 5-28(a)所示为调速阀的结构原理。因为减压阀阀芯上端油腔 b 的有效作用面积 A 与下端油腔 c 和 d 的有效作用面积相等，所以在稳定工作时，不计阀芯的自重及摩擦力的影响，减压阀阀芯上的力平衡方程为

$$p_2 A = p_3 A + F_{簧} \tag{5-2}$$

或

$$p_2 - p_3 = \frac{F_{簧}}{A} \tag{5-3}$$

式中：p_2 为节流阀前（即减压阀后）的油液压力，Pa；p_3 为节流阀后的油液的压力，Pa；$F_{簧}$ 为减压阀弹簧的弹簧作用力，N；A 为减压阀阀芯大端有效作用面积，m^2。

因为减压阀阀芯弹簧很软（刚度很低），当阀芯上下移动时，其弹簧作用力 $F_{簧}$ 变化不大，所以节流阀前后的压力差 $\Delta p = p_2 - p_3$ 基本不变，可视为常量。也就是说，当负载变化时，通过调速阀的油液流量基本不变，液压系统执行元件的运动速度保持稳定。例如，当负载增加，使 p_3 增大的瞬间，减压阀右腔推力增大，其阀芯左移，阀口开度 x 增大，阀口液阻减小，使 p_2 也增大，p_2 与 p_3 的差值 $\Delta p = \frac{F_S}{A}$ 却不变。当负载和 p_3 都减小时，减压阀芯右移，p_2 减小，其与 p_3 的差值不变。因此，调速阀适用于负载变化较大、对速度平稳性要求较高的液压系统，如各类组合机床、车床、铁床等设备的液压系统。图 5-28(b)所示为调速阀的外形，图 5-28(c)所示为调速阀的详细图形符号，图 5-28(d)所示为调速阀的简化图形符号。

2. 调速阀的流量特性曲线

图 5-29 所示为节流阀和调速阀的流量特性曲线，曲线 1 表示的是节流阀的流量与进出油口压差 Δp 的变化规律。根据小孔流量通用公式 $q = kA_T \Delta p_{min}$ 可知，节流阀的流量

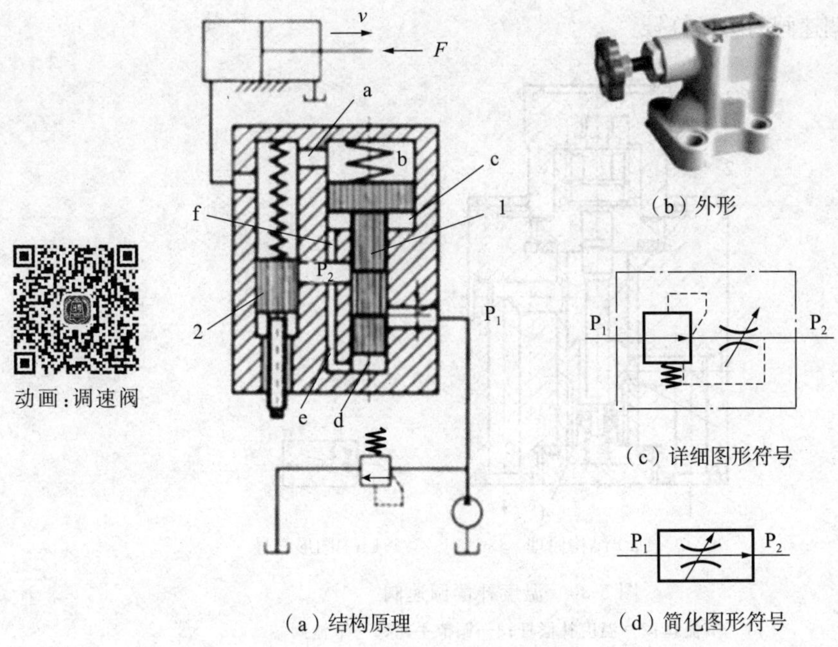

动画：调速阀

（a）结构原理　（b）外形　（c）详细图形符号　（d）简化图形符号

图 5-28　调速阀

1—减压阀阀芯；2—节流阀阀芯；a、e、f—通流通道；b、c、d—油腔；P_1，P_2—油口

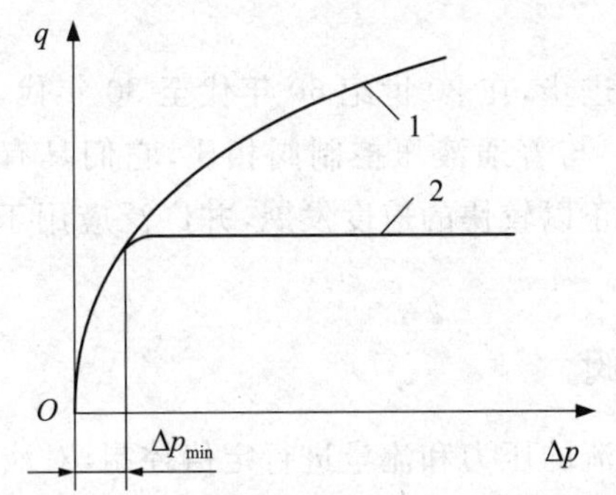

图 5-29　节流阀和调速阀的流量特性曲线

随压差变化而变化。曲线 2 表示的是调速阀的流量与进出油口压差 Δp 的变化规律。调速阀在压差大于一定值后流量基本稳定；调速阀在压差很小时，定差减压阀阀口全开，减压阀不起作用，这时调速阀的特性与节流阀的相同。可见，要使调速阀正常工作，应保证其最小压差（一般为 0.5MPa 左右）。

3. 温度补偿调速阀的工作原理

调速阀消除了负载变化对流量的影响，但温度变化的影响依然存在。为了解决温度变化对流量的影响，在对速度稳定性要求较高的系统中须采用温度补偿调速阀。温度补偿调速阀与普通调速阀的结构基本相似，不同的是温度补偿调速阀在节流阀的阀芯上连接一根温度补偿杆，如图 5-30(a)所示。当温度变化时，流量原本应当有变化，但由于温度补偿杆的材料为温度膨胀系数大的聚氯乙烯塑料，温度升高时长度增加，使阀口开度减小；反之则增大,故能维持流量基本不变(在 20～60℃的范围内流量变化不超过 10%)。图 5-30(b)所示为温度补偿调速阀的图形符号。

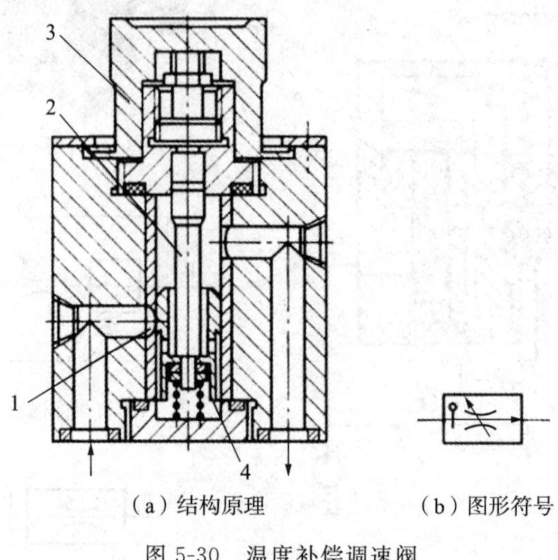

(a) 结构原理　　(b) 图形符号

图 5-30　温度补偿调速阀

1—节流口;2—温度补偿杆;3—调节手轮;4—节流阀芯

5.5　现代液压控制阀

随着液压技术的不断进步,在 20 世纪 60 年代至 80 年代,相继出现了比例阀、插装阀和叠加阀。与普通液压控制阀相比,它们具有许多显著的优点。这些新型液压元件正以较快的速度发展,并广泛应用于各类设备的液压系统中。

现代液压控制阀

5.5.1　电液比例控制阀

普通液压阀只能对液流的压力和流量进行定值控制,对液流的方向进行开关控制,而当工作机构的动作要求对液压系统的压力、流量参数进行连续控制或控制精度要求较高时,则不能满足要求,这时就需要用电液比例控制阀(简称比例阀)进行控制。大多数比例阀具有类似普通液压阀的结构特征。它与普通液压阀的主要区别在于,其阀芯的运动是采用比例电磁铁控制,使输出的压力或流量与输入的电流成正比。所以,可用改变输入电信号的方法对压力、流量进行连续控制。有的阀还兼有控制流量大小和方向的功能,这种阀在加工制造方面的要求接近于普通阀,但其性能却大为提高。比例阀的采用能使液压系统简化,所用液压元件数大为减少,且其可用计算机控制,自动化程度明显提高。

比例阀常用直流比例电磁铁控制,电磁铁的前端都附有位移传感器(也称差动变压器)。它的作用是检测比例电磁铁的行程,并向放大器发出反馈信号。放大器将输入信号与反馈信号比较后再向电磁铁发出纠正信号,以补偿误差,保证阀有准确的输出参数,因此它的输出压力和流量可以不受负载变化的影响。

比例阀也分为比例压力阀、比例方向阀和比例流量阀三大类。

1. 比例压力阀

用比例电磁铁取代直动式溢流阀的手动调压装置，便成为直动式比例溢流阀，其结构原理如图 5-31(a)所示。图 5-31(b)所示为直动式比例溢流阀的图形符号。将直动式比例溢流阀作为先导阀与普通压力阀的主阀相结合，便可组成先导式比例溢流阀、比例顺序阀和比例减压阀。这些阀能随电流的变化而连续地或按比例地控制输出油的压力。电液比例溢流阀目前多用于液压压力机、注射机、轧板机等液压系统。

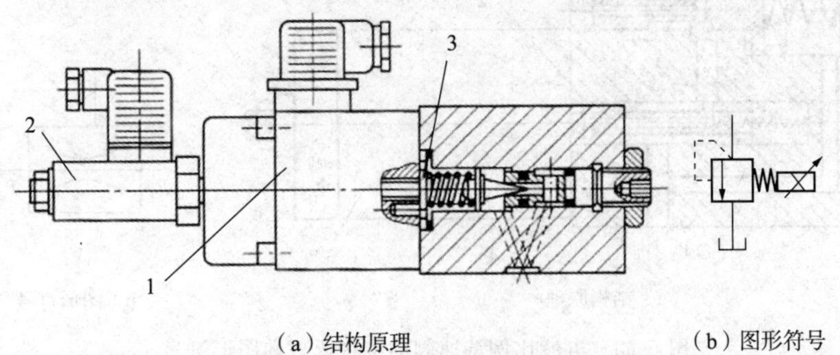

(a) 结构原理　　(b) 图形符号

图 5-31　直动式比例溢流阀的结构原理和图形符号

1—比例电磁铁；2—位移传感器；3—弹簧座

2. 比例方向阀

用比例电磁铁取代电磁换向阀中的普通电磁铁，便构成直动式比例方向阀，其结构原理如图 5-32(a)所示。图 5-32(b)所示为直动式比例方向阀的图形符号。使用了比例电磁铁，阀芯不仅可以换位，而且换位的行程可以连续地或按比例变化，因而连通油口间的通流截面也可以连续地按比例变化，所以比例换向阀不仅能控制执行元件的运动方向，而且能控制其速度。

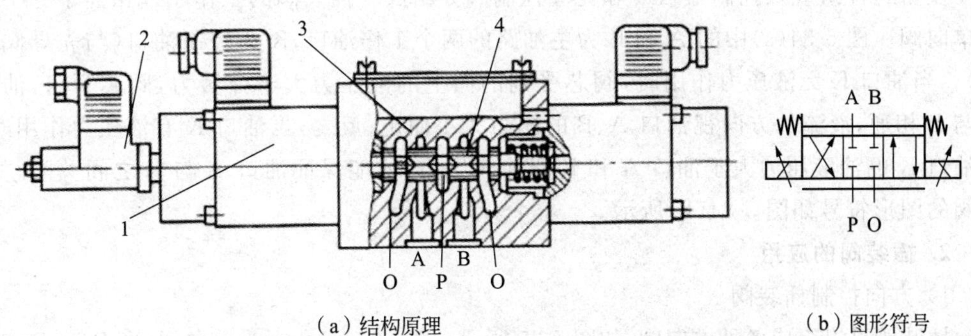

(a) 结构原理　　(b) 图形符号

图 5-32　直动式比例方向阀的结构原理和图形符号

1—比例电磁铁；2—位移传感器；3—阀体；4—阀芯；A,B,O,P—油口

3. 比例流量阀

用比例电磁铁取代节流阀或调速阀的手动调速装置，便成为比例节流阀或比例调速阀。图 5-33(a)所示为电液比例调速阀的结构原理。图 5-33(b)所示为电液比例调速阀的图形符号。图 5-33(a)中的节流阀阀芯由比例电磁铁的推杆操纵，输入的电信号不同，则

电磁力不同，推杆受力也不同，其与阀芯左端弹簧力平衡后，便有不同的节流口开度。由于定差减压阀已保证了节流口前压差为定值，所以一定的输入电流就对应一定的输出流量，不同的输入信号变化，就对应着不同的输出流量变化。

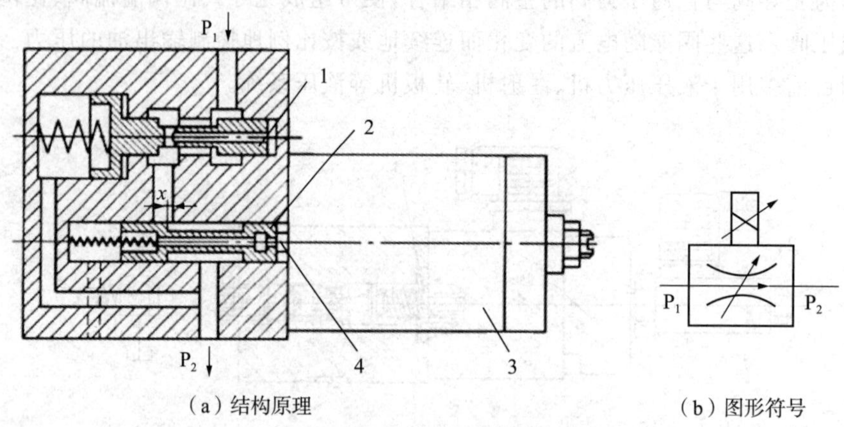

（a）结构原理　　（b）图形符号

图 5-33　电液比例调速阀的结构原理和图形符号

1—定差减压阀；2—节流阀阀芯；3—比例电磁铁；4—推杆；P_1，P_2—油口

5.5.2　插装阀

二通插装阀简称插装阀，又称为插装式锥阀或逻辑阀。它是一种结构简单，标准化、通用化程度高，通油能力大，液阻小，密封性能和动态特性好的新型液压控制阀，目前在液压压力机、塑料成型机械、压铸机等高压大流量系统中应用广泛。

1. 插装阀的结构和工作原理

图 5-34(a)所示为插装阀的结构原理，它由插装块体 1、插装单元(由阀套 2、阀芯 3、弹簧 4 及密封件组成)、控制盖板 5 和先导控制阀 6 组成。插装阀的工作原理相当于一个液控单向阀。图 5-34(a)中的 A 和 B 为主油路的两个工作油口，K 为控制油口(与先导阀相接)。当油口 K 无液压力作用时，阀芯受到的向上的液压力大于弹簧力，阀芯开启，油口 A 与 B 相通，液流的方向视油口 A、B 的压力大小而定；反之，当油口 K 有液压力作用时，且油口 K 的油液压力大于油口 A 和 B 的油液压力，才能保证油口 A 与 B 之间关闭。插装阀的图形符号如图 5-34(b)所示。

2. 插装阀的应用

1）方向控制插装阀

插装阀可以组成各种方向阀，如图 5-35 所示。图 5-35(a)所示为单向阀，当 $P_A>P_B$ 时，阀芯关闭，油口 A 与 B 不通；而当 $P_A<P_B$ 时，阀芯开启，油液从油口 B 流向 A。图 5-35(b)所示为二位二通换向阀，当二位二通电磁阀断电时，阀芯开启，油口 A 与 B 接通；当电磁阀通电时，阀芯关闭，油口 A 与 B 不通。图 5-35(c)所示为二位三通换向阀，当二位三通电磁阀断电时，油口 A 与 T 接通；当电磁阀通电时，油口 A 与 P 接通。图 5-35(d)所示为二位四通换向阀，电磁阀断电时，油口 P 与 B 接通，油口 A 与 T 接通；当电磁阀通电时，油口 P 与 A 接通，油口 B 与 T 接通。

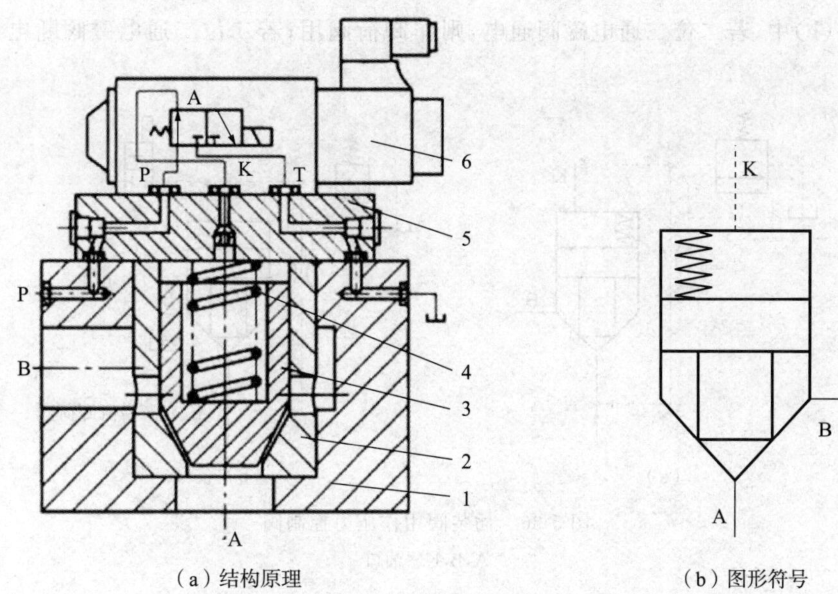

（a）结构原理　　　　（b）图形符号

图 5-34 插装阀的结构原理和图形符号

1—插装块体；2—阀套；3—阀芯；4—弹簧；5—控制盖板；6—先导控制阀；A,B,K,P,T—油口

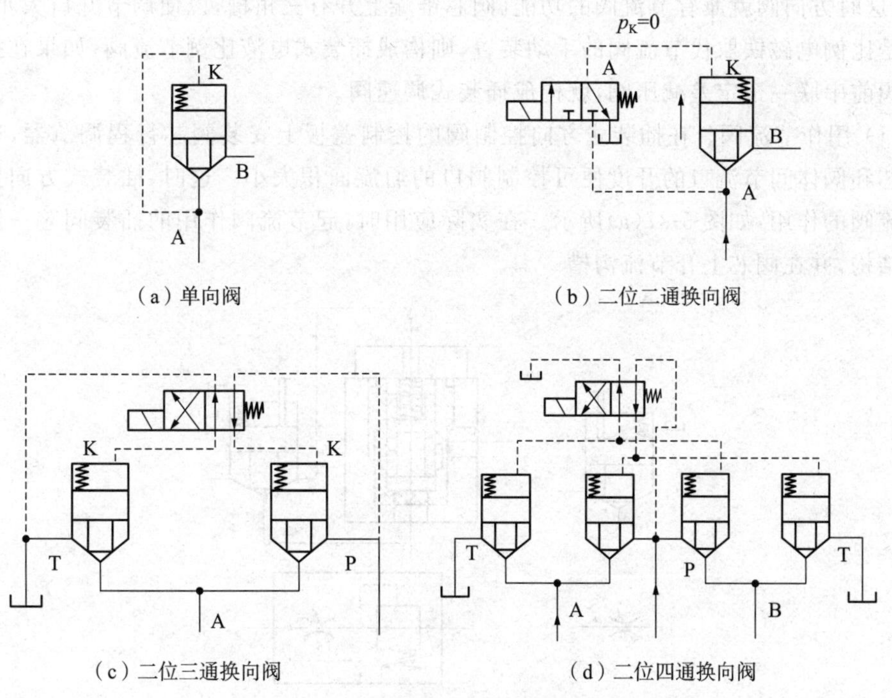

（a）单向阀　　　　（b）二位二通换向阀

（c）二位三通换向阀　　　　（d）二位四通换向阀

图 5-35 插装阀用作方向控制阀

A,B,K,P,T—油口

2）压力控制插装阀

插装阀用作压力控制阀，如图 5-36 所示。在图 5-36(a)中，如果油口 B 接油箱，则插装阀用作溢流阀，其原理与先导式溢流阀相同；如果油口 B 接负载，则插装阀用作顺序阀。

在图 5-36(b)中,若二位二通电磁阀通电,则作卸荷阀用;若二位二通电磁阀断电,即为溢流阀。

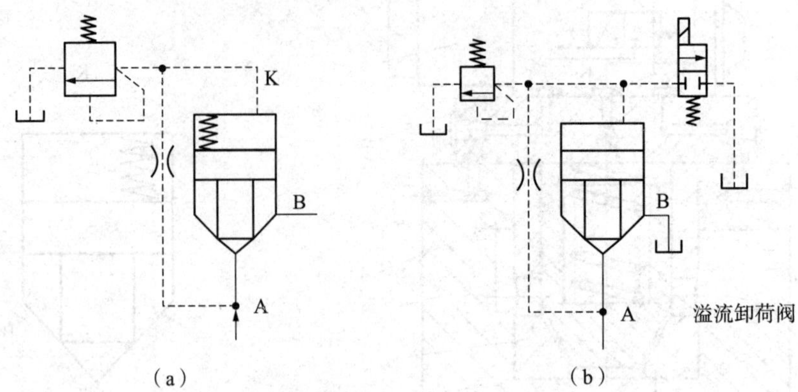

图 5-36 插装阀用作压力控制阀

A,B,K—油口

3) 流量控制插装阀

在用作插装式方向控制阀的控制盖板上增加阀芯行程调节器(螺杆),以调节阀口的大小,这时方向阀就兼有节流阀的功能(阀芯锥端上开有三角槽,以便调节开口大小)。如果用是比例电磁铁取代节流阀的手动装置,则构成插装式电液比例节流阀;如果在插装式节流阀前串联一个定差减压阀,就构成插装式调速阀。

(1) 用作节流阀。在插装式方向控制阀的控制盖板上安装阀芯行程调节器,通过调节阀芯和阀体间节流口的开度便可控制阀口的通流面积大小。这时,插装式方向控制阀起节流阀的作用,如图 5-37(a)所示。在实际应用时,起节流阀作用的插装阀芯一般采用滑阀结构,并在阀芯上开节流沟槽。

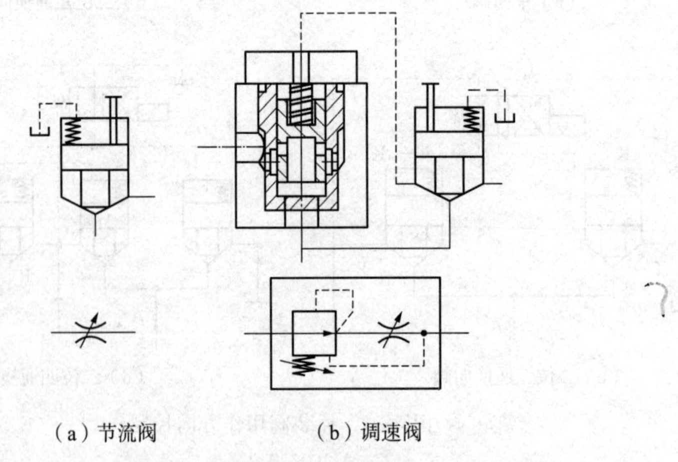

(a) 节流阀 (b) 调速阀

图 5-37 插装式方向控制阀

(2) 用作调速阀。插装式节流阀同样具有随负载变化流量不稳定的问题。如果采取措施保证节流阀的进、出口压力差恒定,则可实现调速阀功能。如图 5-37(b)所示,相连接的减压阀和节流阀就起到这样的作用。

3. 使用注意事项

(1) 注意负载的变化及冲击压力对插装阀的影响，可增加梭阀(将在第 9 章介绍)和单向阀。

(2) 为避免压力冲击引起阀芯误动作，应尽量避免多个插装阀同用一个回油或泄油回路。

(3) 插装阀的动作控制没有其他液压控制阀的控制精确可靠。

5.5.3 叠加阀

叠加式液压阀简称叠加阀，它是近十多年在板式阀集成化基础上发展起来的新型液压元件。这种阀既具有板式液压阀的功能，其阀体本身又同时具有通道体的作用，从而能使其上、下安装面呈叠加式无管连接，组成集成化液压系统。

叠加阀自成体系，每一种通径系列的叠加阀，其主油路通道和螺钉孔的大小、位置、数量都与相应通径的板式换向阀相同。因此，同一通径系列的叠加阀可按需要组合叠加起来组成不同的系统。叠加阀的控制原理与一般液压控制阀基本相同(叠加阀均有 4 个油口，即 P、A、B、T，上下贯通)，具体结构和连接尺寸自成系列，每个叠加阀既有普通液压控制元件的控制功能，又起到通道体的作用。用于控制同一个执行件的各个叠加阀，与板式换向阀及底板纵向叠加成一叠，同一通径的叠加阀按要求叠加起来组成一个子系统，其中，换向阀(不属于叠加阀)安装在最上面，与执行元件连接的底板块放在最下面。用于控制液流压力、流量或单向流动的叠加阀安装在换向阀与底板块之间，其顺序应按子系统动作要求安排。由不同执行元件构成的各子系统之间可以通过底板块横向叠加成为一个完整的液压系统。图 5-38 所示为叠加阀叠加示意。

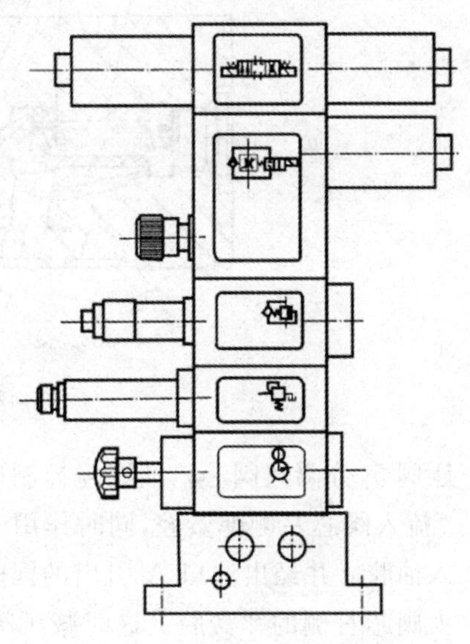

图 5-38 叠加阀叠加示意

叠加阀的分类与一般的液压阀相同，同样可分为压力控制阀、流量控制阀和方向控制阀三大类。其中，方向控制阀仅有单向阀类，主换向阀不属于叠加阀，本节不再介绍。

1. 叠加式溢流阀

图 5-39 所示为叠加式溢流阀的结构原理。叠加式溢流阀是典型的压力控制阀，由主阀和先导阀组成。它的工作原理与一般的先导式溢流阀相同，是利用主芯两端的压力差来移动阀芯，以改变阀口开度，油腔 d 与进油口相通，孔 b 与回油口相通，液压油作用于主阀芯 6 的右端，同时经阻尼孔 c 流入阀的左端，并经孔 a 作用于锥阀 3 上。调节弹簧 2 的预压缩量便可以改变该溢流阀的调整压力。

2. 叠加式流量阀

图 5-40 所示为叠加式单向调速阀的结构原理。当压力为 p 的油液经油口 A 进入阀体后，经小孔 f 流至单向阀 1 左侧的弹簧腔，液压力使阀关闭，液压油经另一孔道进入减

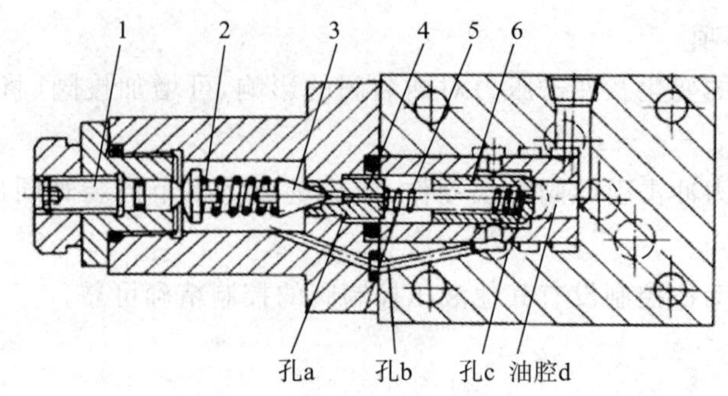

图 5-39　叠加式溢流阀的结构原理

1—调压螺钉；2—调节弹簧；3—锥阀；4—先导阀芯；5—主阀弹簧；6—主阀芯

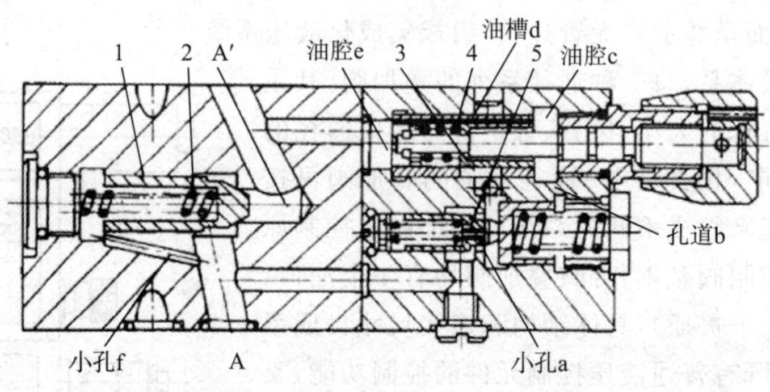

图 5-40　叠加式单向调速阀的结构原理

1—单向阀；2、4—弹簧；3—节流阀；5—减压阀

压阀 5(分离式阀芯)，油液经控制口后，压力降为 p_1。压力为 p_1 的油液经阀芯中心小孔 a 流入阀芯左侧弹簧腔，同时作用于大阀芯左侧的环形面上，当油液经节流阀 3 的阀口流入油腔 e 并经出油口 A′引出的同时，油液又经油槽 d 进入油腔 c，再经孔道 b 进入减压阀大阀芯右侧的弹簧腔。这时减压阀阀芯受到 p_1、p_2 和弹簧的作用力处于平衡，从而保证了节流阀两端压力差为常数，也就保证了通过节流阀的流量基本不变。

3. 应用示例

图 5-41 所示为二通插装阀用作方向控制阀示例。图 5-41(a)所示为单向阀。当 $p_A > p_B$ 时，阀芯关闭，A、B 不通；而当 $p_B < p_A$ 时，阀芯开启，油液可从 B 流向 A。图 5-41(b)为二位三通阀。当电磁铁断电时，A、T 接通；当电磁铁通电时，A、P 接通。图 5-41(c)为二位二通阀。当小规格二位三通电磁阀断电时，阀芯开启，A、B 接通；当电磁铁通电时，阀芯关闭，A→B 不通，B→A 可通，相当于一个单向阀。图 5-41(d)为二位四通阀。当电磁铁断电时，P 和 B 接通，A 和 T 接通；当电磁铁通电时，P 和 A 接通，B 和 T 接通。

对插装阀的控制腔 X 的压力进行控制便可构成压力控制阀。图 5-42 所示为插装阀用作压力控制阀示例。在图 5-42(a)中，如果 B 接油箱，则插装阀起溢流阀作用；如果 B 接另一油口，则插装阀起顺序阀作用。在图 5-42(b)中，用常开式滑阀阀芯作减压阀，B 为一次液压油进口，A 为出口。由于控制油取自 A 口，因而能得到恒定的二次压力 p_2，所以这里的插装阀用作减压阀。在图 5-42(c)中，插装阀的控制腔再接一个二位二通电磁阀，当电磁铁通电时，插装阀便用作卸荷阀。

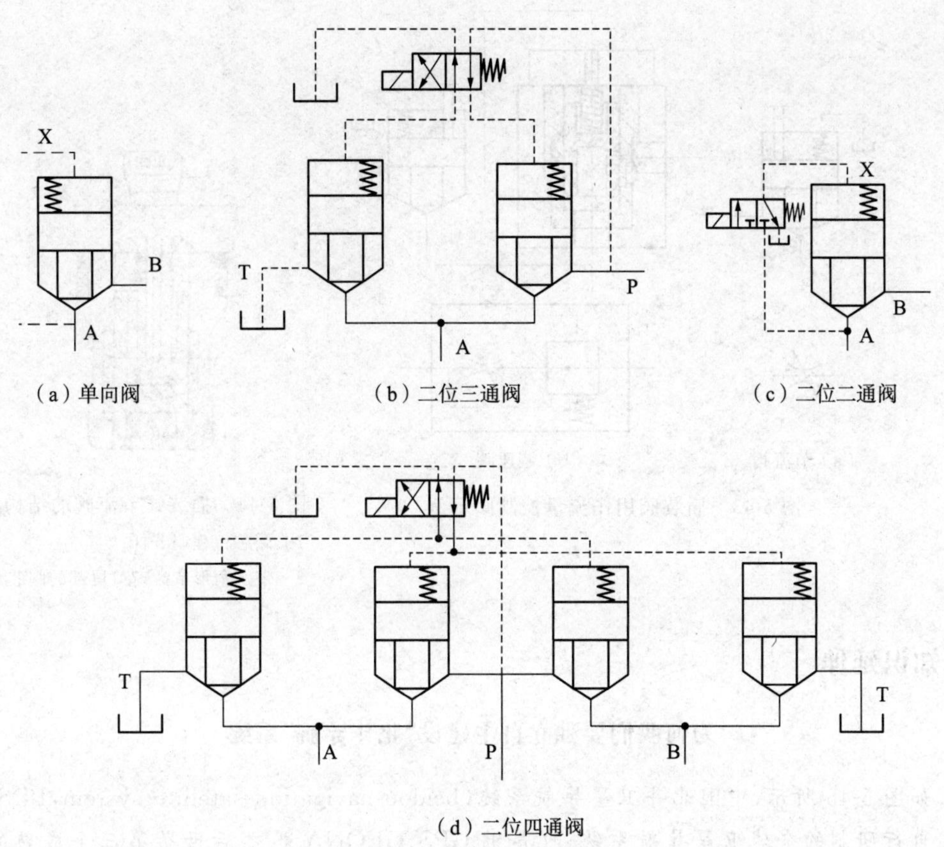

（a）单向阀　（b）二位三通阀　（c）二位二通阀

（d）二位四通阀

图 5-41　插装阀用作方向控制阀示例

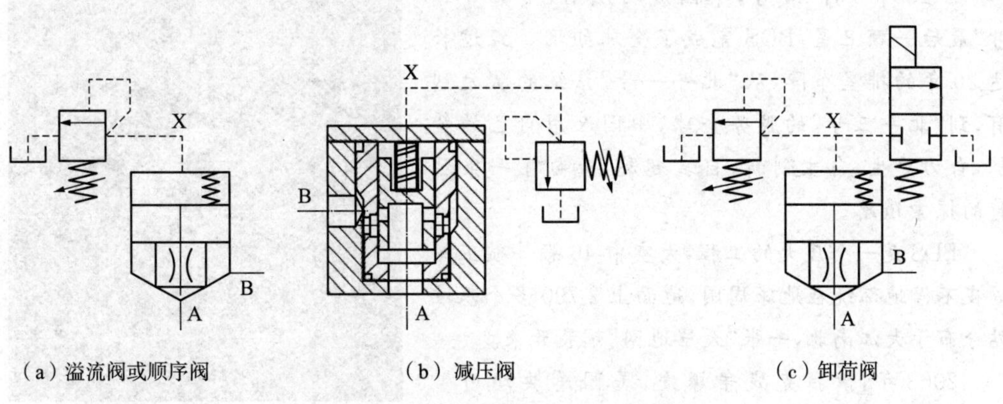

（a）溢流阀或顺序阀　（b）减压阀　（c）卸荷阀

图 5-42　插装阀用作压力控制阀示例

图 5-43 所示为插装阀用作流量控制阀示例。图 5-43(a)中的插装阀用作节流阀，而图 5-43(b)的插装阀用作调速阀。在阀的顶盖上有阀芯升高限位装置，图 5-44 所示为插装式节流阀的结构，通过改变阀芯行程调节杆 1 的位置，便可调节阀口通流截面积的大小，从而调节流量。

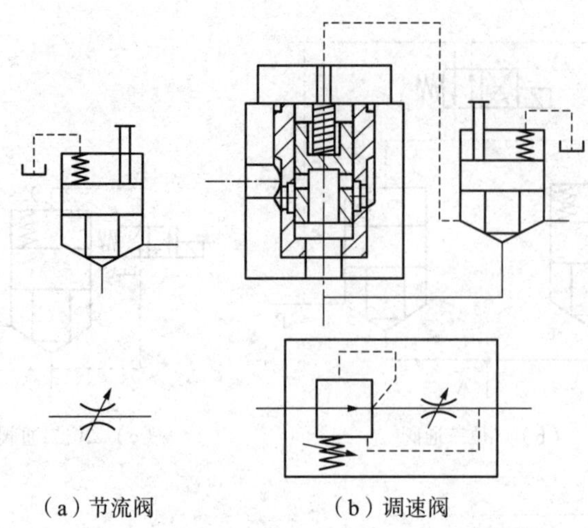

图 5-43 插装阀用作流量控制阀示例

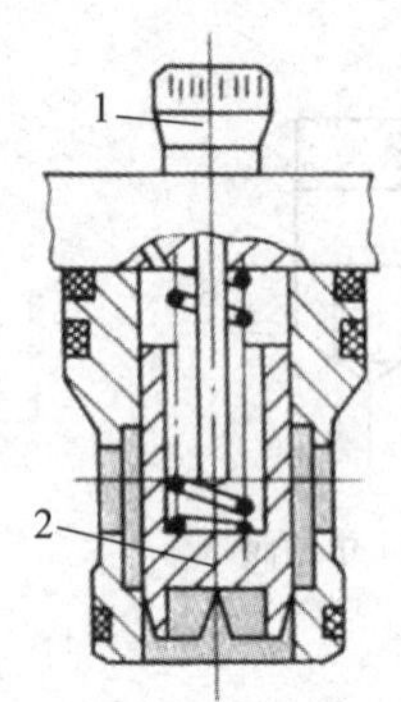

图 5-44 插装式节流阀的结构

1—阀芯行程调节杆；

2—带三角形节流窗口尾部的阀芯

知识延伸

为何我们要独立自主建设“北斗导航”系统

如图 5-45 所示，中国北斗卫星导航系统(beidou navigation satellite system，BDS)是中国自行研制的全球卫星导航系统，也是继 GPS、GLONASS 之后世界第三个成熟的卫星导航系统。

2020 年 6 月 23 号，中国成功发射了“北斗三号”最后一颗卫星，BDS 完成了全球组网。经过长达 20 年的排星布阵，从“北斗一号”系统的从无到有，到“北斗三号”的服务全球，中国人用自己的智慧，自力更生，自主创新，自我超越，开创了一条独特的探索道路。

图 5-45 “北斗导航”系统

BDS 是一个庞大的工程，太空中 46 颗导航卫星昼夜不停地环绕在地球周围，地面上 2 700 多个基准站分布于大江南北，一张“天罗地网”铺展开来。

2003 年，伊拉克战争爆发，美国总共动用了 177 颗卫星，其中包括 97 颗军事卫星和 80 颗民用卫星，形成了空间侦察监视、空间通信保障、空间导航定位、空间气象保障四大系统，组成了庞大的天网系统。在那一次的战争中，当时美国的高科技军事力量震惊了全世界。

从国家安全的角度来看，通信、全球定位、导航要有自己的核心竞争力。我国必须努力开发自己的军事科技武器，开发自己的卫星导航定位系统，我国已经拥有了自己的全天候全球覆盖的卫星导航系统。中国BDS的成功揭示了中国能够独立地开发技术，以及大国的地位。

除了政治和军事领域，BDS还有着庞大的商业利益。预计十年之后将会成长到3 700亿元。在130个国家，BDS每天可见的卫星数量已经超过了GPS，定位精度也超过美国，更好地服务全球、造福人类。

是的，科学无国界，但科学家是有国界的。在当前这种艰难的国际环境下，我们必须奋勇向前，我们必须独立自主，我们要不怕失败取得突破。

吾辈当自强，为中华之崛起而奋斗终生！

观察与实践1

随机停止控制实训

1. 实训目的

用一个双作用液压缸来控制锅炉门的开关。图5-46所示为锅炉门及其液压回路原理。该液压缸由一个弹簧复位的三位四通换向阀控制，即在开门过程中，可以随意控制锅炉门的开关及停止。

2. 实训步骤

(1) 根据图5-46所示的液压回路原理进行液压阀门的选择、固定以及液压回路的搭建。

(2) 对搭建好的液压回路进行调试及电气配线。

(3) 起动液压泵，观察其运行情况，对使用中遇到的问题进行分析和解决。

(4) 完成试验，经老师检查评价后，关闭电源，拆下管线和元件，并放回原来的位置。

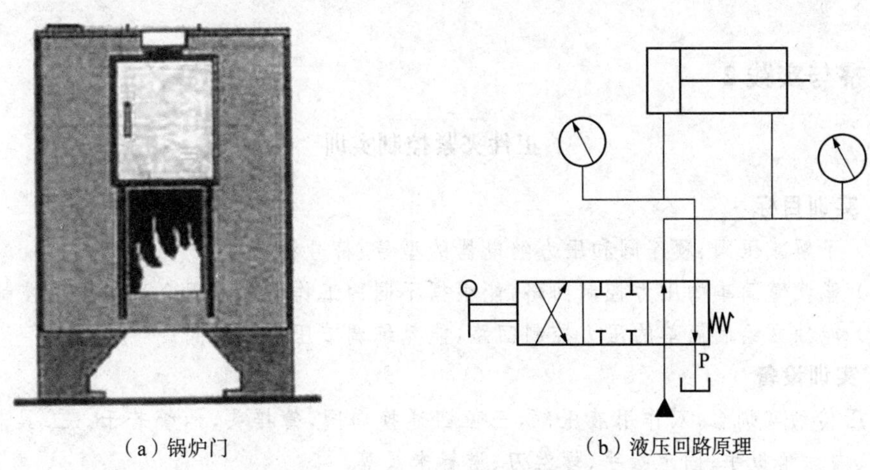

(a) 锅炉门　　(b) 液压回路原理

图5-46　锅炉门及其液压回路原理

3. 任务评价

本实训项目的评价内容包含专业能力评价、方法能力评价及社会能力评价等。其中，项目测试占30%，自我评定占20%，小组评定占10%，教师评定占30%，实训报告和答辩占10%,总计为100%,见表5-7。

表5-7 实训项目综合评价表

评定形式	比重	评定内容	评定标准	得分
项目测试	30%	(1) 说明该装置由哪些元件组成,占10%; (2) 说明液压缸如何实现在任意位置的停止,占10%; (3) 指出该装置中的元件属于液压系统的哪部分,占10%	好(30),较好(24),一般(18),差(<18)	
自我评定	20%	(1) 学习工作态度; (2) 出勤情况; (3) 任务完成情况	好(20),较好(16),一般(12),差(<12)	
小组评定	10%	(1) 责任意识; (2) 交流沟通能力; (3) 团队协作精神	好(10),较好(8),一般(6),差(<6)	
教师评定	30%	(1) 小组整体的学习情况; (2) 计划制订、执行情况; (3) 任务完成情况	好(30),较好(24),一般(18),差(<18)	
实训报告和答辩	10%	答辩内容	好(10),较好(8),一般(6),差(<6)	
成绩总计:		组长签字:	教师签字:	

观察与实践2

工件夹紧控制实训

1. 实训目标

(1) 了解减压阀、顺序阀和压力继电器的型号、符号和功能。

(2) 能读懂简单的压力控制回路,能根据不同的工作场景选用合适的压力控制元件。

(3) 能独立绘制简单的压力控制回路,能熟练调节压力控制阀。

2. 实训设备

液压传动实训台,双作用液压缸,三位四通换向阀,管接头,油管若干。工具若干,包括卡钳、内六角扳手、固定扳手、螺丝刀、游标卡尺等。

液压钻床是用来对不同材料的工件进行钻孔加工的,工件的夹紧和钻头的升降由一个双作用液压缸驱动,如图5-47所示。夹紧液压缸(夹紧缸)可根据工件材料和形状的不同调整夹紧力,夹紧速度也可以调节,请设计夹紧液压缸的控制回路。

3. 实训内容

夹紧液压缸的控制回路如图5-48所示。

由于工件材料不同，夹紧装置所需的夹紧力也不同。设计中，钻头升降和工件夹紧共用一个液压泵供油，如果采用溢流阀来调节夹紧压力，则会造成钻头在钻孔时得不到足够的压力，所以在控制回路中设置了一个减压阀来调节夹紧压力。

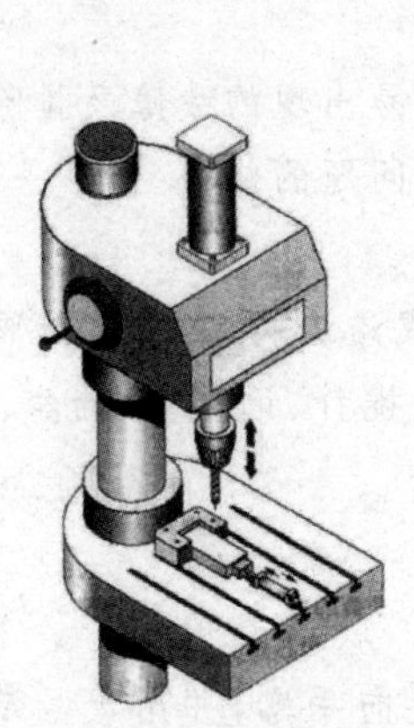

图 5-47 液压钻床

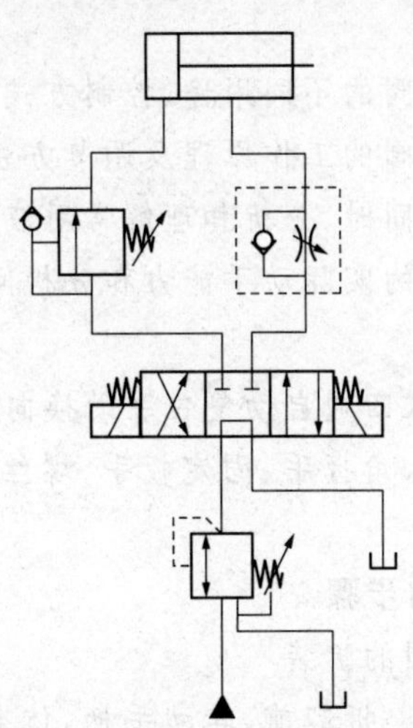

图 5-48 夹紧液压缸的控制回路

这种用于降低回路中某一支路或某一执行元件工作压力的回路，称为减压回路。在减压阀旁并联一个单向阀，既是为了减小液压缸活塞返回时的排油阻力，实现快速返回，也能延长减压阀的使用寿命。在夹紧过程中，为避免夹具对工件的损坏，夹紧速度应是可调的，所以回路中采用了一个单向节流阀来对速度进行调节。

换向阀中位卸荷是为了保证在液压缸对工件进行夹紧前，钻头不会得到过大的压力而产生误动作。如果将这个回路中的换向阀改为M型中位，那么在夹紧液压缸处于保压状态时，泵卸压，钻孔缸就无法获得足够的压力进行工作。

4. 试验步骤

(1) 根据所给控制回路中各元件的图形符号，找出相应元件并进行良好固定。

(2) 根据所提供的控制回路进行液压回路连接并对回路进行检查。

(3) 起动液压泵，观察运行情况，对使用中遇到的问题进行分析和解决。

(4) 完成试验，经老师检查评价后，关闭电源，拆下管线和元件，放回原来的位置。

(5) 对试验数据及现象进行分析，并得出结论。

5. 实训总结

由于实训采用了回油节流，液压缸在伸出时，左、右腔始终保持较高压力，并在伸到钻孔位置时左腔压力迅速上升到设定值，而右腔压力缓慢下降到零。对工件来说，其夹紧力是逐渐升高的，这样对工件不易造成损伤，但这种压力变化过程不方便进行压力检测，甚至可能造成压力检测元件的误动作。

如果要将回路改为电气控制，并在液压缸的左腔安装一个压力继电器对夹紧压力进行自动检测，那么该回路的节流方式就必须改为进油节流。因为采用进油节流液压缸在空载伸出时，左腔压力很低，在活动口碰上工件后压力缓慢上升到最高值，这就能保证压力继电器动作可靠，不会因误动作而对工件造成损伤。

观察与实践3

液压控制阀的拆装实训

1. 实训目的

(1) 了解各类阀的不同用途、控制方式、结构形式、连接方式及性能特点。

(2) 掌握各类阀的工作原理及调节方法。

(3) 在拆装的同时,分析和理解常用液压控制阀易出现的故障及排除方法。

(4) 培养学生的实际动手能力和分析问题、解决问题的能力。

2. 实训器材

(1) 实物:三位四通自动复位手动换向阀、先导式溢流阀、可调节流阀。

(2) 工具:内六角扳手、固定扳手、螺丝刀、卡钳、挑针、记号笔、油盆、耐油橡胶板和清洗油。

3. 实训内容与步骤

1) 手动换向阀的拆装

(1) 拆卸顺序。拆卸前,转动手柄,体会左、右换向手感,并用记号笔在阀体左、右端做上标记;抽掉手柄连接板上的开口销,取下手柄;拧下右端盖上的螺钉,卸下右端盖,取出弹簧;松脱左端盖与阀体的连接,然后从阀体内取出阀芯。

(2) 装配顺序。装配前清洗各零件,在阀芯、定位件等零件的配合面上涂润滑油,然后按拆卸时的反向顺序装配。拧紧左、右端盖的螺钉时,应分两次并按对角线顺序时进行。

(3) 主要零件分析如下。阀体:其内孔有四个环形槽,分别对应于P、T、A、B四个通油口,纵向小孔的作用是将内部泄漏的油液引入泄油口,使其流回油箱。

手柄:操作手柄,阀芯将移动,并起杠杆作用。

弹簧:保证在没用操作手柄时,将阀芯移至中位。

2) 先导式溢流阀的拆装

(1) 拆卸顺序。拆卸前,清洗阀的外表,观察阀的外形;转动调节手柄,体会手感。拧下螺钉,拆开主阀和先导阀的连接,取出主阀弹簧和主阀芯。拧下先导阀的调节螺母和远控口螺塞,旋下阀盖,从先导阀体内取出弹簧座、调压弹簧和先导阀芯。用光滑的挑针把密封圈撬出,并检查其弹性和尺寸精度。

(2) 装配顺序。装配前清洗各零件,检查各零件的油孔、油路是否畅通、无尘屑,在配合零件表面涂上润滑油,然后按拆卸时的反向顺序装配。先导阀体与主阀体的止口、平面应完全贴合后才能用螺钉连接,螺钉应分两次按对角线的顺序拧紧。在装调弹簧时,要将弹簧和先导阀芯一同推入先导阀体,主阀芯装入阀体后应运动自如。

(3) 主要零件分析如下。

主阀体:其上开有进油口P、出油口T和安装主阀芯用的中心圆孔。

先导阀体:其上开有远控口和安装先导阀芯的中心圆孔。

主阀芯:为阶梯轴,其中三个圆柱面与阀体有配合要求,开有阻尼孔和泄油孔。

调压弹簧:主要起调压作用,其弹簧刚度比主阀弹簧大。

主阀弹簧：其作用是克服主阀芯的摩擦力，所以刚度很小。

3）可调节流阀的拆装

（1）拆卸顺序。旋下手轮上的止动螺钉，取下手轮，用孔用卡钳卸下卡簧；取下面板，旋出推杆和推杆座。旋下弹簧座，取出弹簧和节流阀芯，并将阀芯放在清洁的软布上。用光滑的挑针把密封圈从槽内撬出，并检查其弹性和尺寸精度。

（2）装配顺序。装配前清洗各零件，在节流阀芯、推杆及配合零件的表面上涂上润滑油，然后按拆卸的反向顺序装配。装配节流阀芯要注意它在阀体的方向，切记不可装反。

（3）主要零件分析如下。

节流阀芯：为圆柱形，其上开有三角沟槽节流口和中心小孔，转动手轮，节流阀便作轴向运动，即可调节通过节流阀的流量。

本章小结

（1）在液压系统中，液压控制阀是用来控制系统中液流的方向、压力和流量的液压元件。

（2）所有阀在结构上都是由阀体、阀芯和驱动阀芯动作的装置三部分组成，所有阀都符合小孔流量公式，当有液体流过时，所有阀都会产生压力损失。

（3）按用途不同，液压控制阀可以分为方向控制阀、压力控制阀和流量控制阀三大类。

（4）单向阀分为普通单向阀和液控单向阀两种，普通单向阀的功能是正向导通、反向截止，而液控单向阀的功能是正向导通、反向受控导通。

（5）换向阀的功能是利用阀芯和阀体相对位置的改变，通过改变阀体上各油口间连通或断开状态，从而控制执行机构改变运动方向或实现启动和停止的功能。

（6）根据阀芯的工作位置数，换向阀可分为二位阀和三位阀，根据阀体上的通道数可分为二通阀、三通阀、四通阀和五通阀。当三位阀阀芯在中间位置时，各通口可以有不同的连通方式，这种连通方式称为中位机能。

（7）压力控制阀按用途可分为溢流阀、减压阀、顺序阀和压力继电器等。溢流阀分为直动式和先导式两种，其功能都是稳定阀前的工作压力，直动式反应灵敏但稳压精度不高，先导式稳压精度高但反应比直动式差。减压阀也分为直动式和先导式两种，其功能是稳定阀后的压力。顺序阀的结构和溢流阀的相似，但其功能是形成顺序动作，与溢流阀的不同点是溢流阀泄漏油的方式是内泄，而顺序阀是外泄。

（8）流量控制阀通过改变阀口通流面积来调节阀口流量，从而控制执行元件运动速度。流量控制阀主要有节流阀和调速阀两种，节流阀是流量阀的基础阀，调速阀实际上是具有压力补偿作用的节流阀。

思考与习题

1. 普通单向阀能否作背压阀使用？背压阀的开启压力是多少？
2. 液控单向阀与普通单向阀有何区别？通常用于什么场合？使用时应注意哪些问题？
3. 试说明电液换向阀的组成特点及各组成部分的功能。
4. 试说明三位四通换向阀O型、M型、H型中位机能的特点和它们的应用场合。
5. 为什么直动式溢流阀适用于低压系统，而先导式溢流阀适用于中、高压系统？

6. 若先导式溢流阀主阀芯上的阻尼孔堵塞，会出现什么故障？若其先导阀锥阀座上的进油孔堵塞，又会出现什么故障？

7. 先导式溢流阀的遥控口 K 是否可接油箱？若如此，会出现什么现象？遥控口的控制压力可否是任意的？它与先导阀的调定压力有何关系？

8. 溢流阀、顺序阀、减压阀各有什么作用？它们在原理上和图形符号上有何异同？顺序阀能否当溢流阀用？

9. 什么是压力继电器的开启压力和闭合压力？压力继电器的返回区间如何调整？

10. 调速阀与节流阀在结构和性能上有何异同？各适用于什么场合？

11. 试说明电液比例溢流阀和电液比例调速阀的工作原理，与一般溢流阀和调速阀相比，它们有何优点？

12. 试说明插装式锥阀的工作原理及特点。

13. 如图 5-49 所示，油路中各溢流阀的调定压力分别为 $p_A=5\text{MPa}$，$p_B=4\text{MPa}$，$p_C=2\text{MPa}$。在外负载趋于无限大时，图 5-49 所示油路的供油压力各为多少？

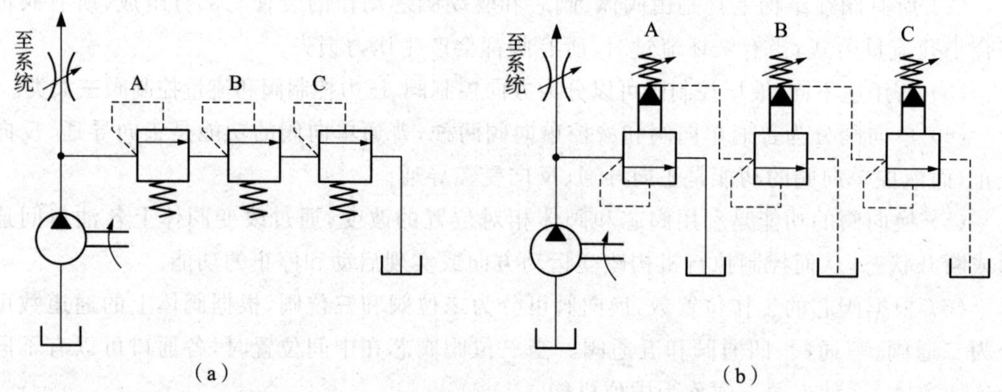

图 5-49 习题 13 图

A,B,C—溢流阀

14. 如图 5-50 所示，液压回路中溢流阀的调定压力为 5MPa，减压阀的调定压力为 2.5MPa。试分析活塞运动时和碰到挡块后，*A*、*B* 处的压力值（主油路截止，运动时液压缸的负载为零）。

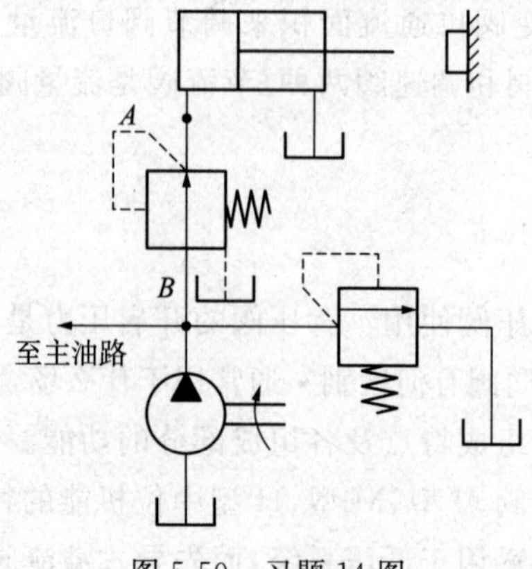

图 5-50 习题 14 图

15. 如图 5-51 所示，顺序阀和溢流阀串联，调整压力分别为 p_X 和 p_Y，当系统外负载为无穷大时，试问：

(1) 液压泵的出口压力为多少？

(2) 若把两阀的位置互换，液压泵的出口压力又为多少？

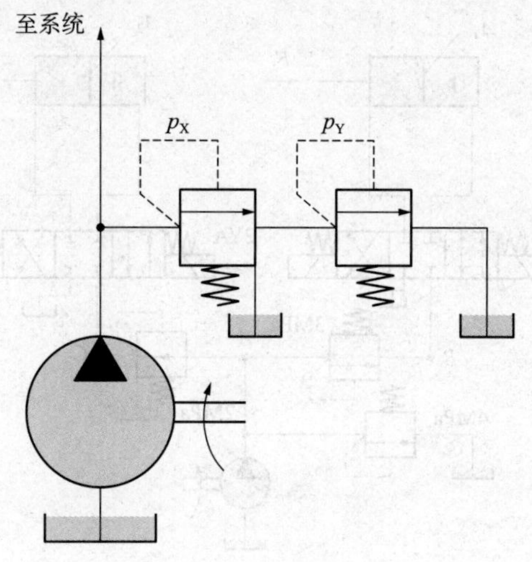

图 5-51　习题 15 图

16. 如图 5-52 所示，顺序阀的调整压力 $p_X=3\text{MPa}$，溢流阀的调整压力 $p_Y=5\text{MPa}$，试问在下列情况下，A、B 点的压力各为多少？

(1) 液压缸运动，负载压力 $p_L=4\text{MPa}$ 时。

(2) 负载压力 p_L 变为 1MPa 时。

(3) 活塞运动到右端时。

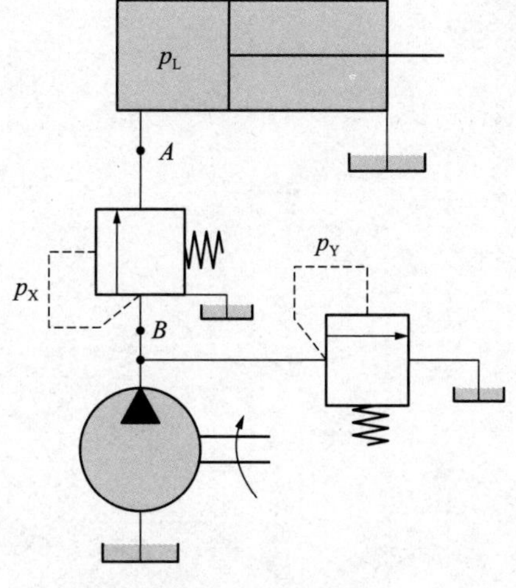

图 5-52　习题 16 图

17. 如图 5-53 所示，液压缸的有效面积由 $A_1=A_2=1\times10^{-4}\text{m}^2$，液压缸Ⅰ负载 $F_L=$ 35 000N，液压缸Ⅱ运动时负载为零，不计摩擦阻力、惯性力和管路损失，溢流阀、顺序阀和减压阀的调定压力分别为 4MPa、3MPa 和 2MPa，试求下列三种工况下 A、B 和 C 处的压力。

(1) 液压泵起动后，两换向阀处于中位时。

(2) 1YA 通电，液压缸Ⅰ运动时和到终端停止时。

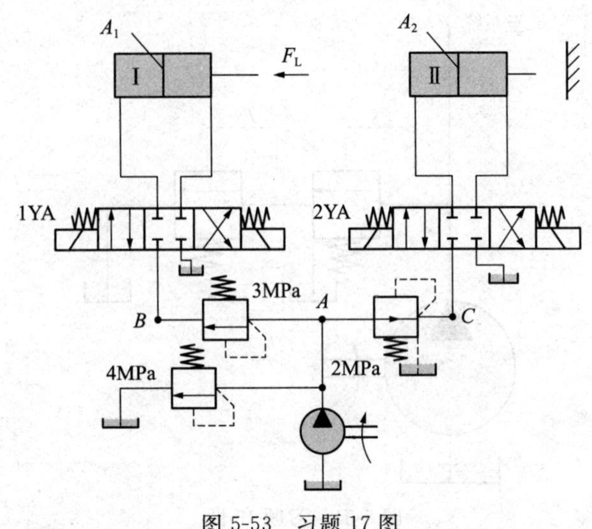

图 5-53　习题 17 图

第6章　基本回路

【知识目标】

(1) 掌握基本回路的概念和常见分类。

(2) 掌握方向控制回路、换向回路、锁紧回路的工作原理；掌握各元件的作用和相互之间的关系。

(3) 掌握常用速度控制回路的组成及工作原理。

(4) 掌握压力控制回路、调压回路、减压回路、增压回路和卸荷回路的工作原理、元件的作用和相互之间的关系。

【能力目标】

(1) 根据不同的场景要求，分析和设计方向控制回路，包括换向、平衡、锁紧等方向回路。

(2) 根据不同的场景要求，合理选择压力控制阀，设计压力控制回路，包括调压、减压、增压、平衡、保压、卸荷等压力回路。

(3) 根据不同的场景要求，合理选择流量控制阀，设计速度控制回路，包括调速回路、速度换接和快速回路等。

(4) 根据多缸工作回路工作原理，合理选择液压控制阀，设计同步、顺序、互不干扰等控制回路。

(5) 根据液压控制阀的工作原理，读懂和设计液压基本回路。培养学生的观察、分析及综合归纳能力。处理好局部和整体的辩证关系，培养辩证唯物主义观点。

任何机械设备的液压传动系统都是由液压基本回路组成的。所谓基本回路，就是由相关的液压元件组成，用来完成特定功能的典型油路。液压基本回路按其在系统中的功能，可分为方向控制回路、速度控制回路、压力控制回路及多缸工作控制回路等。

6.1　方向控制回路

在液压系统中，控制执行元件的起停、换向及锁紧的回路称为方向控制回路。

6.1.1　起-停回路

在执行元件频繁地起动和停止的液压系统中，一般不采用起动或停止液压泵电动机的方法来使执行元件起、停，因为这对泵、电动机以及电网都是不利的，而是采用起-停回路来实现这一要求。

方向控制回路

图 6-1(a)所示为用二位二通电磁换向阀来使执行元件停止运动的起-停回路。这种回路在切断压力油路时，泵输出的液压力从溢流阀流回油箱，消耗功率较大，不经济。图 6-1(b) 所示为用二位三通电磁换向阀来使执行元件停止运动的起-停回路。这种回路在切断压力油路时，泵输出的液压油从换向阀流回油箱，这样泵可以在很低的压力下运转(称为卸荷)，功率消耗很少。用中位机能为 O 型、Y 型、M 型的三位四通换向阀也能实现这种功能。

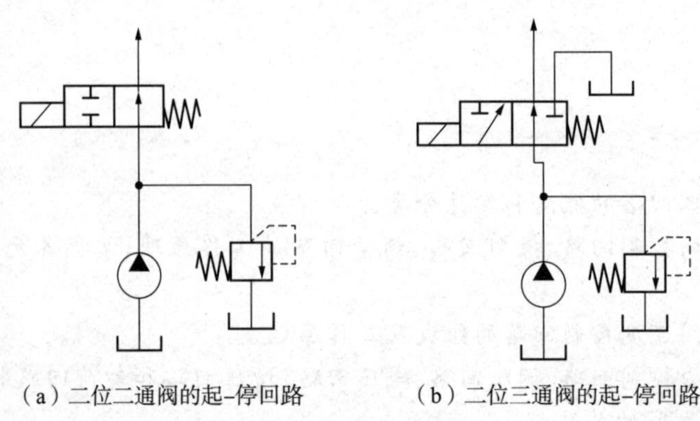
(a) 二位二通阀的起-停回路　　(b) 二位三通阀的起-停回路

图 6-1　起-停回路

6.1.2　换向回路

动画：换向回路

换向回路用于控制液压系统中的油液方向，从而改变执行元件的运动方向。执行元件的换向一般可采用各种换向阀来实现，在容积调速的闭式回路中，也可以利用双向变量泵控制油液流动的方向来实现液压缸(或液压马达)的换向。

工程中常采用二位四通、三位四通等电磁换向阀进行换向。图 6-2 所示为利用限位开关控制三位四通电磁换向阀动作的换向回路。按下起动按钮，1YA 通电，阀左位工作，液压缸左腔进油，活塞右移；当触动行程开关 2ST 时，1YA 断电、2YA 通电，阀右位工作，液压缸右腔进油，活塞左移；当触动行程开关 1ST 时，2YA 断电、1YA 通电，再次回到阀左位工作、液压缸左腔进油、活塞向右移的状态。这样往复变换换向阀的工作位置，就可自动改变活塞的移动方向。1YA 和 2YA 都断电，活塞停止运动。

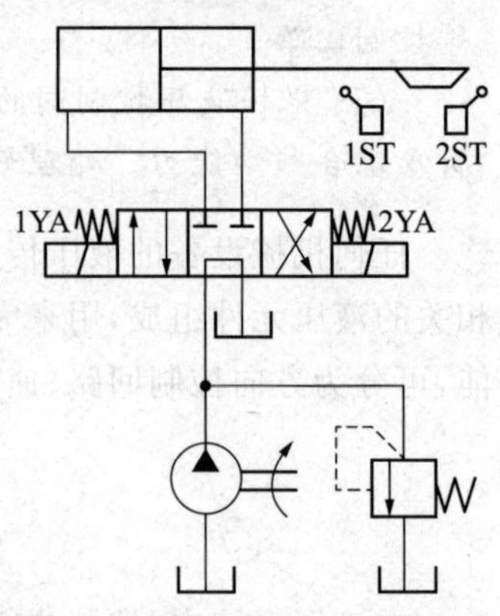

图 6-2　电磁换向阀换向回路

电磁换向阀组成的换向回路操作方便，易于实现自动化，但由于换向时间较短，因此换向冲击大，一般不宜作频繁的换向，适用于小流量、对平稳性要求不高的场合。对换向精度与平稳性有一定要求的场合，常采用电液换向阀组成的换向回路。

6.1.3　锁紧回路

锁紧回路的作用是防止液压缸在停止运动时因外界因素而发生位置移动。利用三位换向阀O型或M型中位机能都能实现对液压缸的锁紧,但由于滑阀式换向阀不可避免地存在泄漏,这种锁紧方法不够可靠,因此最常用的方法是采用液控单向阀来实现锁紧。

图6-3所示为采用液控单向阀组成的锁紧回路。液压缸的两个油口处各安装有一个液控单向阀,当换向阀处于左位或右位工作时,液控单向阀控制口 K_1 和 K_2 通入液压油,缸的回油便可反向通过单向阀口,此时活塞可以向右或向左移动;当换向阀处于中位时,因阀的中位机能为H型,两个液控单向阀的控制油直接通油箱,故控制压力立即消失,液控单向阀不再反向导通,液压缸因两腔油液封闭便被锁紧。由于液控单向阀的反向密封性很好,因此锁紧可靠。

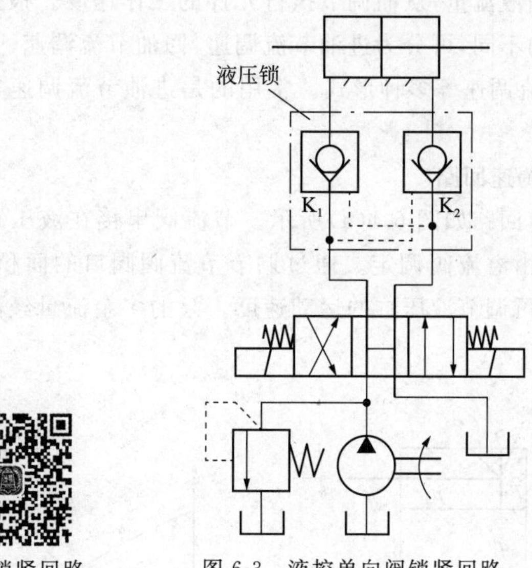

动画:锁紧回路

图6-3 液控单向阀锁紧回路

6.2 速度控制回路

用来控制执行元件运动速度的回路称为速度控制回路。速度控制回路包括调速回路、快速回路和速度转换回路等。

6.2.1 调速回路

在液压系统中,执行元件有液压缸和液压马达两种。当不考虑液压油的压缩性和泄漏的影响时,液压缸的速度为

$$v=\frac{q}{A} \tag{6-1}$$

液压马达的速度为

$$n_{\mathrm{M}}=\frac{q}{V_{\mathrm{M}}} \tag{6-2}$$

式中:q 为输入液压缸或液压马达的流量;A 为液压缸的有效面积;V_{M} 为液压马达的排量。

由液压缸和液压马达的速度公式可见，改变输入执行元件的流量 q 或液压缸的有效面积 A 和液压马达的排量 V_M 都可以达到调速的目的。对于液压缸来说，有效面积 A 是不能改变的，只能用改变输入液压缸流量 q 的办法来实现调速。对于液压马达来说，变量马达的排量是可调的，所以既可以采用改变输入液压马达流量 q 的办法来实现调速，也可以采用改变液压马达排量 V_M 的办法来实现调速。常用的调速方法有定量泵的节流调速、变量泵的容积调速和容积节流复合调速三种。

1. 节流调速回路

定量泵节流调速是在定量液压泵供油的液压系统中安装节流阀来调节进入液压缸的油液流量，从而调节执行元件的工作速度。根据节流阀在油路中安装位置的不同，可分为进油节流调速、回油节流调速、旁路节流调速和进-回油路节流调速等多种形式。常用的是进油节流调速与回油节流调速两种回路。

速度控制之节流调速回路

1）进油节流调速回路

进油节流调速回路如图 6-4(a)所示。节流阀串接在液压缸的进油路上，泵的供油压力由溢流阀调定。通过调节节流阀阀口的面积，改变进入液压缸的流量，即可调节液压缸的运动速度。泵的多余流量经溢流阀流回油箱。

动画：进油节流调速回路

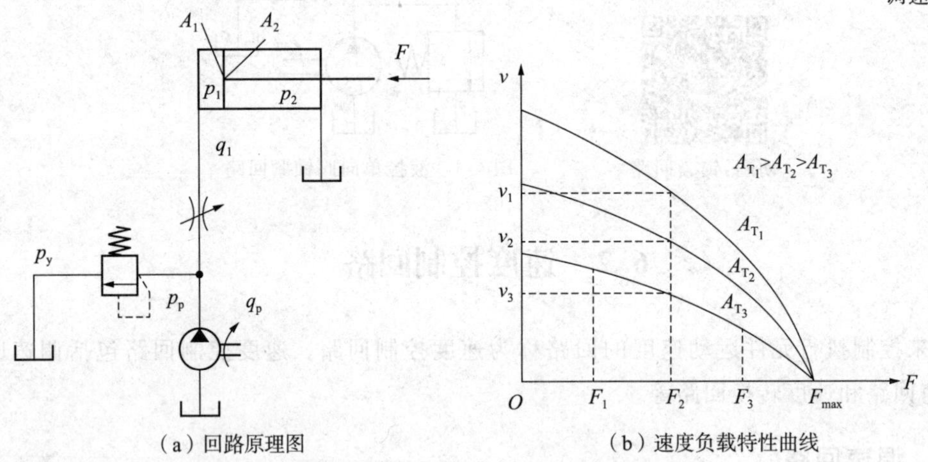

(a) 回路原理图　　(b) 速度负载特性曲线

图 6-4　进油节流调速回路及其速度负载特性曲线

(1) 速度负载特性。缸稳定工作时，其受力平衡方程式为

$$p_1A_1 = F + p_2A_2 \tag{6-3}$$

式中：p_1、p_2 为液压缸进油腔压力和回油腔压力；F、A(A_1 或 A_2)为缸的负载和活塞的有效面积。

由于回油腔通油箱，p_2 可视为零，所以

$$p_1 = \frac{F}{A} \tag{6-4}$$

节流阀前后的压力差为

$$\Delta p = p_p - p_1 = p_p - \frac{F}{A} \tag{6-5}$$

式中：p_p 为液压泵供油压力。

由小孔流量公式可知，液压缸的运动速度为

$$v = \frac{KA_T}{A}\left(p_p - \frac{F}{A}\right)^m \tag{6-6}$$

式中：K 为节流阀阀口形状系数；A_T 为节流阀通流面积；m 为节流阀阀口形状指数。

式(6-6)为进油节流调速回路的速度负载特性方程。由式(6-6)可知，液压缸的速度与节流阀通流面积 A_T 成正比，调节 A_T 可实现无级调速，且调速范围较大。当 A_T 调定后，速度随负载的增大而减小。

若以 F 为横坐标，以 v 为纵坐标，A_T 为参变量，可由式(6-6)绘出其负载特性曲线，如图 6-4(b)所示。速度 v 随负载 F 变化的程度称为速度刚性，表现在速度负载特性曲线的低斜率上。特性曲线上某点处的斜率越小，速度刚性就越大，表明回路在该处速度受负载变化的影响就越小，即该点速度稳定性好。

(2) 最大承载力。由负载特性曲线可以看出，当液压缸的速度为零时，液压缸的负载为最大。液压缸最大承载能力可由式(6-6)求得，即

$$F_{max} = p_p A \tag{6-7}$$

(3) 功率和效率。液压泵的输出功率为

$$P_P = p_p q_p = \text{常数} \tag{6-8}$$

液压缸的输出功率为

$$P_1 = p_1 q_1 \tag{6-9}$$

回路的功率损失为

$$\Delta P = P_p - P_1 = p_p q_p - p_1 q_1 = p_p \Delta q + \Delta p_T q_T \tag{6-10}$$

式中：Δq 为溢流阀溢流量。

由式(6-10)可知，这种调速回路的功率损失由溢流损失 $p_p\Delta q$ 和节流损失 $\Delta p_T q_T$ 两部分组成。

动画：回油节流调速回路

由以上分析可知，进油节流调速回路适用于轻载、低速、负载变化不大和对速度要求不高的小功率液压系统。

2) 回油节流调速回路

回油节流调速回路如图 6-5 所示。它是将节流阀放置在回油路上，用它来控制从液压缸回油腔流出的流量，也就控制了液压缸的流量，达到调速的目的。

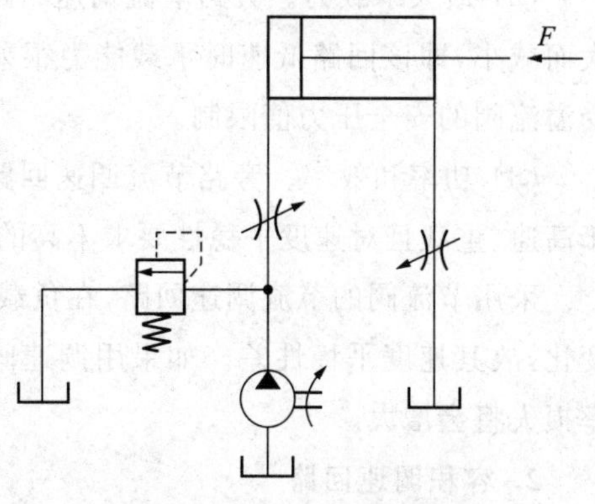

图 6-5 回油节流调速回路

回油节流调速回路的速度负载特性、最大承载力和功率特性与进油节流调速回路的计算方法完全相同，这里就不再重复了，但回油节流调速回路有两个明显的优点：一是节流阀装在回油路上，而回油路上有较大的背压，因此在外

界负载变化时可起缓冲作用，运动的平稳性比进油节流调速回路要好；二是在回油节流调速回路中，油液经节流阀后因压力损耗而发热，从而导致温度升高的油液直接流回油箱，容易散热。

3）旁路节流调速回路

旁路节流调速回路如图 6-6(a)所示，它是将节流阀安装在与液压缸并联的支路上，用它来调节流回油箱的流量，以控制进入液压缸的流量来达到调速的目的。回路中的溢流阀起安全保障作用，泵的工作压力不是恒定的，可以随负载的变化而发生变化。

(1) 速度负载特性。旁路节流调速回路的速度负载特性方程为

$$v=\frac{q_1}{A}=\frac{q_t-K_1\dfrac{F}{A}-KA_T\dfrac{F}{A}}{A} \tag{6-11}$$

动画：旁路节流调速回路

式中：q_t 为泵的理论流量；K_1 为泵的泄漏系数；其余符号意义同前。

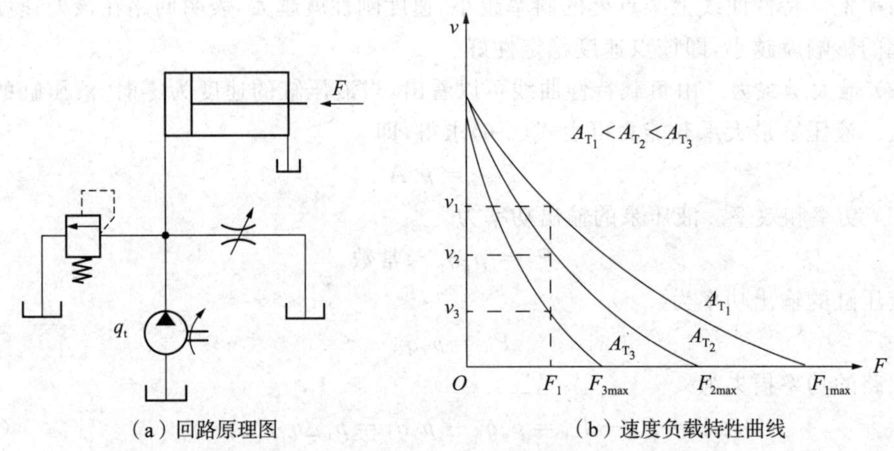

(a) 回路原理图　　(b) 速度负载特性曲线

图 6-6　旁路节流调速回路及其速度负载特性曲线

由式(6-11)绘出的速度负载曲线如图 6-6(b)所示。从图 6-6(b)可看出，当负载 F 恒定时，液压缸的运动速度 v 随节流阀开口面积 A_T 的增大而减小，当节流阀开口面积 A_T 调定后，液压缸的运动速度 v 随负载 F 的增大而减小。

(2) 最大承载力。旁路节流调速回路的最大承载能力随节流阀的开口面积 A_T 的增大而减小，即该回路低速时承载能力很差，调速范围很小。同时，该回路的最大承载力还受溢流阀的安全压力值限制。

(3) 功率和效率。旁路节流调速回路只有节流损失而无溢流损失，故效率较高，适用于高速、重载且对速度平稳性要求不高的较大功率场合。

采用节流阀的节流调速回路，在负载变化时液压缸运行速度随节流阀进、出口压差而变化，故其速度平稳性差。如果用调速阀来代替节流阀，其速度平稳性将大为改善，但功率损失将会增大。

2. 容积调速回路

容积调速回路是通过改变回路中液压泵或液压马达的排量来实现调速的。其主要优

点是功率损失小(没有溢流损失和节流损失),系统效率高,适用于高速、大功率系统。

按油路循环方式的不同,容积调速回路有开式回路和闭式回路两种。在开式回路中,泵从油箱吸油,执行机构的回油直接回到油箱,油箱容积较大,油液能得到较充分的冷却,但空气和污垢易进入回路。在闭式回路中,液压泵将油输入执行机构的进油腔,又从执行机构的回油腔吸油。闭式回路结构紧凑,只需很小的补油箱,但冷却条件差。为了补偿工作中油液的泄漏,一般设置补油装置,补油泵的流量为主泵流量的10%~15%,压力调节范围为0.3~1MPa。

速度控制回路之容积调速回路

容积调速回路通常有三种基本形式:由变量泵和液压缸或定量马达组成的容积调速回路,由定量泵和变量马达组成的容积调速回路,以及由变量泵和变量马达组成的容积调速回路。

1) 由变量泵和液压缸或定量马达组成的容积调速回路

图 6-7 所示为由变量泵和液压缸组成的开式容积调速回路。回路中的溢流阀用作安全阀,换向阀用来改变活塞的运动方向,活塞的运动速度是通过改变泵的输出流量来调节的,单向阀在变量泵停止工作时可以防止系统中油液倒流和空气侵入。

图 6-8 所示为变量泵和定量马达组成的闭式容积调速回路。在回路中,为弥补泄漏设置了补油装置。补油泵将油箱中经过冷却的油液输入封闭回路中,同时与油箱相通的溢流阀会溢出定量马达排出的多余油液,从而起到稳定低压管路压力和置换热油的作用。由于变量泵的吸油口处具有一定压力,所以可避免空气侵入和出现空穴现象。在封闭回路中的高压管路上连接有溢流阀,可起到安全阀的作用,以防止系统过载。单向阀在系统停止工作时,可以起到防止封闭回路中的油液倒流和空气侵入的作用。

动画:容积调速回路

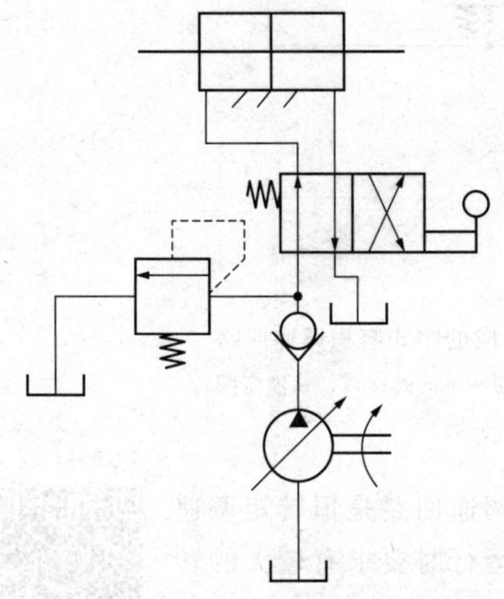

图 6-7 变量泵-液压缸组成的开式容积调速回路

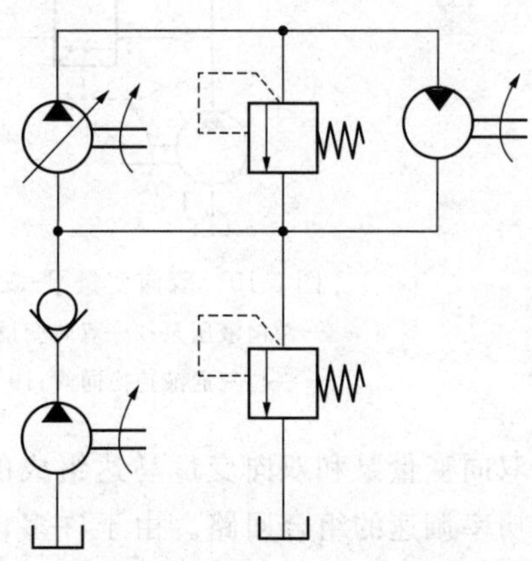

图 6-8 变量泵-定量马达组成的闭式容积调速回路

在这种容积调速回路中,液压泵的转速和液压马达的排量都为常数,液压泵的供油压力随负载的增加而升高,其最高压力由安全阀来限制。液压马达输出的速度和最大功率与变量泵的排量成正比，输出的最大扭矩恒定不变，故称这种回路为恒转矩调速回路。由于其排量可调得很小，因此其调速范围较大。

2）由定量泵和变量马达组成的容积调速回路

图 6-9 所示为由定量泵和变量马达组成的闭式容积调速回路。在这种回路中，液压泵的转速和排量都为常数，液压泵的最高供油压力同样用溢流阀来限制，液压马达能输出的转矩与变量马达的排量成正比。液压马达转速与排量成反比，输出的最大功率恒定不变，故称这种回路为恒功率调速回路。液压马达的排量因受到工作负载能力和机械强度的限制而不能调得太大，液压泵的调速范围也较小，且调节起来很不方便，因此这种调速回路目前很少单独使用。

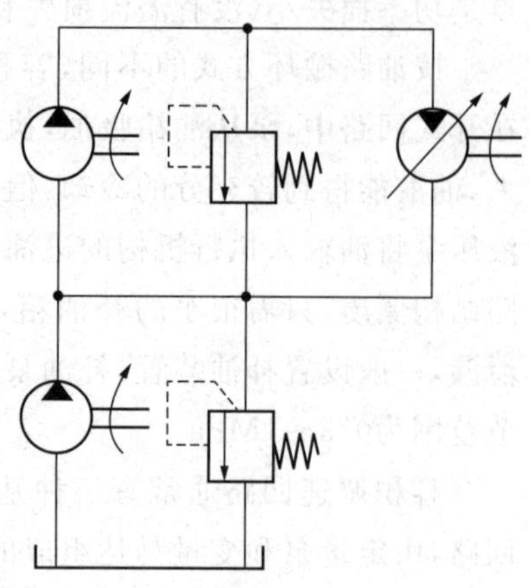

图 6-9　定量泵 - 变量马达组成的闭式容积调速回路

3）由双向变量泵和双向变量马达组成的容积调速回路

图 6-10 所示为由双向变量泵和双向变量马达组成的闭式容积调速回路。调节变量泵和变量马达均可调节液压马达的转速，变量泵 2 可以正、反向供油，因此，液压马达 10 也可以正、反向旋转。溢流阀 12 的调整压力应略高于溢流阀 9 的调整压力，以保证在液动换向阀 8 动作时，回路中的部分热油经溢流阀 9 排回油箱，此时由补油泵 1 向回路输送冷却油液。

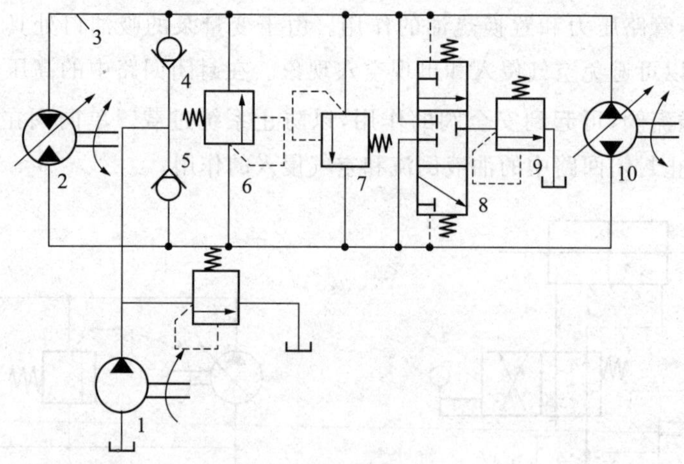

图 6-10　双向变量泵-双向变量马达组成的闭式容积调速回路

1—单向液压泵；2—双向变量泵；3—油管；4，5—单向阀；6，7，9—溢流阀；8—三位三通液控换向阀；10—双向变量液压马达

双向变量泵和双向变量马达组成的闭式容积调速回路是恒转矩调速和恒功率调速的组合回路。由于许多设备在低速运行时要求有较大的转矩，而在高速运行时希望输出功率能基本保持不变，因此调速时，通常先将马达的排量调至最大并固定不变，通过增大泵的排量来提高马达转速，这时马达能输出的最大转矩恒定不变，属于恒转矩调速；若泵的排量调至最

动画：容积节流复合调速回路

大后，还需要继续提高马达的转速，可以使泵的排量固定在最大值，而采用减小马达排量的办法继续提高马达转速，这时马达能输出的最大功率恒定不变，属于恒功率调速。这种调速回路具有较大的调速范围，且效率较高，故适用于大功率和调速范围较大的场合。

3. 容积节流复合调速回路

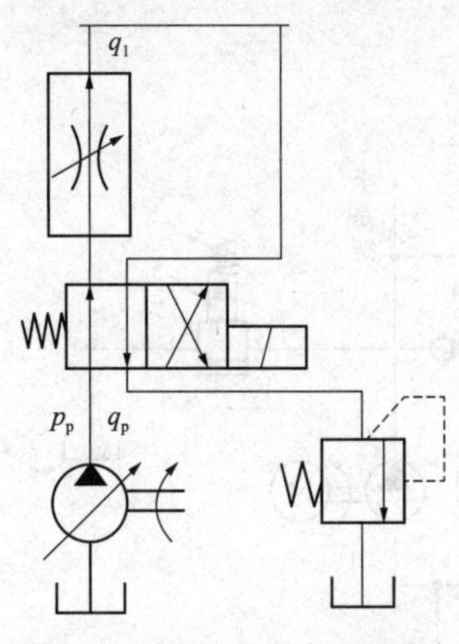

图 6-11 容积节流复合调速回路

容积节流复合调速回路是由变量泵和节流阀或调速阀组合而成的一种调速回路。图 6-11 所示为由限压式变量叶片泵和调速阀组成的容积节流复合调速回路。变量泵输出的液压油经调速阀进入液压缸工作腔，回油则经背压阀返回油箱。活塞运动速度由调速阀中节流阀的通流面积来控制。变量泵输出的流量 q_p 和进入油缸的流量 q_1 相适应。当 $q_p>q_1$ 时，泵的供油压力上升，使限压式变量泵的流量自动减少到 $q_p\approx q_1$；反之，当 $q_p<q_1$ 时，泵的供油压力 p_p 下降，该泵又会自动使$q_p\approx q_1$。可见调速阀在回路中的作用，不仅是使进入液压缸的流量保持恒定，而且还使泵的供油量和供油压力基本上保持不变，从而使变量泵的输出流量与进入液压缸的流量匹配。

这种容积节流复合调速回路无溢流损失，效率较高，调速范围大，速度刚性好，一般用于空载时需快速而承载时要稳定的低速中、小功率液压系统。

6.2.2 快速回路

快速回路的功能是使液压缸在空行程时获得尽可能快的运动速度，以提高系统的工作效率。使用最多的快速回路有差动连接快速回路和双泵供油快速回路。

1. 差动连接快速回路

图 6-12 所示为采用单杆活塞缸差动连接的快速回路，即差动连接快速回路。它通过二位三通电磁阀形成差动连接。阀 3 和阀 4 在左位工作时，单杆活塞缸差动连接，液压缸做快速运动。当阀 4 通电时，差动连接即被切除，液压缸回油经过调速阀 5，实现慢速工进。阀 3 切换到右位后，液压缸快退。这种快速回路简单易行，但快、慢速换接不够平稳。

动画：差动连接快速回路

2. 双泵供油快速回路

图 6-13 所示为双泵并联供油的快速回路。液压泵 1 为高压小流量泵，其流量应略大于最大工作进给速度所需要的流量，其工作压力由溢流阀 5 调定。泵 2 为低压大流量泵，其流量与泵 1 流量之和应略大于液压系统快速运动所需要的流量，其工作压力应低于液控顺序阀 3 的调定压力。空载时，液压系统的压力低于液控顺序阀的调定压力，阀 3 关闭，泵 2 输出的油液经单向阀 4 与泵 1 输出的油液汇集在一起进入液压缸，从而实现快速运动。当系统工作进给承受负载时，系统压力升高至大于阀 3 的调定压力，阀 3 打开，单向阀 4 关闭，泵 2 的油液经阀 3 流回油箱，泵 2 处于卸荷状态，此时系统仅由泵 1 供油，实现慢速工作进给，其工作压力由阀 5 调节。

动画：双泵供油快速回路

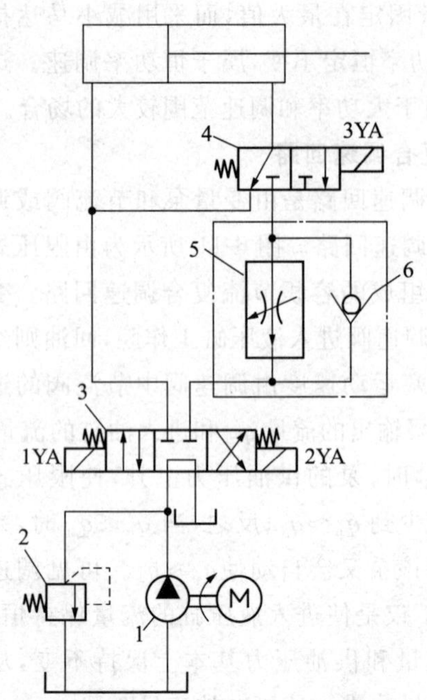

图 6-12　单杆活塞缸差动连接快速回路

1—单向液压泵；2—溢流阀；3—三位四通电磁换向阀；4—二位三通电磁换向阀；5—调速阀；6—单向阀

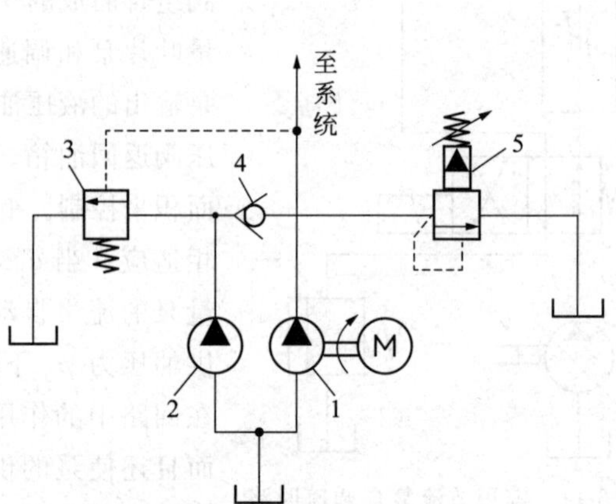

图 6-13　双泵并联供油快速回路

1，2—液压泵；3—液压控制阀；4—单向阀；5—先导型溢流阀

6.2.3　速度转换回路

动画：快慢速转换回路

1. 快慢速转换回路

图 6-14 所示为利用二位二通电磁换向阀与调速阀并联实现快速转慢速的回路。当图 6-14 中电磁铁 1YA 和 3YA 同时通电时，液压油经阀 3 左位、阀 4 左位进入液压缸左腔，缸右腔回油，工作部件实现快进；当工作部件的挡块吸到行程开关使 3YA 电磁铁断电时，阀 4 油路断开，调速阀 5 接入油路，液压油经阀 3 左位后，经调速阀 5 进入缸的左腔，缸右腔回油，工作部件以阀 5 调节的速度实现工作进给。

这种速度转换回路的优点是：速度转换快，行程调节比较灵活，电磁阀可安装在液压站的阀板上，便于工作时实现自动控制，应用广泛。其缺点是平稳性较差。

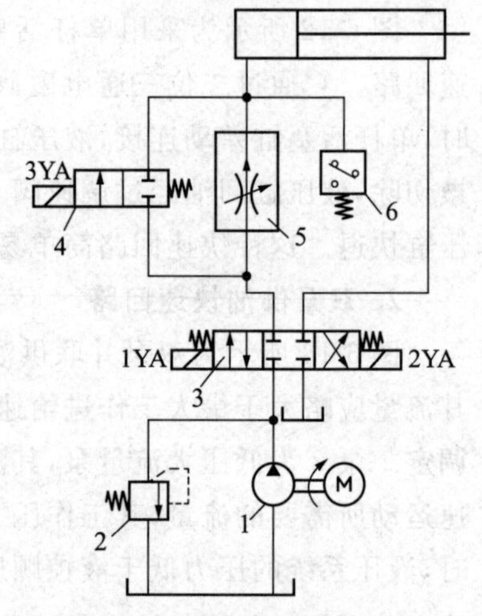

图 6-14　快慢速转换回路

1—液压泵；2—溢流阀；3—三位四通换向阀；4—二位二通换向阀；5—调速阀；6—压力继电器

2. 两种慢速的转换回路

图 6-15 所示为两个调速阀串联的慢速转换回路。当阀 1 左位工作且阀 3 断开时，控制阀 2 的通或断使油液经调速阀 A 或既经阀 A 又经阀 B 才能进入

液压缸左腔，从而实现第一种慢速或第二种慢速的转换。阀 B 的开口需调得比阀 A 小，即第二种慢速的速度必须比第一种慢速的速度低。此外，第二种慢速经过两个调速阀，能量损失较大。

图 6-16 所示为两个调速阀并联的慢速转换回路。当主换向阀 1 左位或右位工作而阀 2 没有通电时，液压缸做快进或快退运动。当主换向阀 1 在左位工作并使阀 2 通电时，根据阀 3 不同的工作位置，油液须经调速阀 A 或 B 才能进入缸内，便可实现第一种慢速和第二种慢速的转换。两个调速阀可单独调节，速度无限制，但一阀工作而另一阀无油液通过，后者的减压阀部分处于非工作状态，若该阀内无行程限制装置，此时液压阀口将完全打开，一旦转换，油液将大量流过此阀，缸会出现前冲现象，因此这种回路不宜用于工作过程中的速度转换。

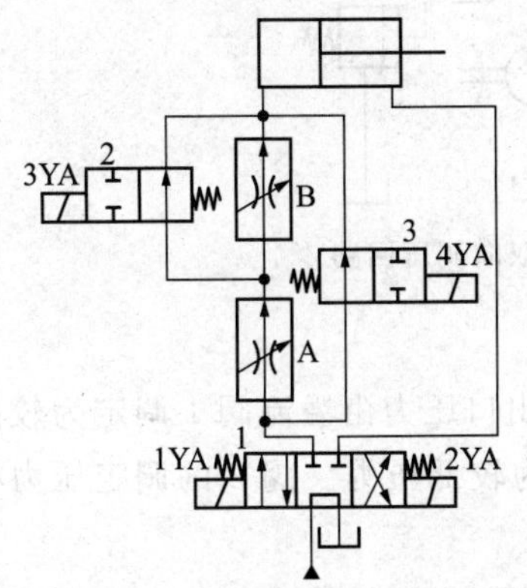

图 6-15　调速阀串联的慢速转换回路

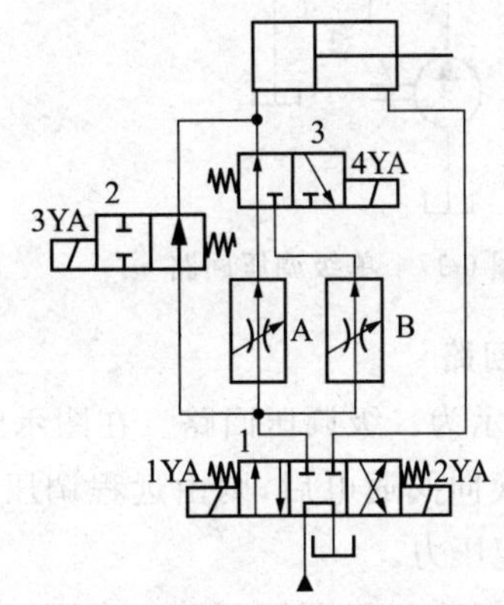

图 6-16　调速阀并联的慢速转换回路

动画：慢速转换回路

6.3　压力控制回路

压力控制回路是用压力控制阀来对系统整体或某一部分的压力进行控制和调节的回路。这类回路包括调压、减压、增压、卸荷、保压和平衡等回路。

压力控制回路

6.3.1　调压回路

调压回路的功能是使液压系统或系统中某一部分的压力与负载相适应并保持稳定，或者为了安全而限定系统的最高压力不超过某一数值。当液压系统在不同的工作阶段需要两种以上不同大小的压力时，可采用多级调压回路。

动画：调压回路

1. 单级调压回路

图 6-17 所示为单级调压回路。系统由定量泵供油，通过调节节流阀的开口大小来调节液压缸的速度。在工作过程中，溢流阀是常开的，液压泵的工作压力取决于溢流阀的调整压力，并且保持基本恒定。溢流阀的调整压力必须大于液压缸的最大工作压力和油路中各种压力损失的总和。

2. 双向调压回路

液压缸正、反向行程中需不同的供油压力时可采用双向调压回路，如图 6-18 所示。当换向阀左位工作时，液压缸为工作行程，泵出口压力由溢流阀 1 调定为较高压力，缸右端的油液通过换向阀回油箱，此时溢流阀 2 不起作用。当换向阀处于图示工作状态时，液压缸为返回行程，泵出口压力由溢流阀 2 调定为较低压力，溢流阀 1 不起作用。缸退至终点，泵在低压下回油，功率损耗小。

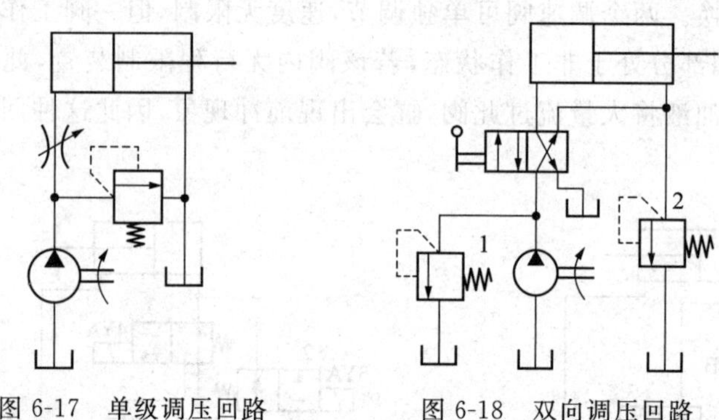

图 6-17 单级调压回路　　图 6-18 双向调压回路

3. 多级调压回路

图 6-19(a)所示为二级调压回路。在图示状态下，泵出口压力由溢流阀 1 调定为较高压力。二位二通换向阀通电后，则由远程调压阀 2 调定为较低压力。阀 2 的调定压力必须小于阀 1 的调定压力。

图 6-19(b)所示为三级调压回路。在图示状态下，泵出口压力由阀 1 调定为最高压力，当换向阀 4 的左、右电磁铁分别通电时，泵出口压力分别由远程调压阀 2 和 3 调定。阀 2 和阀 3 的调定压力必须小于阀 1 的调定压力。

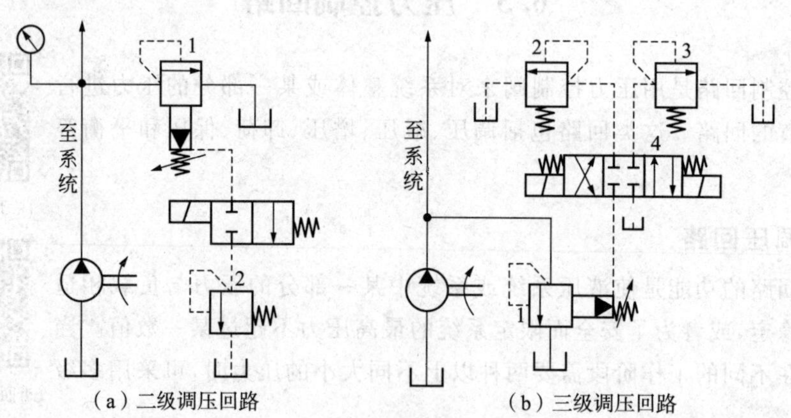

(a) 二级调压回路　　(b) 三级调压回路

图 6-19 多级调压回路

6.3.2 减压回路

在液压系统中，当某一支路所需的工作压力低于系统的工作压力时，可采用减压回路。

1. 单级减压回路

图 6-20 所示为单级减压回路。液压泵同时向液压缸 1 和 2 供油，液压缸 1 活塞下行时通过单向减压阀 3 获得低于系统压力的某一稳定压力，而回程时液压缸 1 上腔的回油经单向减压阀流回油箱，不受减压阀阻碍。减压阀调定压力可以在 0.5MPa 以上至低于溢流阀 4 调定压力 0.5MPa 以下的范围内调节。

2. 二级减压回路

图 6-21 所示为由减压阀和远程调压阀组成的二级减压回路。在图示状态下，夹紧缸的压力由减压阀 1 调定；当二通阀通电后，夹紧缸的压力则由远程调压阀 2 调定，故称为二级减压回路。需要注意的是，远程调压阀 2 的调整压力应低于减压阀 1 的调整压力，才能实现二级减压，并且减压阀的调整压力应低于回路中溢流阀的调整压力，才能保证减压阀正常工作。

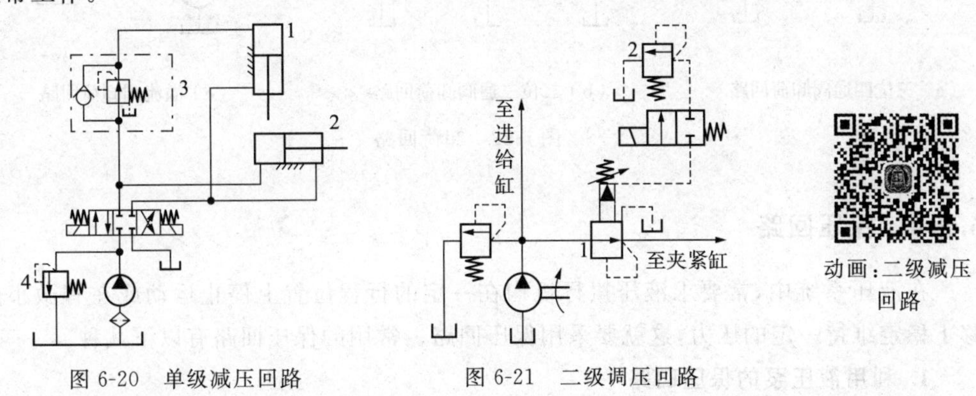

图 6-20　单级减压回路　　图 6-21　二级调压回路

6.3.3　卸荷回路

动画：卸荷回路

卸荷是指液压泵在消耗功率接近于零的状态下运转。泵的功率等于泵的输出压力和输出流量的乘积，只要压力和流量中的任一项近似为零，功率损耗也近似为零。所以，卸荷有流量卸荷和压力卸荷两种方法。流量卸荷用于变量泵，容易实现，但泵处于高压状态，磨损比较严重；压力卸荷是使泵在接近零压下工作，使用中较为常见。

1. 三位阀中位机能的卸荷回路

图 6-22(a)所示为采用 M 型(也可用 H 型或 K 型)中位机能的三位四通换向阀实现卸荷的回路。换向阀在中位时，可以使液压泵输出的油液直接流回油箱，从而实现液压泵的卸荷。这种卸荷方法比较简单，但压力较高，流量较大时，容易产生冲击，故适用于低压、小流量液压系统。

2. 二位二通阀的卸荷回路

图 6-22(b)所示为二位二通阀的卸荷回路。采用此方法的卸荷回路必须使二位二通换向阀的流量与液压泵的额定流量相匹配。这种卸荷方法的卸荷效果较好，易于实现自动控制。

3. 采用溢流阀的卸荷回路

图 6-22(c)所示为由先导式溢流阀和小流量二位二通电磁换向阀组成的卸荷回路。

当液压缸停止运动时，二位二通电磁换向阀通电，使先导式溢流阀的远控口与油箱连通，此时溢流阀的阀口全部打开，液压泵的输出流量经溢流阀溢回油箱，实现卸荷。

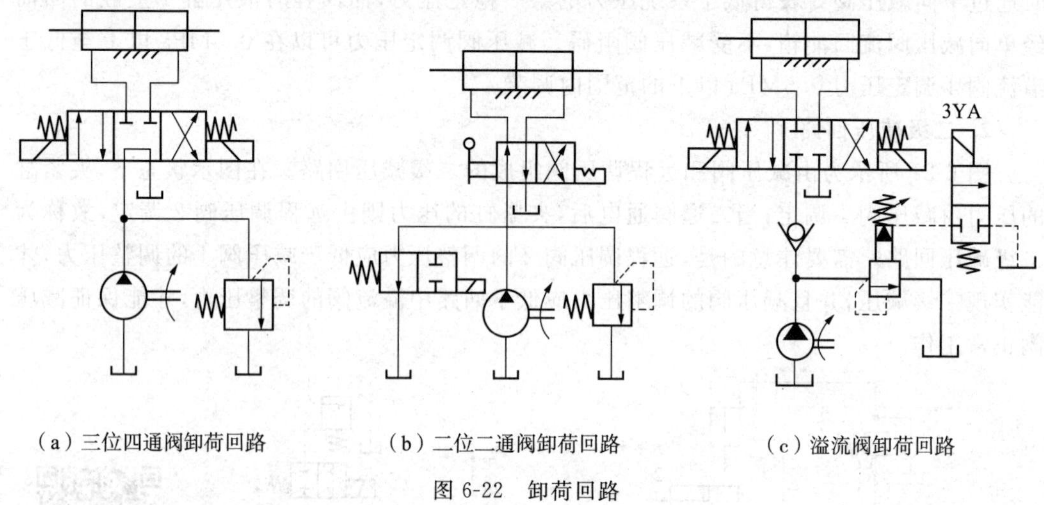

图 6-22 卸荷回路

6.3.4 保压回路

在液压系统中，常要求液压执行机构在一定的行程位置上停止运动或在有微小的位移下稳定维持一定的压力，这就要采用保压回路。常用的保压回路有以下几种。

1. 利用液压泵的保压回路

利用液压泵的保压回路是在保压过程中，液压泵仍以较高的压力(保压所需压力)工作。此时，若采用定量泵，则液压油几乎全经溢流阀流回油箱，系统功率损失大，易发热，故只在小功率的系统且保压时间较短的场合下使用；若采用变量泵，则在保压时泵的压力较高，但输出流量几乎等于零。因而，液压系统的功率损失小。这种保压方法能随泄漏量的变化而自动调整输出流量，因而其效率也较高。

2. 利用蓄能器的保压回路

图 6-23(a)所示为利用蓄能器的保压回路。当主换向阀 7 在左位工作时，液压缸向右运动且压紧工件。当进油路压力升高至调定值时，压力继电器 5 动作，使二通阀 4 通电，泵 1 卸荷，单向阀自动关闭，液压缸则由蓄能器 6 保压。当缸压不足时，压力继电器复位使泵重新工作。保压时间的长短取决于蓄能器的容量，调节压力继电器的工作区间即可调节缸中压力的最大值和最小值。

3. 自动补油保压回路

图 6-23(b)所示为采用液控单向阀和电接触式压力表的自动补油保压回路。当 2YA 得电，换向阀 3 右位接入回路，液压缸上腔压力上升至电接触式压力表 5 的上限值时，电接触式压力表 5 发出信号，使电磁铁 2YA 失电，换向阀处于中位，液压泵卸荷，液压缸由液控单向阀 4 保压。当液压缸上腔压力下降到预定的下限值时，电接触式压力表 5 又发出信号，使 2YA 得电，液压泵再次向系统供油，使压力上升。当压力达到上限值时，电接触式压力表 5 再次发出信号，使 1YA 失电。因此，这一回路能自动地使液压缸补充液压

油，使其压力能长期保持在一定范围内。

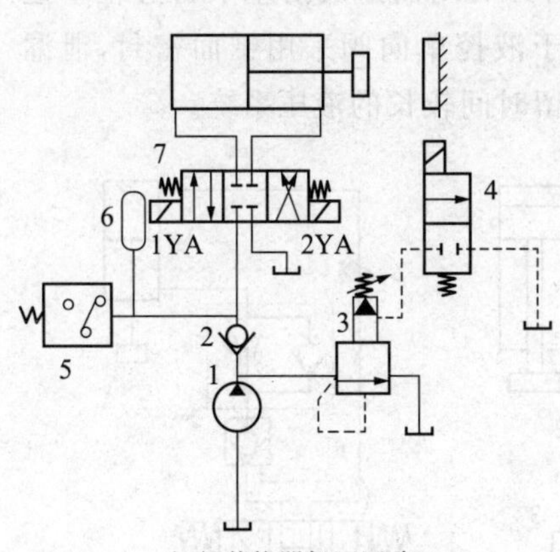

（a）蓄能器保压回路

1—液压缸；2—单向阀；3—先导式溢流阀；
4—二位二通换向阀；5—压力继电器；
6—蓄能器；7—液压缸

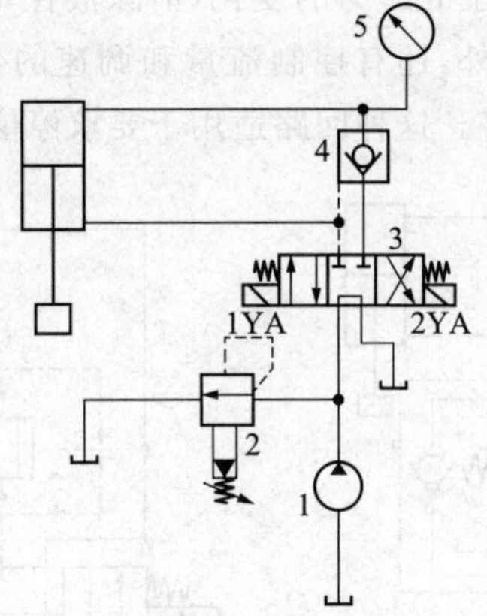

（b）自动补油保压回路

1—液压缸；2—先导式溢流阀；
3—三位四通换向阀；
4—液控单向阀；5—压力表

动画：保压回路

图 6-23　保压回路

6.3.5　平衡回路

平衡回路的功能在于防止垂直或倾斜放置的液压缸和与之相连的工作部件因自重而自行下落。

1. 采用内控式顺序阀的平衡回路

图 6-24(a)所示为采用内控式顺序阀的平衡回路。当活塞下行时，回油路上就存在着一定的背压，只要将这个背压调得能支承住活塞和与之相连的工作部件的自重，活塞就可以平稳地下落。当换向阀处于中位时，活塞就停止运动，不再继续下移。这种回路在活塞向下快速运动时功率损失大，锁住时活塞和与之相连的工作部件会因单向顺序阀的泄漏而缓慢下落。因此，它只适用于工作部件质量不大、活塞锁住时对定位要求不高的场合。

2. 采用外控式顺序阀的平衡回路

图 6-24(b)所示为采用外控式顺序阀的平衡回路。当活塞下行时，控制液压油打开液控式顺序阀，背压消失，因而回路效率较高；当回路停止工作时，顺序阀关闭，以防止活塞和工作部件因自重而下降。这种平衡回路的优点是只有上腔进油时活塞才下行，比较安全可靠；缺点是活塞下行时平稳性较差。这是因为活塞下行时，液压缸上腔油压降低，使液控顺序阀关闭，当顺序阀关闭时，因活塞停止下行，使液压缸上腔油压升高，又打开液控顺序阀。因此，液控顺序阀始终工作于启闭的过渡状态，影响工作的平稳性。这种回路适用于运动部件重量不是很大，停留时间较短的液压系统。

3. 采用液控单向阀的平衡回路

动画：平衡回路

图 6-24(c)所示为采用液控单向阀的平衡回路。当换向阀左位工作时，液压油通过换向阀进入液压缸上腔，液压缸下腔的油液通过单向节流阀、液控单向阀和换向阀流回油箱，活塞下行。当换向阀处于中位时，液压

缸上腔失压，液控单向阀迅速关闭，活塞立即停止运动并被锁紧。单向节流阀可以克服活塞下行时液压缸上腔压力的变化，消除液控单向阀因时开时闭而造成活塞下行过程中运动的不平稳。此外，还有控制流量和调速的作用。由于液控单向阀采用锥面密封，泄漏小，因此闭锁性好。这种回路适用于要求停位准确、停留时间较长的液压系统。

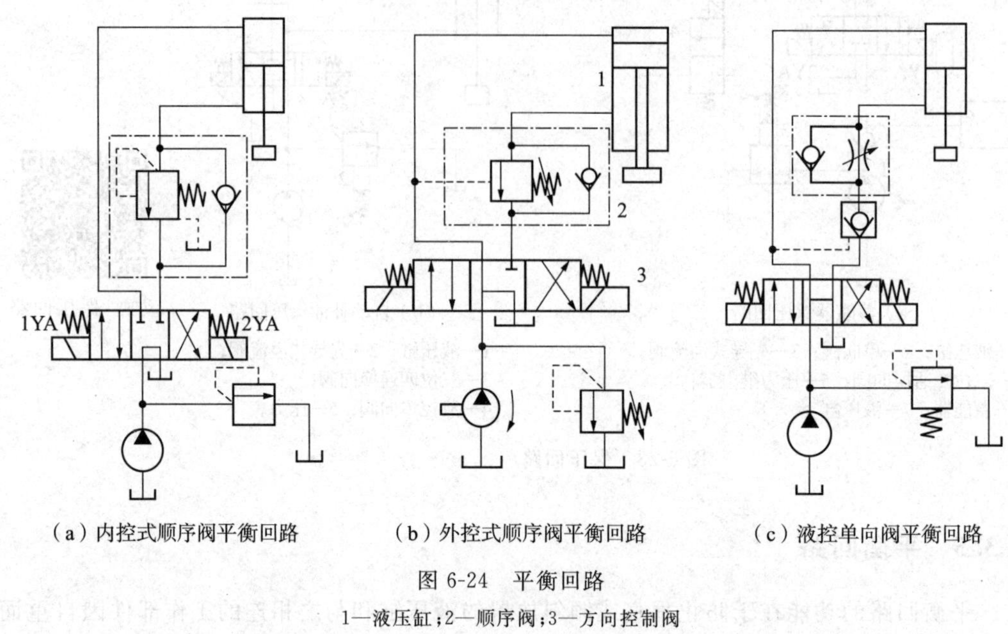

（a）内控式顺序阀平衡回路　（b）外控式顺序阀平衡回路　（c）液控单向阀平衡回路

图 6-24　平衡回路

1—液压缸；2—顺序阀；3—方向控制阀

6.4　多缸工作控制回路

由一个液压泵同时驱动两个或两个以上液压缸配合工作的控制回路称为多缸工作控制回路，这类回路一般有顺序动作、同步、互锁和互不干涉等回路。

多缸工作控制回路

6.4.1　顺序动作回路

顺序动作回路的功能是使多缸液压系统中的各液压缸按规定的顺序动作。常见的顺序动作回路有行程控制和压力控制两大类。

1. 行程控制的顺序动作回路

图 6-25(a)所示为采用行程阀控制的顺序动作回路。在图示状态下，A、B 两液压缸活塞均处在右端位置。当换向阀 1 通电时，液压油进入缸 B 右腔，缸 B 左腔回油，其活塞左移实现动作①；当缸 B 工作部件上的挡块压下行程阀 2 后，液压油进入缸 A 右腔，缸 A 左腔回油，其活塞左移实现动作②；当换向阀 1 断电时，液压油先进入缸 B 左腔，缸 B 右腔回油，其活塞右移实现动作③；当缸 B 工作部件上的挡块离开行程阀 2，使其恢复下位工作时，液压油经行程阀 2 进入缸 A 左腔，缸 A 右腔回油，其活塞右移实现动作④。这种回路工作可靠，动作顺序的换接平稳，但改变工作顺序困难，且管路长，压力损失大，不易安装，

它主要用于专用机械的液压系统中。

图 6-25(b)所示为采用行程开关控制的顺序动作回路。在图示状态下,电磁换向阀 1、2 均不通电,两液压缸的活塞均处于右端位置。当换向阀 1 通电时,液压油进入缸 A 右腔,其左腔回油,活塞左移实现动作①;当缸 A 工作部件上的挡块碰到行程开关 S_1 时,S_1 发出信号,使换向阀 2 通电,变左位工作,这时液压油进入缸 B 的右腔,其左腔回油,活塞左移实现动作②;当缸 B 工作部件上的挡块碰到行程开关 S_3 时,S_3 发出信号,使换向阀 1 断电,变右位工作,这时液压油进入缸 A 的左腔,其右腔回油,活塞右移实现动作③;当缸 A 工作部件上的挡块碰到行程开关 S_2 时,S_2 发出信号,使换向阀 2 断电,变右位工作,这时液压油进入缸 B 的左腔,其右腔回油,活塞右移实现动作④。当缸 B 工作部件上的挡块碰到行程开关 S_4 时,S_4 又发出信号,使换向阀 1 通电,开始下一工作循环。这种回路的优点是控制灵活方便,其动作顺序更换容易,易实现自动控制。但顺序转换时有冲击,位置精度与工作部件的速度和质量有关,而可靠性则由电气元件的质量决定。

动画:行程控制的顺序动作回路

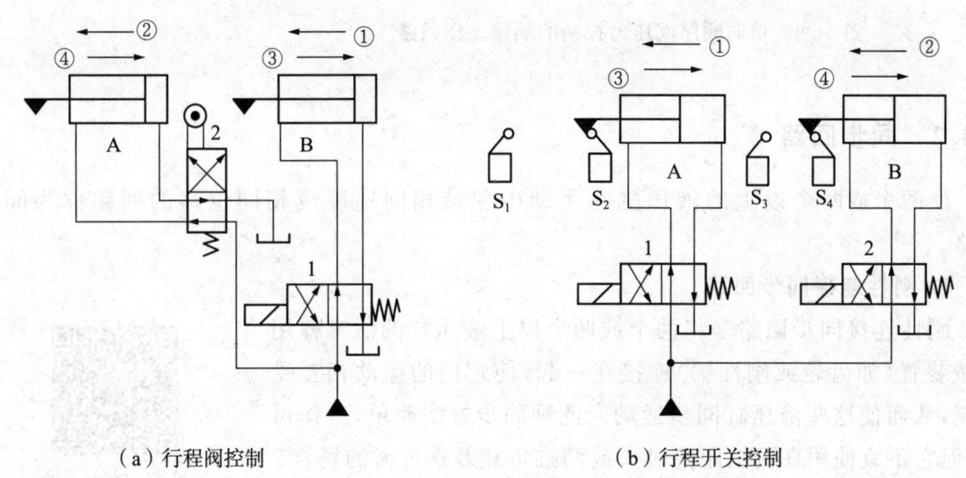

(a) 行程阀控制

(b) 行程开关控制

图 6-25 行程控制的顺序动作回路

2. 压力控制的顺序动作回路

图 6-26 所示为采用单向顺序阀控制的顺序动作回路。

在图示位置,换向阀 1 处于中位,A、B 两缸均处在停止状态位置。当电磁铁 1YA 通电、换向阀 1 左位工作时,液压油先进缸 A 的左腔,缸 A 右腔经阀 2 中的单向阀回油,使活塞右移实现动作①;当缸 A 活塞行至终点停止时,系统压力升高,当压力升高到阀 3 中顺序阀的调定压力时,顺序阀开启,液压油进入缸 B 左腔,其右腔回油,活塞右移实现动作②;当电磁铁 2YA 通电、换向阀 1 右位工作时,液压油先进缸 B 的右腔,缸 B 左腔经阀 3 中的单向阀回油,使活塞左移实现动作③;当缸 B 活塞行至终点停止时,系统压力升高,当压力升高到阀 2 中顺序阀的调定压力时,顺序阀开启,液压油进入缸 A 右腔,其左腔回油,活塞右移实现动作④。当缸 A 活塞左移至终点时,既可用行程开关控制电磁换向阀 1 断电转换为中位停止,也可再使电磁铁 1YA 通电,开始下一个工作循环。这种回路工作可靠,可以按照要求调整液压缸的顺序。但是,顺序阀的调整压力应比先动作液压缸的最高工作压力高，以免在系统压力波动较大时产生误动作。

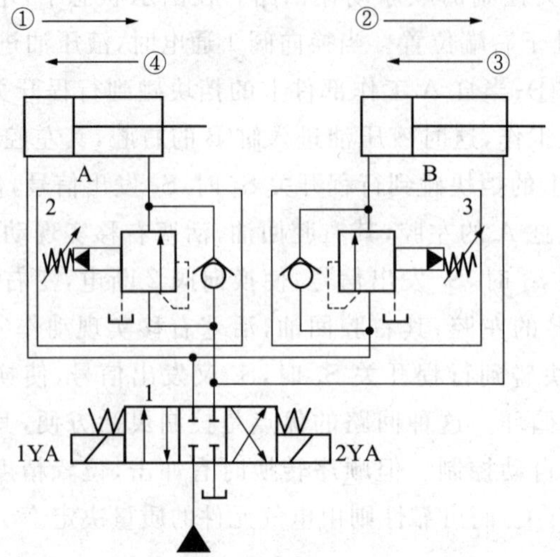

动画：单向顺序阀控制的顺序动作回路

图 6-26 单向顺序阀压力控制的顺序动作回路

6.4.2 同步回路

使两个或两个以上的液压缸在运动中保持相同速度或相同位移的回路称为同步回路。

1. 刚性连接同步回路

刚性连接同步回路是将两个或两个以上液压缸的活塞杆用机械装置(如齿轮或刚性梁)连接在一起，使它们的运动相互受牵制，从而使这些液压缸同步运动。此种同步方法简单，工作可靠，但它不宜使用在两缸距离过大或两缸负载差别过大的场合。

动画：同步回路

2. 串联液压缸的同步回路

图 6-27 所示为带补偿装置的串联液压缸位移同步回路。两液压缸 A、B 串联，缸 B 下腔的有效工作面积等于缸 A 上腔的有效工作面积。若无泄漏，两缸可同步下行，但因有泄漏及制造误差，故有同步误差。采用由单向阀 3、电磁换向阀 2 和 4 组成的补偿装置，可使两缸每一次下行至终点位置的同步误差得到补偿。

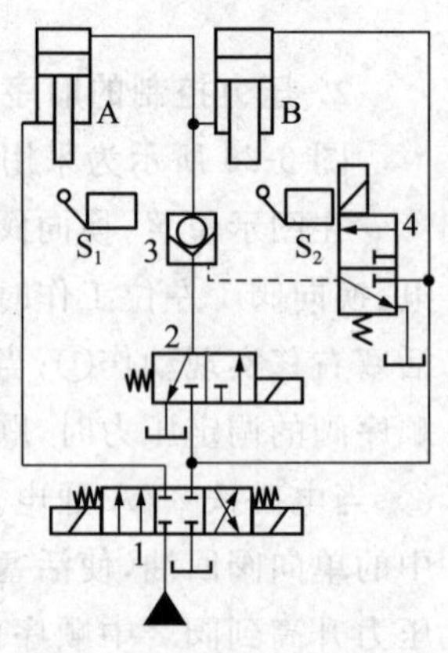

图 6-27 带补偿装置的串联液压缸位移同步回路

其补偿原理是，当换向阀 1 右位工作时，液压油进入缸 B 的上腔，缸 B 下腔的油液流入缸 A 上腔，缸 A 下腔回油，这时两活塞杆同步下行。若缸 A 活塞先到达终点，它就触动行程开关 S_1 使电磁阀 4 通电换为上位工作，这时液压油经阀 4 将单向阀 3 打开，在缸 B 上腔继续进油的同时，缸 B 下腔的油可经单向阀 3 及电磁换向阀 2 流回油箱，使缸 B 活塞能继续下行到终点位置。若缸 B 活塞先到达终点，它触动行程开关 S_2，使电磁换向阀 2 通电换为右位工作，这时液压油可经阀 2、阀 3 继续进入缸 A 上腔，使缸 A 活塞继续下行到终点位置。

3. 采用调速阀控制的同步回路

图 6-28 所示为采用调速阀控制的速度同步回路。图中调速阀 3 和调速阀 4 可分别调节进入两个并联液压缸下腔的流量，使两个液压缸活塞向上伸出的速度相等。这种回路可用于两缸有效工作面积相等时，也可用于两缸有效工作面积不相等时。其优点是结构简单，使用方便，且可以调速。其缺点是受油温变化和调速阀性能差异等影响，不易保证位置同步，速度的同步精度也较低，一般为 5%～7%，常用于对同步精度要求不高的系统中。

4. 采用比例调速阀的同步回路

图 6-29 所示为采用比例调速阀控制的同步回路。其同步精度较高，绝对精度可达 0.5mm，已足够满足一般设备的要求。回路的普通调速阀 C 和比例调速阀 D 各装在由单向阀组成的桥式油路中，分别控制液压缸 A 和液压缸 B 的正、反向运动。当两缸出现位置误差时，通过检测装置发出信号，调整比例阀的开口，修正误差，即可保证同步。

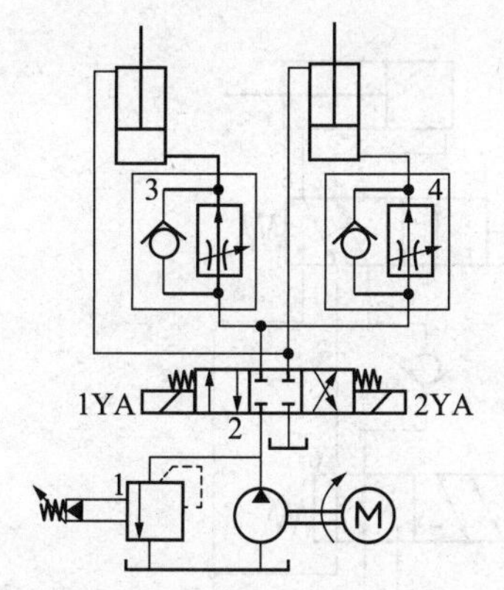

图 6-28 调速阀控制的速度同步回路

1—先导式溢流阀；2—三位四通换向阀；3—单向阀；4—调速阀

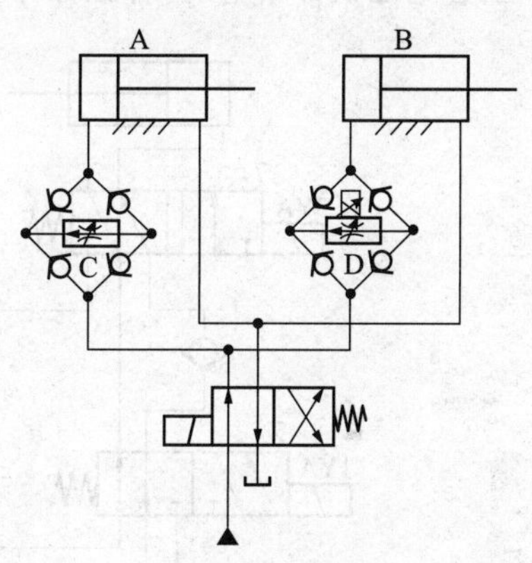

图 6-29 用比例调速阀控制的同步回路

6.4.3 互锁回路

在多缸工作的液压系统中，有时要求在一个液压缸运动时不允许另一个液压缸有任何运动，这时就要用到液压缸互锁回路。

图 6-30 所示为双缸并联互锁回路。当三位六通电磁换向阀 5 位于中位，液压缸 B 停止工作时，二位二通液控换向阀 1 右端的控制油路（图中虚线）经阀 5 中位与油箱连通，因此其左位接入系统。这时液压油可经阀 1、阀 2 进入缸 A 使其工作。当阀 5 左位或右位工作时，液压油可进入缸 B 使其工作，这时液压油还进入了阀 1 的右端使其右位接入系统，因而切断了缸 A 的进油回路，使

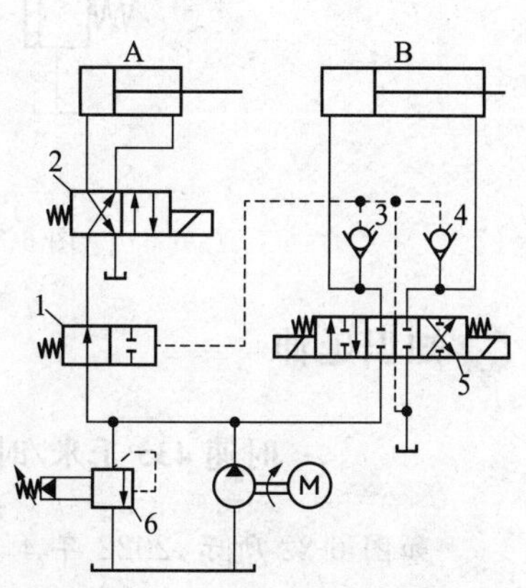

图 6-30 双缸并联互锁回路

缸 A 不能工作，从而实现了两缸运动的互锁。

6.4.4 多缸快-慢速互不干涉回路

在一泵多缸的液压系统中，往往由于其中一个液压缸快速运动，而造成系统的压力下降，影响其他液压缸进给速度的稳定性。因此，在对进给速度要求比较稳定的多缸液压系统中，需采用快-慢速互不干涉回路。

图 6-31 所示为双泵供油多缸快速互不干涉回路。各缸快速进退都由大泵 2 供油，当任意一缸进入工进时，则改由小泵 1 供油，彼此无牵连，也就无干扰。图示状态下，各缸原位停止。当 3YA、4YA 通电时，阀 7、阀 8 左位工作，两缸都由大泵 2 供油做差动快进，小泵 1 供油在阀 5、阀 6 处被堵截。设缸 A 先完成快进，由行程开关使电磁铁 1YA 通电，3YA 断电，此时大泵 2 对缸 A 的进油路被切断，而小泵 1 的进油路打开，缸 A 由调速阀 3 调速做工进，缸 B 仍做快进，互不影响。当各缸都转为工进后，它们全由小泵供油。此后，若缸 A 率先完成工进，则行程开关应使阀 5 和阀 7 的电磁铁都通电，缸 A 则由大泵 2 供油快退。当各电磁铁都断电时，各缸都停止运动，并被锁于所在位置上。

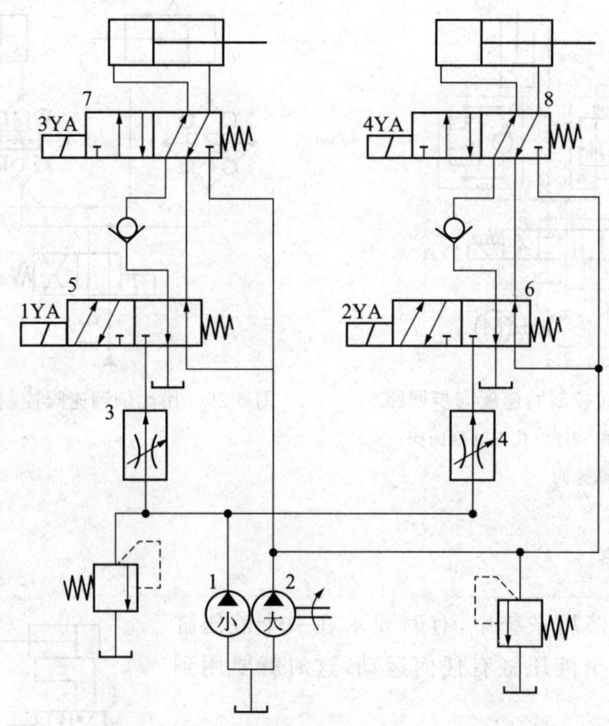

图 6-31 双泵供油多缸快速互不干涉回路

知识延伸

时速 435 千米/时，新型复兴号高速综合检测列车创世界纪录

如图 6-32 所示，2022 年 4 月 23 日，由我国自主研发、世界领先的新型复兴号高速综合检测列车上线运行，在世界上首次成功实现单列时速 435 千米/时、相对时速 870 千米/

时的明线交会和单列时速 403 千米/时、相对时速 806 千米/时的隧道交会，这标志着纳入国家“十四五”规划的“CR450 科技创新工程”全面展开。

图 6-32 新型复兴号高铁

中国国家铁路集团基于京张高铁智能动车组研制的新型复兴号高速综合检测列车，采用我国自主研发的涡流制动、碳陶制动盘、永磁牵引系统、主动控制受电弓等 9 项新技术，由 4 辆动车和 4 辆拖车组成，增强了动车组列车的安全性、可靠性、效能性、经济性，整体性能达到世界领先水平，填补了国内多项技术空白。

2022 年 4 月以来，新型复兴号高速综合检测列车在济郑高铁、郑渝高铁开展了 CR450 动车组研制先期试验，分别在明线和隧道开展了高速运行和高速交会工况下的动力学、空气动力学、阻力、噪声等 60 余项科学试验，获取了不同工况下动车组列车及高铁路基、隧道等基础设施的特征数据，相关指标表现良好，探索了列车速度提升相关安全性、舒适性参数变化规律。

中国国家铁路集团负责人指出，新型复兴号高速综合检测列车上线运行并成功开展一系列科学试验，验证了新技术设备的性能，探索了更高速度条件下动车组运行的边界条件，进一步丰富拓展了我国高速铁路基础理论研究成果和工程实践经验，对于提升铁路科技自立自强能力、巩固我国高铁世界领跑地位具有重要意义。

观察与实践 1

工件运动控制实训

1. 实训目的

(1) 掌握节流阀、调速阀的型号、符号和功能，区分节流阀和调速阀。

(2) 了解液压系统中锁紧、快速运动和速度换接的方法，掌握简单的速度转换回路。

(3) 能根据不同的工作场景选用合适的速度控制元件，合理调节速度控制阀。

(4) 能结合实际生产需要独立绘制简单的速度转换回路。

2. 实训内容

用一个液压缸来控制锅炉门的开关。这个液压缸由一个弹簧复位的二位四通换向阀来控制。锅炉门的开关速度应该可以调节。锅炉门的控制回路如图 6-33 所示。

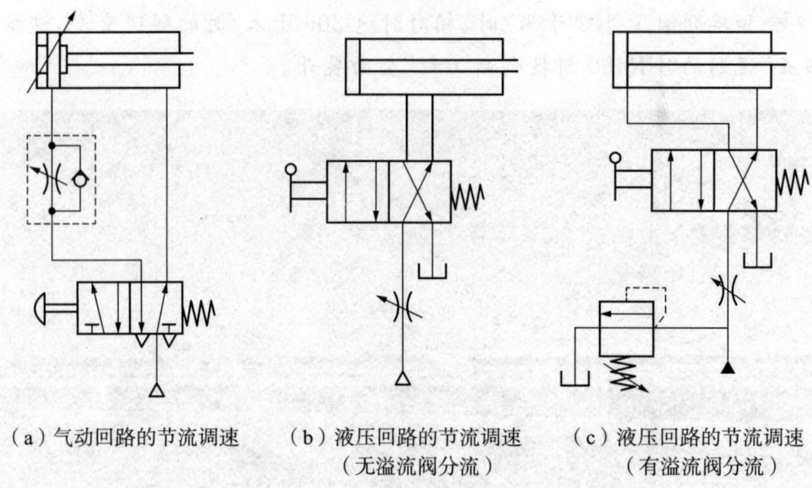

图 6-33　锅炉门的控制回路

(1) 工件控制回路,如图 6-34 所示。

(2) 回路分析。该实训实际上是换向回路的补充和完善。换向回路中没有考虑运动速度控制的问题。例如,具有很大质量的锅炉门若不进行速度控制,就有可能产生巨大的冲击,造成设备损坏,所以不符合实际使用的需要。同时,在液压缸的活塞杆关闭锅炉门时,出现了负载方向与活塞运动一致的情况,即负负载。

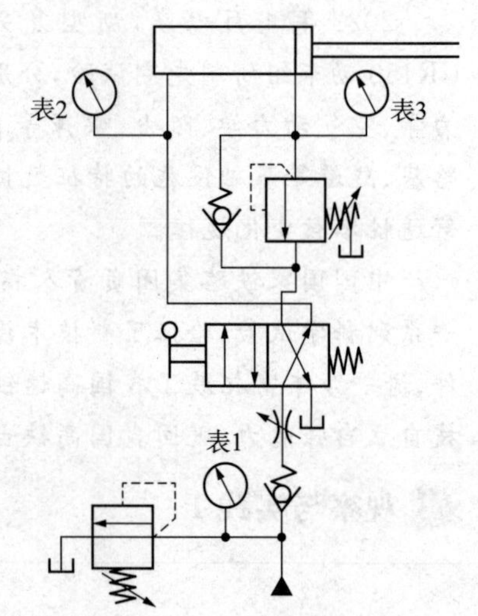

图 6-34　工件控制回路

在图 6-33(a)所示的回路中采用进油节流,使在实际运行中锅炉门关闭速度不受控制,可能造成危险。如果采用回油节流,可以克服负负载造成的前冲现象。在图 6-33(b)和(c)所示的回路中采用了一个节流阀,用于调节锅炉门的开闭速度;使用一个顺序阀作背压阀来支承锅炉门的自重,防止锅炉门关闭时前冲。为方便调节顺序阀形成背压的大小,可以在顺序阀的进油口安装一个压力表,如图 6-34 所示。这种用背压阀来防止因工作部件自重造成的液压缸活塞杆自行下滑的回路称为平衡回路。

由于该回路的控制要求比较简单,所以采用手动直接控制。

为避免在操作控制锅炉门缩回时,由于停电等原因使得液压缸无杆腔的油液在锅炉门重力的作用下倒灌进泵,造成危险和液压泵的损坏,在泵出口设置一个单向阀。

3. 试验步骤

(1) 根据所给回路中各元件的图形符号,找出相应元件并进行良好固定。

(2) 根据回路图进行回路连接并对回路进行检查。

(3) 起动液压泵,观察运行情况,对使用中遇到的问题进行分析和解决。

(4) 调节溢流阀的开启压力,观察活塞运动时图 6-34 所示的压力表 2、表 3 显示的压力变化。

(5) 调节节流阀,记录液压缸伸出和返回速度及压力表1显示的压力值,并进行比较。

(6) 完成试验。经老师检查评价后,关闭电源,拆下管线和元件并放回原来的位置。

(7) 对试验数据及现象进行分析,并得出结论。

4. 实训总结

实训中,通过调节顺序阀的开启压力,会使液压缸伸出时压力变大或减小,也使得液压缸无杆腔压力发生相应的变化,这验证了液压缸工作压力取决于负载这一结论。

调节节流阀,逐渐减小其阀口的开度,可以看到压力表1所示的压力也会随之升高,液压缸活塞的运动速度也相应减慢,而压力表2、表3所示的压力值却没有明显变化。这是因为压力由负载和背压压力大小决定,不受节流阀调节的影响。节流阀阀口开度减小,使油液通过节流阀时压力损失增大,所以压力表1所示的压力会相应升高。

实训中,如果液压缸不带任何负载并将节流阀阀口完全打开,会发现液压缸伸出时无杆腔压力接近于0,而返回时有杆腔压力却远大于0(一般为0.1MPa以上)。理论上,空载情况下不论是伸出还是返回,油压只要克服活塞、活塞杆与液压缸体间的摩擦力就能使活塞产生运动,而返回时供油腔压力不应该这么大。根据液压传动基本原理分析,有如下两个原因。

一是在摩擦力一定时,返回时活塞有效作用面积A_2(有杆腔)小于伸出时活塞有效作用面积A_1(无杆腔),造成克服摩擦力所需的压力相对较高。

二是由于在没有节流的情况下,液压缸返回速度为q_1/A_2(q_1为泵排量),无杆腔排油流量为q_1A_1/A_2,而伸出时速度为q_1/A_1,有杆腔排油流量为q_1A_2/A_1,远小于返回时的排油量q_1A_1/A_2。这就说明在液压缸返回时,会有更大流量的油液通过油管和换向阀流回油箱,油管和换向阀内通路对这种大流量的排油产生了一定的节流作用并形成背压,使供油压力相应升高。这时通过调节节流阀降低液压缸运动速度,减少液压缸的供油量和排油量,会发现返回时供油腔压力明显下降,最后可接近于0。

第二个原因是造成返回时供油压力高的主要原因,应根据流量的大小合理选择油管管径和液压元件的通径。

此外,在开始调节节流阀,减小其阀口开度时,会发现压力随着调节逐渐增大,但速度却并不减慢。这是由于开始节流阀压力虽增大,但还未达到溢流阀的开启压力,溢流阀没有实现分流,所以活塞运动速度没有明显变化。只有当压力达到开启压力时,溢流阀开始导通,对泵进行分流,通过节流阀的流量才开始减少,液压缸的速度也才会下降。这也说明调速回路中用于实现分流的溢流阀在使用前应正确设定开启压力,这对调速回路的正常工作有着重要的意义。

观察与实践2

顺序控制回路实训

1. 实训目的

通过一个专用设备对零部件进行组装。图6-35所示为零件组装设备。首先由液压缸1A对第一个零部件加压。只有当压力达到2MPa时(即部件已压入),液压缸2A活塞才伸出,将第二个部件装入。组装完成后,液压缸2A的活塞杆返回。当活塞杆完全缩回时,在液压缸有杆腔形成压力,当压力达到 3MPa 时,液压缸 1A 的活塞杆返回。为了使部件装入的速度不至于过快,两个液压缸活塞的伸出速度应该可以调节。

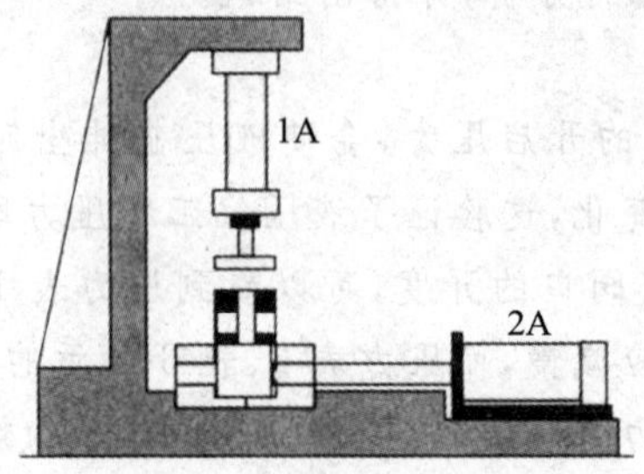

图 6-35 零件组装设备

2. 实训内容

1) 回路连接与调试

图 6-36 和图 6-37 所示为两个回路图,自行选择进行搭建。

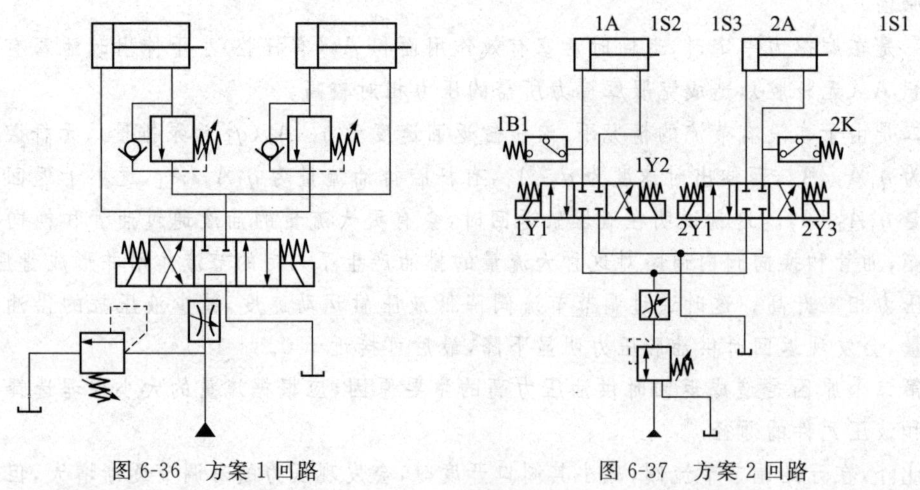

图 6-36 方案 1 回路　　图 6-37 方案 2 回路

2) 回路分析

本实训要求的液压缸伸出动作顺序为 1A 伸出→2A 伸出;缩回动作顺序为 2A 缩回→1A 缩回,两个液压缸活塞的顺序动作均是在压力信号控制下实现的。本实训采用顺序阀和压力开关两种方法来实现液压缸的顺序动作:用顺序阀进行顺序控制,当换向阀处于左位,液压缸 1A 活塞先伸出,当其伸到位或遇到负载,无杆腔压力上升达到顺序阀调定值时,顺序阀导通,液压缸 2A 活塞才会伸出。这样就实现了两个液压缸活塞在压力控制下伸出的先后顺序。返回的顺序控制与此类似,考虑操控要求比较简单,所以采用手动操作。为了便于试验时顺序阀和压力继电器动作压力的调节和显示,在它们的液压油输入口均应安装压力表。

在采用压力继电器时,为了提高组装过程的自动化程度,要求按下启动按钮后整个组装过程自动完成。在设计电气控制回路时,为保证工作的可靠性,在液压缸 1A 和 2A 的活塞行程终点可以加装行程开关。电气控制回路请自行根据液压回路图设计。此外,在回路中的泵出口处安装一个调速阀，对液压缸进行进油节流调速，满足调速要求。通过调速阀既可以获得相当稳定的运动速度，保证装配质量，还可以避免活塞运动到终端位置时液压缸工作腔压力上升过快，顺序阀、压力继电器来不及响应或引起误动作，也减少了组装时对工件的损伤。

3. 实训步骤

(1) 根据所给回路中各元件的图形符号找出相应元件并进行良好固定。

(2) 按照方案1所提供的回路进行液压回路连接并对回路进行检查。

(3) 起动液压泵观察运行情况，对使用中遇到的问题进行分析和解决。

(4) 根据方案2的液压回路进行电气控制回路设计。

(5) 按照方案2进行液压回路和电气控制回路的连接并对回路进行检查。

(6) 打开电源，起动液压泵，观察运行情况，对使用中遇到的问题进行分析和解决。

(7) 完成试验，经教师检查评价后，关闭电源，拆下管线和元件，放回原来的位置。

(8) 对试验数据及现象进行分析，并得出结论。

4. 实训总结

在根据方案1用顺序阀完成试验时，有时会发现在液压缸1A伸出到位后，缸2A开始伸出，但其伸出速度会比缸1A明显降低，甚至无法伸出。这种现象说明，调速阀的输出流量在供缸2A伸出时发生了改变或不再输出。

调速阀要保持输出流量的基本恒定，需要有足够的工作压差。因此在试验中，调速阀的输出流量发生变化，应该是其两端的压差已经低于调速阀正常工作所需的最低压差。如果试验时将溢流阀的开启压力调整到低于或略高于顺序阀2完全打开时所需的压力，就会使调速阀无法获得足够的压差，泵输出的大部分甚至全部的液压油会通过溢流阀流回油箱，液压缸2A的伸出速度也就相应降低或根本无法伸出。根据分析，将溢流阀的压力调到比顺序阀开启后的最高压力高500～800kPa，该现象消失，问题得到了解决。

在设计时，换向阀如采用H型或Y型中位，液压缸一般水平放置，这种情况下重力及负载对其影响不大，液压缸的动作完全符合实训要求。但在实际应用中可能造成垂直放置的液压缸1A在重力作用下自行伸出，而采用M型或O型截止型中位就不会出现这种现象。因此，试验回路虽然不可能和实际回路完全相同，但在设计时仍应充分考虑试验中所提到或隐含的各种条件，使回路更加符合实际情况，动作更加安全可靠。

本章小结

(1) 液压基本回路是由一定数量液压元件组成的，能实现特定功能的典型回路。一个液压系统无论多么复杂，它总是由一些基本回路组成。常见的液压基本回路有方向控制回路、速度控制回路、压力控制回路和多缸控制回路。

(2) 常用的调速回路有节流调速回路、容积调速回路和容积节流复合调速回路。节流调速回路又有进油节流调速回路、回油节流调速回路和旁路节流调速回路三种；容积调速回路有变量泵和定量马达组成的容积调速回路、定量泵和变量马达组成的容积调速回路以及变量泵和变量马达组成的容积调速回路三种基本形式。

(3) 压力控制回路是用压力控制阀对系统整体或某一部分的压力进行控制和调节的

回路。这类回路包括调压、减压、增压、保压、卸荷和平衡等回路。

(4) 由一个液压泵同时驱动两个或两个以上液压缸配合工作的控制回路称为多缸工作控制回路。这类回路一般有顺序动作、同步、互锁和互不干涉等回路。

思考与习题

1. 什么是液压基本回路？常用的液压基本回路按其功能可分为哪几类？

2. 常用的换向回路有哪几种？一般各用在什么场合？

3. 什么是速度控制回路？主要有哪几种类型？

4. 什么是节流调速？什么是容积调速？各有哪几种类型？

5. 在液压系统中为什么设置背压回路？背压回路与平衡回路有何区别？

6. 比较两个调速阀串联和并联的二次进给回路的特点。

7. 在图 6-3 所示的回路中，为什么采用 H 型中位机能的三位换向阀？如果换成 M 型中位机能的三位换向阀，会出现什么情况？

8. 在液压系统中为什么要设置快速运动回路？实现执行元件快速运动的方法有哪些？各适用于什么场合？

9. 什么是压力控制回路？主要有哪几种类型？

10. 容积节流调速回路的流量阀和变量泵之间是如何实现匹配的？

11. 图 6-26(a)所示平衡回路中，已知液压缸直径 $D=100$mm，活塞杆直径 $d=70$mm，活塞及负载总重 $G=16\times10^3$N，提升时要求在 0.1s 内达到稳定上升速度 $v=6$m/min，单向阀的开启压力为 0.05MPa。试确定溢流阀和顺序阀的调定压力(不计摩擦力和管路损失)。

12. 在图 6-38 所示单级减压回路中，若溢流阀的调整压力为 5MPa，试分析活塞在运动时和夹紧工件停止运动时 A、B 两点的压力值(至系统的主油路截止，活塞运动时夹紧缸的压力为 0.5MPa)。

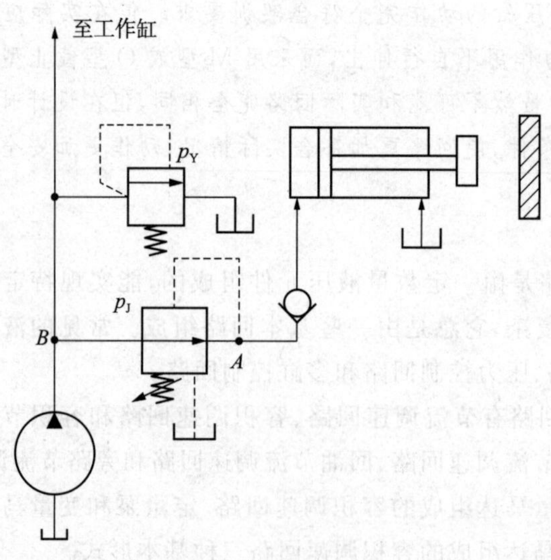

图 6-38 习题 12 图

13. 试确定图 6-39 所示的调压回路在下列情况下液压泵的出口压力：

(1) 全部电磁铁断电。

(2) 电磁铁 2YA 通电，1YA 断电。

(3) 电磁铁 2YA 断电，1YA 通电。

14. 在图 6-40 所示调压回路中，如 $p_{Y1}=2\text{MPa}$、$p_{Y2}=4\text{MPa}$，泵卸荷时的各种压力损失均可忽略不计，试列表表示在电磁阀不同调度工况下 A、B 两点处的压力值。

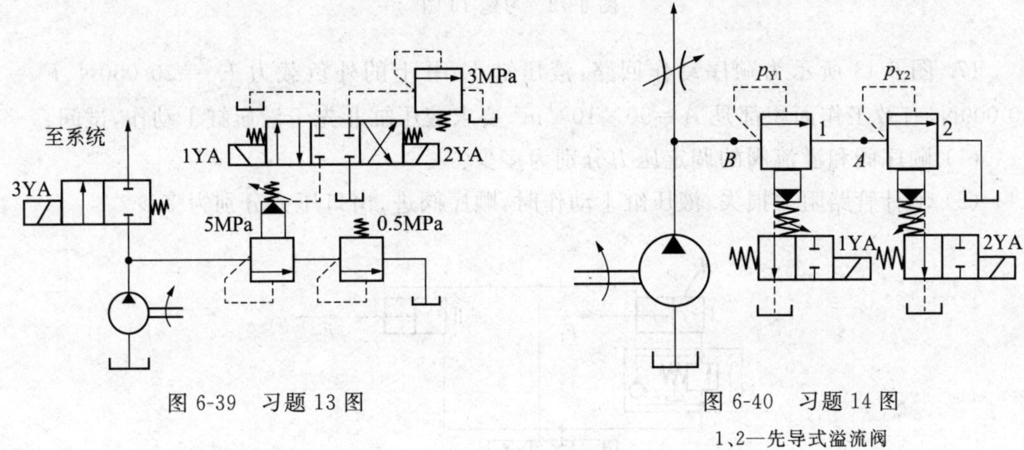

图 6-39　习题 13 图

图 6-40　习题 14 图

1、2—先导式溢流阀

15. 在图 6-41 所示的调压回路中，若溢流阀的调整压力分别为 6MPa、4.5MPa，液压泵出口处的负载阻力为无限大，试问在不计管道损失和调压偏差的情况下：

(1) 换向阀下位接入回路时，液压泵的工作压力为多少？B 点和 C 点的压力各为多少？

(2) 换向阀上位接入回路时，液压泵的工作压力为多少？B 点和 C 点的压力各为多少？

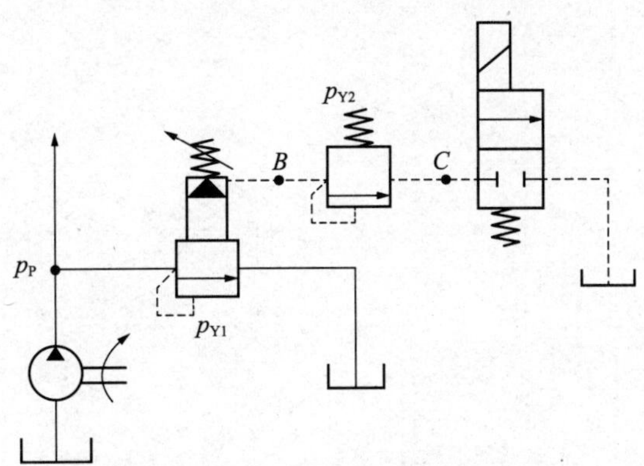

图 6-41　习题 15 图

16. 在图 6-42 所示减压回路中，已知活塞运动时的负载 $F=1\ 200\text{N}$，活塞面积 $A=15\times10^{-4}\text{m}^2$，溢流阀调整值为 $p_Y=4.5\text{MPa}$，两个减压阀的调整值分别为 $p_{J1}=3.5\text{MPa}$ 和 $p_{J2}=2\text{MPa}$，若油液流过减压阀及管路时的损失可略去不计，试确定活塞在运动时和停在终端位置时，A、B、C 三点的压力值。

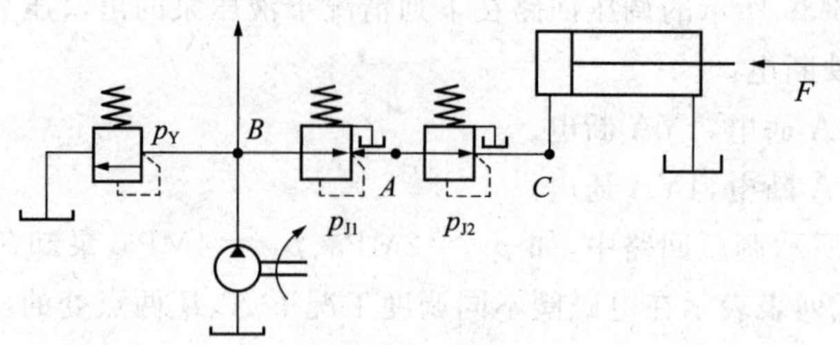

图 6-42 习题 16 图

17. 图 6-43 所示为顺序动作回路，液压缸Ⅰ、Ⅱ上的外负载力 $F_1=20\ 000\text{N}$、$F_2=30\ 000\text{N}$，有效工作面积都是 $A=50\times10^{-4}\text{m}^2$ 要求液压缸Ⅱ先于液压缸Ⅰ动作，试问：

(1) 顺序阀和溢流阀的调定压力分别为多少？

(2) 不计管路阻力损失，液压缸Ⅰ动作时，顺序阀进、出口压力分别为多少？

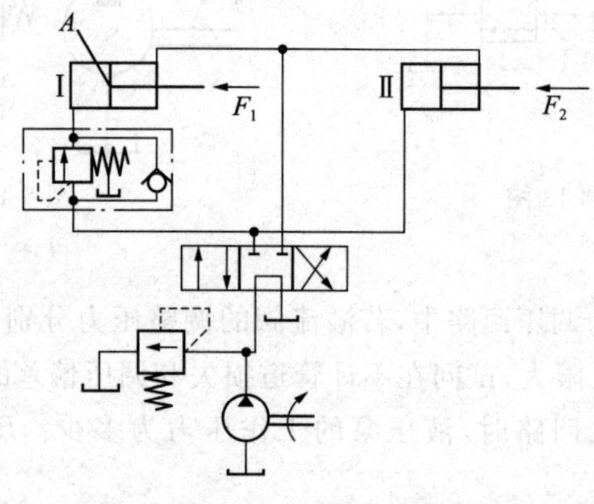

图 6-43 习题 17 图

第 7 章　典型液压系统

【知识目标】

(1) 了解液压系统的分析方法;了解液压技术在国民经济中的应用。

(2) 熟悉各种液压元件在液压系统中的作用及各种基本回路的构成。

(3) 认识和分析各种典型液压系统的组成及工作原理。

(4) 掌握动力滑台液压系统和液压机液压系统的组成、工作原理和特点。

(5) 掌握分析液压系统的步骤和方法。

【能力目标】

(1) 根据各种典型液压系统的组成及工作原理,分析进油路、回油路的工作过程。

(2) 培养分析与解决问题的逻辑思维和抓住主要矛盾的能力。

液压系统是根据液压设备的工作要求,由各种不同功能的基本回路构成的。液压系统的工作原理一般用液压系统原理图来表示。液压系统原理图表示了系统内所有各类液压元件的连接情况以及执行元件实现各种运动的工作原理。

阅读液压系统原理图的一般步骤如下。

(1) 先了解液压设备对液压系统的动作要求。

(2) 初步浏览整个系统,了解系统中包含哪些元件,并以各个执行元件为中心,将整个系统分解为多个子系统。

(3) 分析每个子系统含有哪些基本回路,参照动作循环表看懂这一子系统。

(4) 根据液压设备中各执行元件间互锁、同步、顺序动作和防干涉等要求,分析各子系统之间的联系。

(5) 在读懂整个系统的基础上,归纳整个系统的特点,以加深对系统的理解。

7.1　组合机床动力滑台液压系统

组合机床是由通用部件(如动头、动力滑台、床身、立柱等)和部分专用部件(如专用动力箱、专用夹具等)组成的高效、专用、自动化程度较高的机床。它能完成钻、扩、铰、镗、铣、攻丝等工序和工作台转位、定位、夹紧、输送等辅助动作。卧式组合机床的结构原理如图 7-1 所示。组合机床的主运动由动头或主轴箱的运动实现,进给运动由动力滑台的运动实现。动力滑台上常安装各种旋转的刀具,其液压系统的功能是使这些刀具做轴向进给运动,完成"快进→一工进→二工进→死挡块停留→快退→原位停止"等半自动循环。

组合机床动力滑台液压系统

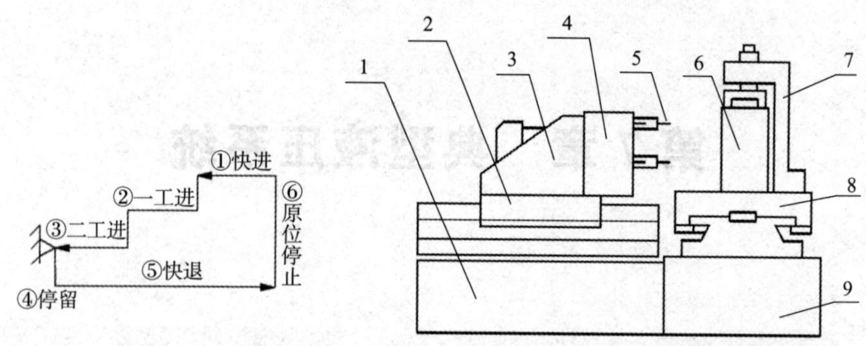

图 7-1　卧式组合机床结构原理

1—床身；2—动力滑台；3—动头；4—主轴箱；5—刀具；6—工件；7—夹具；8—工作台；9—底座

7.1.1　组合机床动力滑台液压系统的工作原理

下面以 YT4543 型动力滑台为例分析其液压系统。该滑台的工作压力为 4～5MPa，最大进给力为 4.5×10^4N，进给速度为 6.6～660mm/min。YT4543 型动力滑台液压系统的工作原理如图 7-2 所示，其动作循环表见表 7-1。

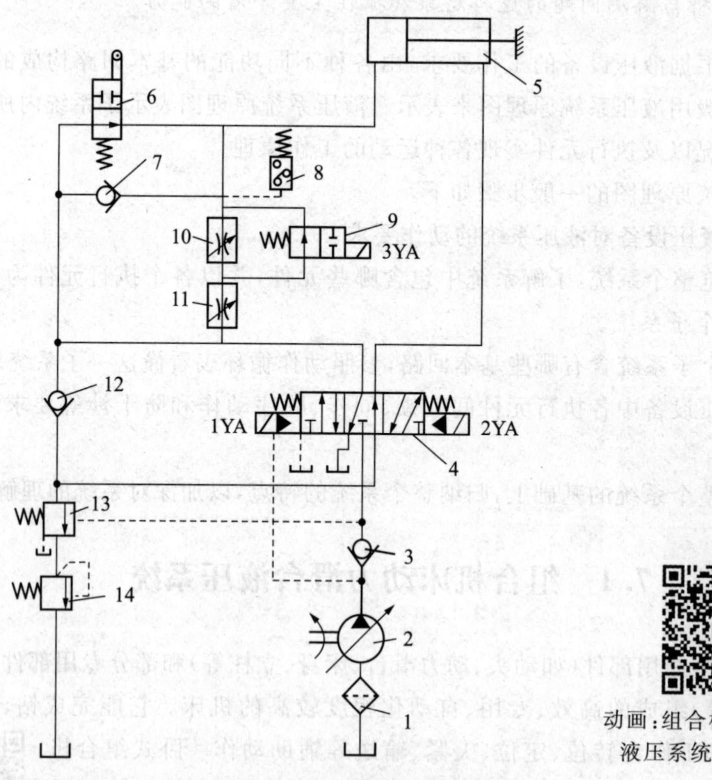

图 7-2　YT4543 型动力滑台液压系统的工作原理

1—过滤器；2—变量泵；3、7、12—单向阀；4—电液换向阀；5—液压缸；6—行程阀；8—压力继电器；9—换向阀；10、11—调速阀；13—液控顺序阀；14—背压阀

动画：组合机床动力滑台液压系统的工作原理

表 7-1　YT4543 型动力滑台液压系统的动作循环表

元件动作循环	电磁铁			压力继电器	行程阀
	1YA	2YA	3YA		
快进(差动)	+	−	−	−	导通−
一工进	+	−	−	−	切断+
二工进	+	−	+	−	切断+
死挡块停留	+	−	+	+	切断+
快退	−	+	−	−	切断−导通
原位停止	−	−	−	−	导通−

1. 快进

按下起动按钮，电磁铁 1YA 通电，变量泵 2 的液压油经单向阀 3、电液换向阀 4 左位和行程阀 6 进入液压缸左腔(无杆腔)。由于动力滑台空载，系统压力低，液控顺序阀 13 关闭，液压缸右腔的回油经电液阀 4 的左位也进液压缸的左腔，使油缸差动连接，此时变量泵有最大的输出流量，滑台向左快进(活塞杆固定，滑台随缸体向左运动)。其主油路如下。

进油路：油箱→过滤器 1→变量泵 2→单向阀 3→电液换向阀 4(左位)→行程阀 6(下位)→缸左腔。

回油路：缸右腔→电液换向阀 4(左位)→单向阀 12→行程阀 6(下位)→缸左腔。

2. 一工进

快进到一定位置时，滑台上的行程挡块压下行程阀 6，油路切断，此时换向阀 9 上的电磁铁 3YA 处于断电状态，调速阀 11 接入系统进油路，系统压力升高。压力的升高，一方面使液控顺序阀 13 打开，另一方面使限压式变量泵的流量减小。进入液压缸无杆腔的流量由调速阀 11 的开口大小决定。液压缸有杆腔的油液则通过电液换向阀 4，经液控顺序阀 13、背压阀 14 流回油箱(两侧的压力差使单向阀 12 关闭)。液压缸以第一种工进速度向左运动。其主油路如下。

进油路：油箱→过滤器 1→变量泵 2→单向阀 3→换向阀 4(左位)→调速阀 11→换向阀 9(左位)→缸左腔。

回油路：缸右腔→电液换向阀 4(左位)→液控顺序阀 13→背压阀 14→油箱。

3. 二工进

当滑台以一工进速度行进到一定位置时，挡块压下行程开关(图中未示出)，使电磁铁 3YA 通电，此时油液须经调速阀 11、10 才能进入液压缸无杆腔。由于阀 10 的开口比阀 11 小，滑台的速度减小，速度大小由调速阀 10 的开口决定。其主油路如下。

进油路：油箱→过滤器 1→变量泵 2→单向阀 3→换向阀 4(左位)→调速阀 11→调速阀 10→缸左腔。

回油路：缸右腔→电液换向阀 4(左位)→液控顺序阀 13→背压阀 14→油箱。

4. 死挡块停留

当滑台以二工进速度行进，在碰上死挡块后，滑台停止运动。缸无杆腔压力升高，压力继电器 8 发出信号给时间继电器，使滑台停留一段时间，主要是为了满足加工端面或台肩孔的需要，使其轴向尺寸精度和表面粗糙度达到一定要求；然后泵的供油压力升高，流量减少，直到限压式变量泵流量减少到仅能满足补偿泵和系统的泄漏量为止，此时系统处于保压和流量近似为零的状态。

5. 快退

滑台停留时间结束后，时间继电器（图中未示出）发出信号，电磁铁 1YA 断电，2YA 通电，电液换向阀 4 右位接入系统。因滑台快退时负载小，系统压力低，使泵的流量自动恢复到最大，滑台快速退回。其主油路如下。

进油路：油箱→过滤器 1→变量泵 2→单向阀 3→换向阀 4（右位）→液压缸右腔。

回油路：缸左腔→单向阀 7→换向阀 4（右位）→油箱。

6. 原位停止

当滑台快退到原位时，挡块压下终点行程开关（图中未示出），使电磁铁 1YA、2YA 和 3YA 断电，换向阀 4 处于中位，滑台原位停止运动，这时泵压力升高，输出流量减到最小，泵处于压力卸荷状态。

7.1.2 组合机床动力滑台液压系统特点

通过对 YT4543 型动力滑台液压系统的分析，可知该系统具有以下特点。

(1) 采用由限压式变量泵和调速阀组成的进油路容积节流复合调速回路，能保证稳定的低速运动（进给速度最小可达 6.6mm/min）、较好的速度刚性和较大的调速范围（$R \approx 100$，R 为调速比，其值为最大速度与最小速度之比），而且由于系统无溢流损失，系统效率较高。另外，回路中设置了背压阀，可以改善动力滑台运动的平稳性。

(2) 采用由限压式变量泵和液压缸的差动连接回路来实现快速运动，使能量的利用比较经济合理。当动力滑台停止运动时，液压泵处于压力卸荷状态，减少了能量损失。

(3) 采用行程阀和顺序阀实现了快进与工进的切换，不仅简化了电路，而且使动作可靠，换接精度也比电气控制式高。至于两个工进之间的换接则由于两者速度都较低，采用电磁阀完全能保证换接精度。同时，调速阀可起到加载的作用，可在刀具与工件接触前就能可靠转入工作进给，因此不会引起刀具和工件的突然碰撞。

(4) 采用调速阀串联的二次进给调速方式，可使起动和速度转换时的前冲量变小，便于用压力继电器发出信号进行控制。

(5) 在行程终点采用死挡块停留，不仅提高了进给时的位置精度，还扩大了动力滑台的工艺范围，更适合于鏊削阶梯孔、刮端面等加工工序。

7.1.3 液压系统的安装与维护

任何一个液压系统，如果安装调试不正确或使用、维护不当，就会出现各种故障，不能长期发挥和保持良好的工作性能。

1. 液压系统的安装

1) 安装前应注意的事项

在安装前，首先应熟悉有关的技术资料，如液压系统图、系统管道连接图、电气原理图及液压元件使用说明书等。按图样准备好所需要的液压元件、辅件，并认真检查其质量和规格是否符合图样要求，有缺陷的应及时更换。

同时，还要准备好适用的工具，在安装前须对主机的液压元件和辅件严格清洗，去除有害于工作液的防锈剂和一切污物。

液压元件和管道各油口的所有堵头、塑料塞子等要随着工作的进展逐步拆除，而不要先行拆掉，防止污物进入油口元件内部。

2）液压元件及管道安装

（1）液压元件的安装方法如下。

① 液压泵和液压马达的安装。液压泵、液压马达与电动机、工作机构间的同轴度偏差应在0.1mm以内，轴线间倾斜角不大于1°。避免过力敲击泵轴和液压马达轴，以免损伤转子。同时，泵与马达的旋转方向及进出油口方向不得接反。

② 液压缸的安装。安装时，先要检查活塞杆是否弯曲，要保证活塞杆的轴线与运动部件导轨面平行度的要求。

③ 各种阀类元件的安装。方向阀一般应保持轴线水平安装。各油口的位置不能接反，各油口处密封圈在安装后应有一定压缩量以防止泄漏。固定螺钉应对角逐次拧紧，最后使元件的安装平面与底板或集成板安装平面全部接地。

④ 辅件的安装。辅件安装的好坏也会严重影响液压系统的正常工作，不允许有丝毫的疏忽。应严格按设计要求的位置来安装，并注意整齐、美观，在符合设计要求的情况下，尽量考虑使用、维护和调整的方便，如蓄能器应安装在易于用气瓶充气的地方，过滤器应安装在易于拆卸、检查的位置等。

（2）管路的安装。管路的安装质量影响到漏油、漏气、振动和噪声以及压力损失的大小，并由此产生多种故障。

全部管路应分两次安装，即预安装→耐压试验→拆散→正式安装→循环冲洗→组成系统。先准确下料和弯制，进行配管试装，管道试装合适后，先编管号后将油管拆下，再以管道最高压力的1.5～2倍的试验压力进行耐压试验。试压合格后，用温度为50℃左右的10%～20%的稀盐酸溶液进行清洗30～40min，取出后再用40℃左右的苏打水中和。最后用温水清洗、干燥、涂油，转入正式安装。

注意，油管长度要适宜，管道尽可能短，避免急转弯，拐弯位置越少越好，平行或交叉的管道至少应相距10mm以上。吸油管宜粗一些，回油管尽量远离吸油管并应插入油箱液面以下，以防止回油飞溅而产生的气泡被吸进泵内。回油管管口应向内切成45°斜面并朝向箱壁以扩大通流面积，改善回油状态以及防止空气反灌进入系统内。溢流阀的回油为热油，应远离吸油管，这样可避免热油未经冷却又被吸入系统造成的油温升高。

2. 液压系统的使用与维护

为保证液压系统处于良好状态，延长使用寿命，应合理使用并进行日常的检查和维护。

1）使用时应注意的事项

（1）使用前必须熟悉液压设备的操作要领，清楚各液压元件所控制的相应执行元件和调节旋钮的转动方向与压力、流量大小变化的关系，防止调节错误造成事故。

(2) 要注意温度变化。低温下，温度应达到20℃以上才能准许顺序动作；油温高于60℃时应注意系统的工作情况，异常升温时应停车检查。

(3) 停机4h以上的设备应先使液压泵空载运行5min，然后再起动执行机构。

(4) 经常保持液压油清洁，加油时要过滤，液压油要定期检查和更换，过滤器的滤芯应定期清洗和更换。

(5) 各种液压元件未经主管部门同意不得擅自拆换和调节；液压系统出现故障时，不准乱动，应通知有关部门分析原因并排除故障。

2) 设备的维护

设备的维护主要分为日常维护、定期维护和综合维护。

(1) 日常维护。日常维护是液压设备的操作人员每天在设备使用前、使用中及使用后对设备的例行检查。主要检查油箱内的油量、油温、噪声、振动、漏油及调节压力的情况，一旦出现异常现象应检查原因，及时排除，避免一些重大事故的发生。

(2) 定期维护。定期维护的内容包括按日常检查的内容详细检查。对各种液压元件的检查，对过滤器的拆开清洗，对液压系统的性能检查，以及对规定必须定期维修的部件认真保养。定期检查一般分为三个月或半年两种。

(3) 综合维护。综合维护每1～2年进行一次，检查的内容和范围力求广泛，尽可能做彻底的全面性检查，应对所有液压元件进行解体，根据解体后发现的情况和问题进行修理或更换。

7.2 万能外圆磨床液压系统

7.2.1 概述

万能外圆磨床是应用广泛的一种精密加工设备主要用于磨削各种外圆柱面、圆锥面及阶梯轴表面，若采用内圆磨头附件，还可磨削内圆及内锥孔等表面。为了完成上述工件表面的加工，磨床各部件必须具有的运动包括砂轮旋转、工件旋转、工作台带动工件的往复运动和砂轮架的周期切入运动等。此外，还要求有砂轮架的快速进、退和尾座顶尖的伸缩等辅助运动。在这些运动中，一般砂轮和工件的旋转分别由电动机驱动，其余均采用液压传动。根据磨削工艺的特点，机床对各种运动性能都有较高要求，其中对工作台往复运动的性能要求最高。

万能外圆磨床液压系统

对外圆磨床工作台往复运动的要求如下。

(1) 工作台运动速度在0.05～4m/min内能实现无级调速，高精度外圆磨床在修整砂轮时能达到0.01～0.03m/min的最低稳定速度。

(2) 在上述速度范围内能自动换向，且换向平稳、无冲击，起动和停止迅速。

(3) 为保证能在磨床上磨削阶梯轴和阶梯孔，工作台应有较高的换向精度，即相同速度下的换向点变动量(同速换向精度)应小于0.02mm；不同速度下的换向点变动量(异速换向精度)应小于0.2mm。

(4) 外圆磨床的砂轮一般不超出工件加工面，为了避免工件两端因磨削时间较短而引起外圆尺寸偏大(内孔尺寸偏小)，要求工作台在换向点短时停留，且停留时间在0～5s可调。

(5) 在进行切入式磨削或加工工件长度略大于砂轮宽度时，为了提高生产率和改善工件的表面粗糙度，工作台应能短距离(1～3mm)频繁往复运动(100～150 次/min)，通常称这种往复运动为抖动。

7.2.2 万能外圆磨床工作台换向回路

磨床工作台的换向回路通常有时间控制制动式和行程控制制动式两类。对于时间控制制动式换向回路，其主换向阀切换油口使工作台制动的时间为一个调定数值，当工作台运动速度低时其制动行程短(冲出量小)，当工作台运动速度高时其制动行程长(冲出量大)，工作台异速换向精度低。此外，由于油温和杂质等的影响，工作台制动时间也会有变化，故其同速换向精度也较低。时间控制制动式换向回路一般应用于对换向精度要求不高的机床(如平面磨床)。对于换向精度要求较高的外圆磨床和内圆磨床，通常采用图 7-3 所示的行程控制制动式换向回路。

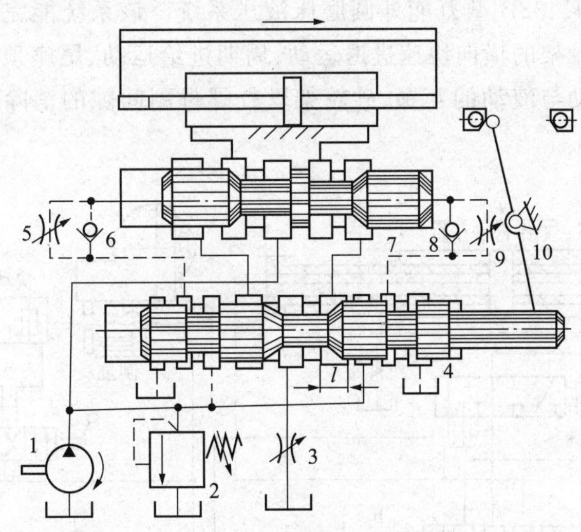

图 7-3 行程控制制动式换向回路

1—液压泵；2—溢流阀；3、5、9—节流阀；4—先导阀；6、8—单向阀；7—主换向阀；10—拨杆

图 7-3 所示的换向回路主要由先导阀(机动阀)4 和主换向阀(液动阀)7 组成(二阀组合成电液动换向阀)。其特点是先导阀 4 既对操纵主换向阀 7 的控制油液起控制作用，又直接参与工作台换向制动过程的控制。工作台向右运动到行程即将结束时，固定在工作台上的挡块拨动拨杆 10 使先导阀 4 的阀芯向左移动，相应地先导阀 4 阀芯右侧的制动锥便将液压缸右腔回油路的通流面积逐渐关小，对工作台进行预制动，使其运动速度逐渐降低；当制动锥将通流面积关得很小使工作台运动速度很低时，先导阀 4 的阀芯便将控制油路切换，这时控制油液经先导阀 4、单向阀 8 进入主换向阀 7 的右端，主换向阀 7 左端的油液经节流阀 5、先导阀 4 流回油箱，于是主换向阀 7 的阀芯向左移动；当其左移至中间位置使液压缸左、右两腔均通压力油时，工作台因失去动力而停止运动，实现终制动。因主换向阀 7 的阀体中间环形槽比阀芯中间凸肩宽，故工作台在制动完成后一定时间内，主换向阀 7 仍使液压缸左、右两腔通压力油，工作台保持停止状态至主换向阀 7 的阀芯左移，将

主油路切换使工作台开始反向起动为止，这一阶段称为工作台端点停留，其停留时间可通过节流阀 5、9 进行调节。

对于这种换向回路，无论工作台原来运动快慢如何，工作台的挡块碰到拨杆后，主换向阀总是在先导阀阀芯移动一定距离，即工作台移动一定行程（工作台被预制动到很小速度）后才开始换向，故称这种回路为行程控制制动式换向回路。

由于主换向阀开始换向时，工作台运动速度很低且差不多相同，故换向时冲出量较小，换向点变动量也较小，换向精度较高。

因工作台端点停留时液压缸左、右两腔通压力油，故换向较平稳。但由于先导阀的预制动行程大致一定，预制动时间的长短和换向冲击的大小仍将受到运动部件速度的影响，所以这种回路适用于运动部件速度不高但对换向精度要求较高的场合，如外圆磨床和内圆磨床。

7.2.3 M1432B 型万能外圆磨床液压系统

动画：M1432B型万能外圆磨床液压系统

图 7-4 所示为 M1432B 型万能外圆磨床液压系统。该系统能完成工作台的往复运动、砂轮架的横向快速进退运动、周期进给运动、尾座顶尖的自动松开、工作台手动与液动的互锁、砂轮架丝杠螺母副间隙的消除及机床的润滑等。

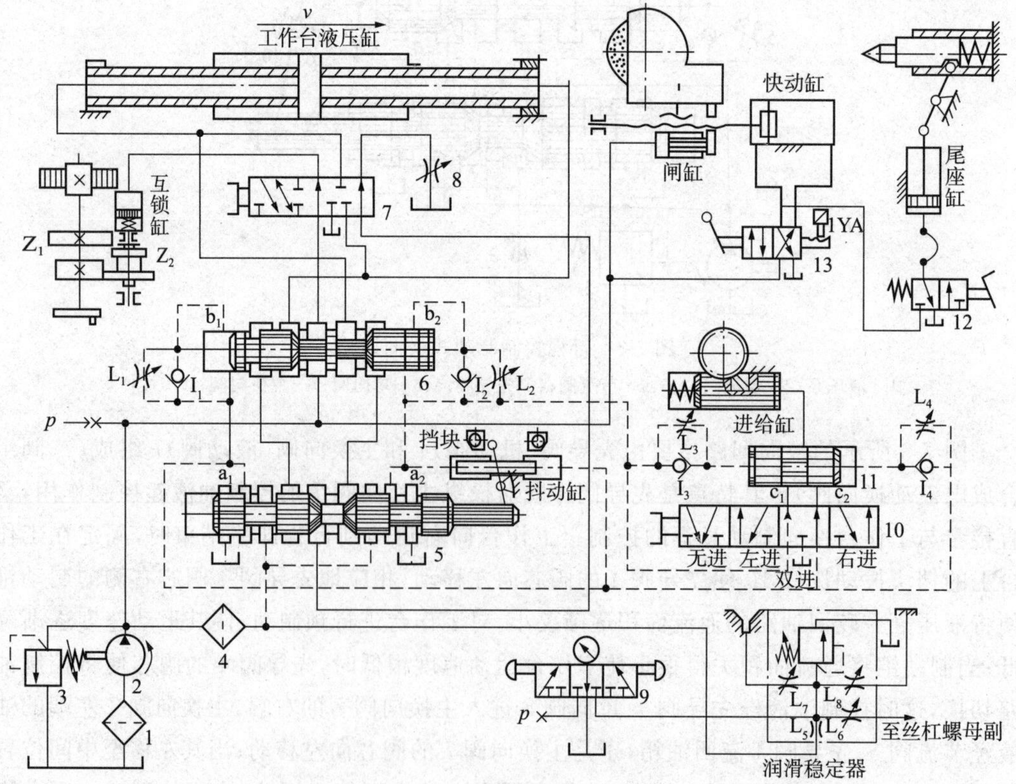

图 7-4　M1432B 型万能外圆磨床液压系统

1—过滤器；2—液压泵；3—溢流阀；4—精过滤器；5—先导阀；6—主换向阀；7—开停阀；8—节流阀；9—压力计开关；10—选择阀；11—进给阀；12—尾座阀；13—快动阀

M1432B 型万能外圆磨床工作台的往复运动用 HYY21/3P-25T 型快跳操纵箱进行控制。该操纵箱主要由开停阀 7、节流阀 8、先导阀 5、主换向阀 6 和抖动缸等元件组成，它以先导阀 5 和主换向阀 6 组成的行程控制制动式换向回路为主体，与开停阀 7、节流阀 8 相配合控制工作台的往复运动、调速及开停。

(1) 工作台的往复运动。如图 7-4 所示，在工作台向右运动的状态下，主油路为

进油路：过滤器 1→液压泵 2→主换向阀 6→工作台液压缸右腔。

回油路：工作台液压缸左腔→主换向阀 6→先导阀 5→开停阀 7→节流阀 8→油箱。

当工作台向右运动到预定位置时，工作台的左挡块通过拨杆拨动先导阀 5 的阀芯左移，最终先导阀 5 的阀芯移至最左端位置，主换向阀 6 的阀芯在先导阀的控制作用下也移至最左端位置(详见下文)，于是工作台向左运动，主油路变为最左端位。

进油路：过滤器 1→液压泵 2→主换向阀 6→工作台液压缸左腔。

回油路：工作台液压缸右腔→主换向阀 6→先导阀 5→开停阀 7→节流阀 8→油箱。

当工作台向左运动到预定位置时，工作台的右挡块碰到拨杆后，又使工作台变为向右运动，如此不停地往复运动，直至开停阀 7 运动方向左位接入系统，工作台才停止运动。通过调节节流阀 8 可实现工作台往复运动的无级调速。

(2) 工作台换向过程。工作台换向过程分为 3 个阶段，即制动、端点停留和反向起动。

① 制动阶段。制动阶段又分为由先导阀 5 的阀芯制动锥实现的预制动和主换向阀 6 的阀芯快跳完成的终制动。当工作台向右运动到预定位置时，工作台的左挡块通过拨杆拨动先导阀 5 的阀芯左移，其右制动锥通向节流阀 8 的通流面积将逐渐关小，工作台逐渐减速，实现预制动。当先导阀 5 的阀芯稍越过中位时，其右制动锥便将液压缸的回油通道关闭，同时先导阀 5 的右部已使 a_2 接通控制油液，而其左部使 a_1 接通油箱，控制油路切换，先导阀 5 的控制油路为

进油路：过滤器 1→液压泵 2→精过滤器 4→先导阀 5→左抖动缸。

回油路：右抖动缸→先导阀 5→油箱。

主换向阀 6 的控制油路为

进油路：过滤器 1→液压泵 2→精过滤器 4→先导阀 5→单向阀 I_2→主换向阀 6 右端。

回油路：主换向阀 6 左端→先导阀 5→油箱。

在控制油液作用下，先导阀 5 和主换向阀 6 的阀芯几乎同时向左快跳。先导阀 5 的阀芯快跳至最左端位置，为主换向阀 6 的阀芯快跳创造有利条件，主换向阀 6 的阀芯也因此而加速快跳(第一次快跳)至中位，即阀芯中间凸肩进入阀体中间环形槽，使液压缸左右两腔均通压力油，工作台因此迅速停止运动，实现终制动。可见，预制动和终制动几乎同时完成，因此当工作台液压缸回油通道由先导阀 5 的阀芯制动锥关闭时，工作台制动也就立即完毕，于是可以认为，先导阀 5 的阀芯快跳位置决定了工作台在两端的停留位置，相应工作台的换向精度较高。

② 端点停留阶段。主换向阀 6 的阀芯快跳结束后，由于其阀体左端直通先导阀 5 的通道被主换向阀芯切断，主换向阀 6 控制油路变为

进油路：与第一次快跳相同。

回油路：主换向阀 6 左端→节流阀 L_1→先导阀 5→油箱。

在控制油液作用下，主换向阀 6 的阀芯按节流阀(也称为停留阀)L_1 调定的速度慢速左移，由于主换向阀 6 的阀体中间环形槽宽度大于其阀芯中间凸肩宽度，液压缸左右两腔在阀芯慢速左移期间仍都继续通液压油，使工作台停止状态持续一段时间，这就是工作台反向起动前的端点停留。调节节流阀 L_1(L_2)便调整了端点停留时间。

③ 反向起动阶段。当主换向阀 6 的阀芯慢速移动到其左部环形槽，将通道 b_1 和直通先导阀 5 的通道连通时，主换向阀 6 控制油路变为

进油路：与第一次快跳相同。

回油路：主换向阀 6 左端→通道 b_1→主换向阀 6 的阀芯左部环形槽→先导阀 5→油箱。

在控制油液作用下，主换向阀 6 的阀芯快跳(第二次快跳)至最左端位置，主油路被迅速切换，相应工作台迅速反向起动。至此，完成了工作台换向的全过程。

工作台向左运动到预定位置换向时，先导阀 5 和主换向阀 6 的阀芯自左向右移动的换向工作过程与上述相同。

主换向阀 6 的阀芯第二次快跳的目的是缩短工作台反向起动时间，保证起动速度，以提高磨削质量。因工作台反向起动前液压缸左右两腔均通液压油，故工作台快速起动的平稳性较好。

(3) 工作台液动与手动的互锁。当开停阀 7 处于图 7-4 所示右位接入系统位置时，互锁缸通入液压油，推动活塞使齿轮 Z_1 和 Z_2 脱开啮合，工作台运动不会带动手轮转动；当开停阀 7 左位接入系统时，工作台液压缸左右两腔连通，工作台停止液压驱动，同时互锁缸接通油箱活塞在弹簧作用下向上移动而使齿轮 Z_1 和 Z_2 啮合，工作台可通过摇动手轮来移动，以调整工件的加工位置。这便实现了工作台液动与手动的互锁。

(4) 砂轮架的快速进、退运动。快动阀 13 处于图 7-4 所示位置时，快动缸油路为

进油路：过滤器 1→液压泵 2→快动阀 13→快动缸右腔。

回油路：快动缸左腔→快动阀 13→油箱。

在压力油作用下，快动缸活塞通过丝杠螺母带动砂轮架快速前进到最前端位置，此位置靠砂轮架与定位螺钉接触(活塞与缸盖也几乎接触)来保证。为了防止砂轮架在快进运动终点出现冲击和提高快进终点的重复位置精度，快动缸的两端设有缓冲装置，同时还设置有抵住砂轮架消除丝杠螺母副间隙的闸缸。快动阀 13 左位接入系统时，砂轮架快退至最后端位置。

当快动阀 13 处于图 7-4 所示位置使砂轮架快进时，快动阀 13 的操纵手柄同时压下电气行程开关，使头架电动机和冷却泵电动机随即起动；当快动阀 13 左位接入系统使砂轮架快退时，头架电动机和冷却泵电动机相应停止转动。

当将内圆磨头翻下磨削内孔时，电气微动开关被压下，电磁铁 1YA 通电吸合而将快动阀 13 锁紧在右位，以免在内孔磨削时砂轮架因误操作快退而引起事故。

(5) 砂轮架的周期进给运动。在图 7-4 所示状态下(选择阀 10 选定“双进”)，当工作台向右运动至右端(砂轮磨削到工件左端)换向时，先导阀 5 切换控制油路，使 a_2 点接通控制油液，a_1 点接通油箱时，砂轮架进给缸进油路为

过滤器 1→液压泵 2→精过滤器 4→先导阀 5→选择阀 10→进给阀 11→进给缸。

进给阀 11 的控制油路为

进油路：过滤器 1→液压泵 2→精过滤器 4→先导阀 5→节流阀 L_3→进给阀 11 左端。

回油路：进给阀 11 右端→单向阀 I_4→先导阀 5→油箱。

在控制油液作用下，进给缸柱塞向左移动，柱塞的棘爪带动棘轮回轮，通过齿轮和丝杠螺母副使砂轮在工件左端进给一次。同时，进给阀 11 的阀芯向右移动，当其移动至通道 C_1 关闭、通道 C_2 打开时，进给缸在弹簧作用下回油，其回油路为

进给缸→进给阀 11→选择阀 10→先导阀 5→油箱。

进给缸柱塞在弹簧作用下右移复位，进给阀 11 的阀芯在控制油液作用下也右移至右端位置，为砂轮在工件右端进给做好准备。

同理，当工作台反向运动至左端（砂轮磨削到工件右端）换向时，砂轮在工件右端进给一次，其工作原理与上述相同。

砂轮进给量由棘爪棘轮机构调整，进给快慢及平稳性则通过调节节流阀 L_3 和 L_4 来保证。

当选择阀 10 选定"左进"时，通道 C_2 始终通油箱，故工作台在左端（砂轮磨削到工件右端）换向时，进给阀 11 的阀芯同样会移至最左端位置，为工作台在右端换向时进给做准备，但因此时进给缸始终通油箱而不会进给；当工作台在右端（砂轮磨削到工件左端）换向时，进给阀 11 和进给缸的工作情况同"双进"的工件左端进给。当选择阀 10 选定"右进"时，通道 C_1 始终通油箱，故工件无左端进给。当选择阀 10 选定"无进"时，通道 C_1 和 C_2 始终通油箱，故工件既无左端进给也无右端进给。

(6) 尾座顶尖的自动松开。为确保操作安全，在砂轮架快速进、退与尾座顶尖的动作之间采取了互锁措施。在图 7-4 所示状态下，当砂轮架处于快进后的位置时，触碰尾座阀 12 不可能使尾座顶尖退回；当砂轮架处于快退后的位置时，触碰尾座阀 12 则会松开尾座顶尖。

(7) 机床的润滑。液压泵 2 输出的液压油经精过滤器 4 后分成 2 路，一路进入先导阀 5 作为控制油液，另一路则进入润滑稳定器作为润滑油，润滑油用固定节流器 L_5 降压，润滑油路中压力由压力阀 L_4 调节（一般为 0.10～0.15MPa）。压力油可经节流阀 L_6、L_7 和 L_8 分别进入导轨副及砂轮架丝杠螺母副等处进行润滑。各润滑点所需流量分别由各自的节流阀调节。

7.2.4 万能外圆磨床液压系统特点

(1) 采用活塞杆固定式双杆液压缸，保证左、右两向运动速度一致，并使机床的占地面积不大，同时也保证了两个方向的运动速度一致。

(2) 采用普通节流阀式调速回路，功率损失小，这对调速范围不需很大、负载较小且基本恒定的磨床来说是很相宜的。此外，出口节流的形式在液压缸回油腔中造成的背压力不仅有助于工作稳定，也有助于加速工作台的制动，还有助于防止系统中侵入空气。

(3) 采用回油节流调速回路，使液压缸回油腔具有一定的背压，可防止空气侵入系统并提高了运动平稳性。至于停车后再起动的"前冲"现象，由于采用手动开停阀，它的转动范围较大，开起速度相对较慢，系统压力又较低，故起动"前冲"现象得到改善。

(4) 由于主换向阀阀芯能实现第一次快跳、慢速移动和第二次快跳，先导阀也能快跳（抖动），故工作台能获得理想的换向精度。

(5) 由于设置了抖动缸,使工作台能做短距离的高频抖动,有利于保证切入式磨削及阶梯轴(孔)磨削的表面质量,提高生产率,同时也便于借助先导阀开始快跳的位置进行对刀。

(6) 开停阀和节流阀单独设置,机床重复起动后,工作台运动速度能保持不变,有利于保证加工质量。

(7) 快动阀和尾座阀串联连接,只有在砂轮架退离工件后,尾座阀才能起作用,尾座顶尖才能在液压力作用下松开。磨削内孔时,采用电磁铁将快动阀锁紧在快进后的位置上,可防止安全事故发生。

7.2.5 液压系统的故障分析与排除

在液压设备使用过程中,液压系统可能出现的故障多种多样。它们有的是由单一元件失效引起的,有的是由几个元件失效引起的。即使是同一种故障,其产生的原因也不一样,特别是液压与机械、电气等相结合的设备。

一旦发生故障,必须对引起故障的因素逐一分析,注意其内在的联系,找出主要矛盾,才能解决问题。

由于液压系统中的一些元件出现故障后不易从外部观察,测量又不如电气系统方便,所以查找故障原因需花费时间,故障的排除也比较麻烦。

1. 故障诊断的步骤

(1) 熟悉性能和资料。在查找故障原因之前,要了解设备的性能,熟悉液压系统的工作原理及每个组成元件的作用。

(2) 故障调查。处理故障前,要深入现场,全面了解设备出现故障前后的工作情况与异常现象、产生故障的部位,了解过去是否发生过类似情况及处理方法。

(3) 现象观察。若设备还能起动运行,应当亲自起动。操作有关的控制部分,观察故障现象,查找故障原因。

(4) 查找技术档案。查阅设备技术档案中与本次故障相关的历史记载。

(5) 归纳分析。对现场观察到的情况、操作者提供的信息及历史资料进行综合分析,找出故障现象,查找故障原因。

(6) 组织实施。在摸清情况的基础上,制订出切实可行的排除措施,并组织实施。

(7) 总结经验。对故障经过分析予以排除并取得成功后,要对处理的过程进行总结和归纳,将详细的过程整理后写入技术档案,以便今后查阅。

2. 故障诊断的方法

(1) 看,用视觉来判别液压系统的工作情况是否正常。看运动部件运动速度有无明显的变化和异常现象;看油液是否清洁和变质、油量是否满足要求、油面是否有泡沫;看管接头、接合面、液压泵轴伸出处和液压缸活塞杆伸出处是否有泄漏;看运动部件有无爬行现象和各组成元件有无振动现象;看加工出的产品质量。

(2) 听,用听觉来判别液压系统的工作情况是否正常。听液压泵和系统工作时的噪声是否过大、溢流阀等元件是否有尖叫声;听液压缸换向时冲击声是否过大、是否有活塞撞击缸盖的声音;听回路板或集成油路块内是否有微细连续的泄漏声。

(3) 摸,用触觉来判别液压系统的工作是否正常。摸泵体、阀体和油箱外壁的温度,若接触 2s 就感觉烫手，应检查原因；摸运动部件、管道和压力阀等的振动，若感到有高频振动，应查找原因；摸运动部件低速运动时的爬行；摸挡块、电气行程开关和行程阀等的紧固螺钉是否松动。

(4) 嗅，用嗅觉来判别油液是否发臭变质。

(5) 阅，查阅设备技术资料中有关的故障分析与修理记录。查阅点检和定检卡；查阅交接班记录及保养记录；在网上查阅相关技术资料与故障现象相关的内容。

(6) 问，询问设备操作者，了解设备平时运行情况。问换油时间，过滤芯清洗时间；问液压泵有无异常现象；问发生故障前调压阀和流量阀是否调节过，有哪些异常；问发生事故前密封件或液压元件是否更换过；问发生事故前出现过哪些不正常现象；问过去常出现哪些故障，是怎样处理的。

总之，对所有的客观情况了解之后，才能判别产生故障的部位和原因。这种方法因人的感觉不同、判别能力差异和实际经验的不同，其结果会有差别，所以主观论断法只能给出简单的结论。为了弄清液压系统产生故障的原因，有时还要停机或拆卸某些元件并对其进行测量和观察，才能找出发生故障的准确位置。

7.3 液压机液压系统

液压机是最早应用液压传动的机械，可分为油压机和水压机两种。

液压机是模具成形、粉末冶金、锻压、冲压、冷挤、校直、弯曲、打包等工艺中广泛应用的压力加工机械。

液压机的液压系统以压力控制为主，压力高，流量大，且压力、流量变化大。下面以使用较为广泛的 YB32-200 型四柱万能液压机为例，分析其液压系统的工作原理及特点。YB32-200 型液压机主缸的最大压制力为 2000kN，系统的最高工作压力为 32MPa。图 7-5(a)所示为 YB32-200 型液压机的外形，图 7-5(b)所示为 YB32-200 型液压机的工作循环。

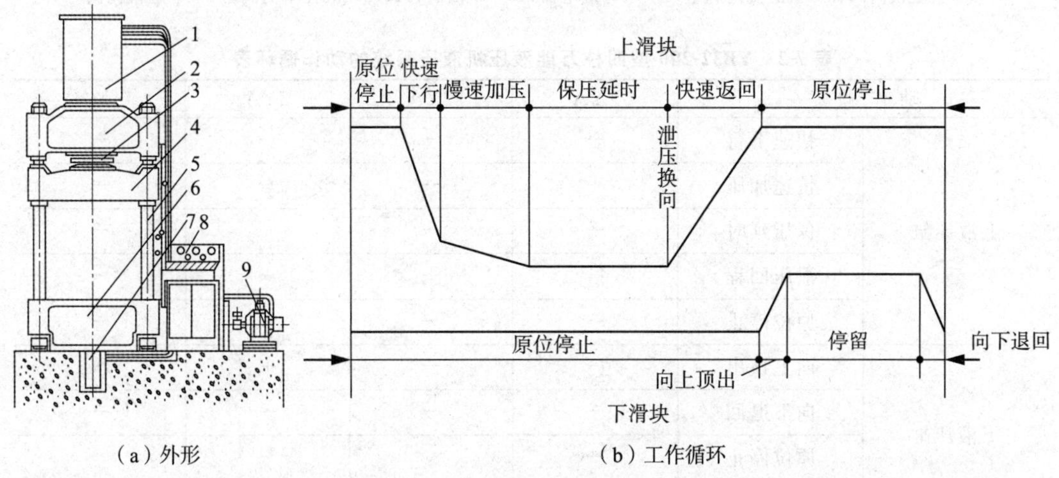

(a) 外形　　(b) 工作循环

图 7-5 YB32-200 型液压机

1—充液筒；2—上横梁；3—上液压缸；4—上滑块；5—立柱；6—下滑块；7—下液压缸；8—电气操纵箱；9—动力机构

这种液压机有 4 个立柱，在 4 个立柱之间安置上、下两个液压缸 3 和 7。上液压缸 3 驱动上滑块 4，下液压缸 7 驱动下滑块 6。为了满足大多数压制工艺的要求，上滑块 4 应能实现快速下行→慢速加压→保压延时→快速返回→原位停止的自动工作循环，下滑块应能实现向上顶出→停留→向下退回→原位停止的工作循环（上、下滑块的运动依次进行，不能同时出现）。

7.3.1 万能液压机液压系统的工作原理

图 7-6 所示为 YB32-200 型四柱万能液压机的液压系统，表 7-2 列出了四柱万能液压机液压系统的动作循环。

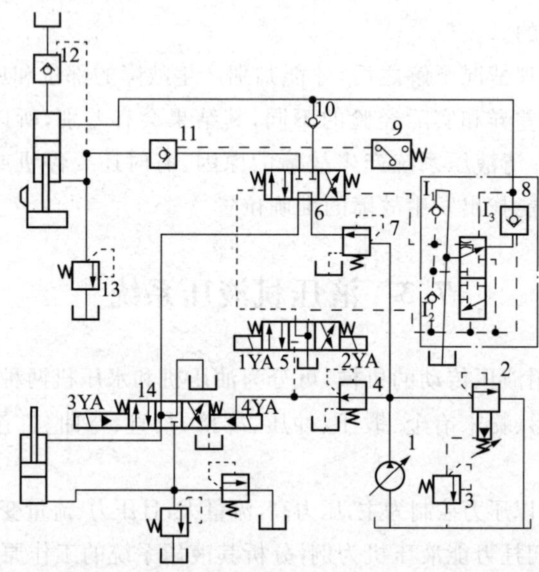

图 7-6 YB32-200 型四柱万能液压机的液压系统

1—液压泵；2—先导式减压阀；3、13、15、16—溢流阀；4、7—顺序阀；5—先导式电磁换向阀；6—上缸换向阀；8—预泄换向阀组；9—压力继电器；10—单向阀；11、12—液控单向阀；14—下缸换向阀

表 7-2 YB32-200 型四柱万能液压机液压系统的动作循环表

动作顺序		1YA	2YA	3YA	4YA
上液压缸	快速下行	+	−	−	−
	慢速加压	+	−	−	−
	保压延时	−	−	−	−
	泄压回程	−	+	−	−
	原位停止	−	−	−	−
下液压缸	向上顶出	−	−	+	−
	向下退回	−	−	+	−
	原位停止	−	−	−	−
	浮动压边	+	−	(±)	−

在液压系统中，由高压轴向柱塞变量泵供油，上、下两个滑块分别由上、下液压缸带动，实现上述各种循环。其工作原理如下。

1. 上滑块工作循环

(1) 快速下行。当电磁铁 1YA 通电后，先导式电磁换向阀 5 和上缸换向阀 6 左位接入系统，液控单向阀 11 被打开，则系统主油路走向为

进油路：液压泵 1→顺序阀 7→上缸换向阀 6 左位→单向阀 10→上液压缸上腔。

回油路：上液压缸下腔→液控单向阀 11→上缸换向阀 6 左位→下缸换向阀 14 中位→油箱。

上滑块在自重作用下快速下行。上液压缸上腔所需流量较大，而液压泵的流量又较小，其不足部分由充液筒(副油箱)经液控单向阀 12 向液压缸上腔补油。

(2) 慢速加压。当上滑块下行接触到工件后，因受阻力而减速，液控单向阀 12 关闭，液压缸上腔压力升高实现慢速加压。加压速度由液压泵的输出流量决定，这时的油路走向与快速下行时相同。

(3) 保压延时。当上液压缸上腔压力升高到使压力继电器动作时，压力继电器发出信号，使电磁铁 1YA 断电，则先导式电磁换向阀 5 和上缸换向阀 6 处于中位，保压开始。当缸内压力低于保压要求所调定的压力时，由控制压力的元件发出信号，使电磁铁 1YA 通电，这时缸内压力升高直至使压力继电器动作，重复保压过程。保压时间由时间继电器(图中未示出)控制，可在 0～24min 内调节。保压时，除液压泵在较低压力下卸荷，系统中没有油液流动。

(4) 快速返回。在保压延时结束时，时间继电器使电磁铁 2YA 通电，先导式电磁换向阀右位接入系统，使控制液压油推动预泄换向阀组 8，并将上缸换向阀右位接入系统。

为了防止保压状态向快速返回状态转变过快，在系统中引起压力冲击，造成上滑块动作不平稳，特设置了预泄换向阀组 8，其主要功能是使上液压缸上腔释压后，液压油能通入该缸下腔。其工作原理如下：在保压阶段，这个阀以上位接入系统；当电磁铁 2YA 通电，先导式电磁换向阀 5 右位接入系统时，操纵油路中的液压油虽到达预泄换向阀组 8 阀芯的下端，但由于其上端的高压未曾释放，阀芯不动。由于液控单向阀 I_3 是可以在控制压力低于其主油路压力下打开的，因此有以下工作顺序。

上液压缸上腔→液控单向阀 I_3→预泄换向阀组 8 上位 →油箱。

于是上液压缸上腔的油压被卸除，预泄换向阀组 8 向上移动，以其下位接入系统，操纵油路中的液压油并输到上缸换向阀 6 阀芯右端，使该阀右位接入系统，以便实现上滑块的快速返回，预泄换向阀组 8 使上缸换向阀 6 也以右位接入系统，这时液控单向阀 11 被打开，上液压缸快速返回。油液流动情况如下。

进油路：液压泵 1→顺序阀 7→上缸换向阀 6 右位→液控单向阀 11→上液压缸下腔。

回油路：上液压缸上腔→液控单向阀 12→油箱。

这时上滑块快速返回，返回速度由液压泵流量决定。当充液筒内液面超过预定位置时，多余的油液由溢流管流回油箱。

(5) 原位停止。当上滑块返回至挡块处，压下行程开关时，行程开关发出信号，使电磁铁 2YA 断电，先导电磁换向阀 5 和上缸换向阀 6 都处于中位，则上滑块在原位停止不

动。这时，液压泵处于低压卸荷状态，油路走向为：

液压泵 1→顺序阀 7→上缸换向阀 6 中位→下缸换向阀 14 中位→油箱。

2. 下滑块工作循环

(1) 向上顶出。当电磁铁 4YA 通电使下缸换向阀右位接入系统时，下液压缸带动下滑块向上顶出。其主油路走向为

进油路：液压泵 1→顺序阀 7→上缸换向阀 6 中位→下缸换向阀 14 右位→下液压缸下腔。

回油路：下液压缸上腔→下缸换向阀 14 右位→油箱。

(2) 停留。当下滑块上移至下液压缸活塞碰到上缸盖时，便停留在这个位置上。此时，液压缸下腔压力由下缸溢流阀调定。

(3) 向下退回。使电磁铁 4YA 断电，3YA 通电，液压缸快速退回。此时的油路走向为

进油路：液压泵 1→顺序阀 7→上缸换向阀 6 中位→下缸换向阀 14 左位→下液压缸上腔。

回油路：下液压缸下腔→下缸换向阀 14 左位→油箱。

(4) 原位停止。原位停止是在电磁铁 3YA 和 4YA 都断电，下缸换向阀 14 处于中位的情况下得到的。

7.3.2 万能液压机液压系统的特点

利用充液筒补油实现上缸快速下行。产生较大的输出力是液压机液压传动系统的特点之一。为了获得大的压制力，除采用高压泵提高系统压力，还常采用大直径的液压缸。这样，当上滑块快速下行时，就需要很大的流量进入液压缸上腔。假如此流量全部由液压泵提供，则液压泵的规格太大，这不仅造价高，而且在慢速加压、保压和原位停止阶段，功率损失加大。液压机上滑块的重量均较大，足可以克服摩擦力及回油阻力自行下落。该系统采用充液筒来补充快速下行时液压泵供油的不足，使系统功率利用更加合理。

保压延时是液压机常有的工作状态。该系统采用液控单向阀的密封性，以及液压管路和油液的弹性来保压。这个方案结构简单，造价低，比用泵保压节省功率，但要求液压缸等元件密封性好。

7.4 数控车床液压系统

数控车床因在车削加工中自动化程度高、车削质量有保证而被广泛应用。数控车床中由液压系统实现的动作有卡盘的夹紧与松开、刀架的正转与反转、尾座套筒的伸出与缩回。

下面以 MJ-50 型数控车床的液压系统为例，分析数控车床中液压系统的工作原理及特点。图 7-7 所示为 MJ-50 型数控车床的液压系统工作原理。电磁换向阀的电磁铁动作由数控系统的 PC 控制实现，各电磁铁的动作顺序见表 7-3。

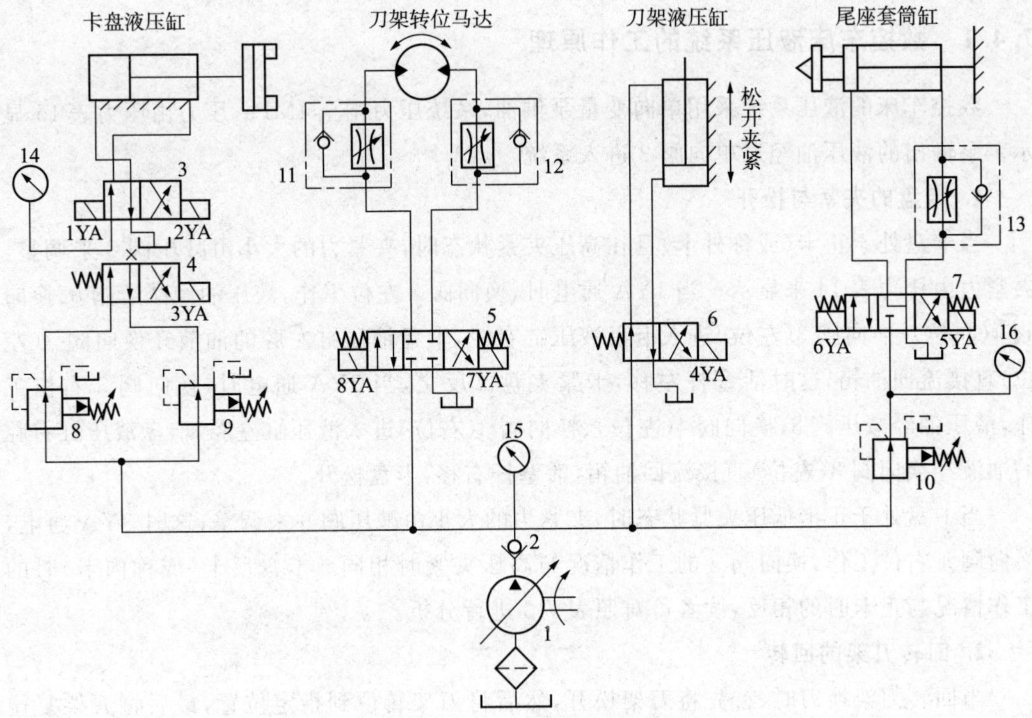

图 7-7　MJ-50 型数控车床的液压系统工作原理

1—变量泵；2—单向阀；3、4、5、6、7—换向阀；8、9、10—减压阀；
11、12、13—单向调速阀；14、15、16—压力表

表 7-3　MJ-50 型数控车床液压系统电磁铁的动作顺序

动作			电磁铁							
			1YA	2YA	3YA	4YA	5YA	6YA	7YA	8YA
卡盘正卡	高压	夹紧	+	−	−	−	−	−	−	−
		松开	−	+	−	−	−	−	−	−
	低压	夹紧	+	−	+	−	−	−	−	−
		松开	−	+	+	−	−	−	−	−
卡盘反卡	高压	夹紧	−	+	−	−	−	−	−	−
		松开	+	−	−	−	−	−	−	−
	低压	夹紧	−	+	+	−	−	−	−	−
		松开	+	−	+	−	−	−	−	−
刀架		正转	+	−	−	−	−	−	−	−
		反转	−	+	−	−	−	−	−	−
		松开	+	−	+	−	−	−	−	−
		夹紧	−	+	+	−	−	−	−	−
尾座		套筒伸出	−	−	−	−	−	+	−	−
		套筒退回	−	−	−	−	+	−	−	−

7.4.1 数控车床液压系统的工作原理

数控车床的液压系统采用单向变量泵供油，系统压力调至4MPa，压力由压力表15显示。泵输出的液压油经过单向阀2进入系统。

1. 卡盘的夹紧与松开

当卡盘处于正卡（或称外卡）且在高压夹紧状态时，夹紧力的大小由减压阀8来调整，夹紧力由压力表14来显示。当1YA通电时，换向阀3左位工作，液压油经减压阀8、换向阀4（左位）、换向阀3（左位）进入卡盘液压缸右腔，卡盘液压缸左腔的油液经换向阀3（左位）直接流回油箱，这时活塞杆左移，卡紧夹盘。反之，当2YA通电时，换向阀3右位工作，液压油经减压阀8、换向阀4（左位）、换向阀3（右位）进入液压缸左腔，卡盘液压缸右腔的油液经换向阀3（左位）直接流回油箱，活塞杆右移，卡盘松开。

当卡盘处于正卡低压夹紧状态时，夹紧力的大小由减压阀9来调整，这时3YA通电，换向阀4右位工作，换向阀3的工作情况与高压夹紧时相同。卡盘反卡（或称内卡）时的工作情况与正卡时的相反，读者可对照表7-3进行分析。

2. 回转刀架的回转

当回转刀架换刀时，首先将刀架松开，然后将刀架转位到指定位置，最后将刀架复位卡紧。当4YA通电时，换向阀6右位工作，随后刀架松开。当8YA通电时，刀架的转位马达带动刀架正转，转速由单向调速阀11控制。当7YA通电时，则刀架的转位马达带动刀架反转，转速由单向调速阀12控制。当4YA断电时，换向阀6左位工作，刀架的液压缸使刀架夹紧。

3. 尾座套筒的伸缩运动

当6YA通电时，换向阀7左位工作，液压油经减压阀10、换向阀7（左位）到尾座套筒液压缸的左腔，尾座套筒液压缸右腔油液经单向调速阀13、换向阀7（左位）流回油箱，缸筒带动尾座套筒伸出，伸出时的顶紧力大小通过压力表16显示。反之，当5YA通电时，换向阀7右位工作，液压油经减压阀10、换向阀7（右位）、单向调速阀13到尾座套筒液压缸右腔，尾座套筒液压缸左腔的油液经阀7（右位）流回油箱，套筒缩回。

7.4.2 数控车床液压系统的特点

(1) 用单向变量液压泵向系统供油，能量损失小。

(2) 用换向阀控制卡盘，实现高压和低压的夹紧转换，并且分别调节高压夹紧力或低压夹紧压力的大小，这样可根据工作情况调节夹紧力，操作方便简单。

(3) 用液压马达实现刀架的转位，可实现无级调速，并能控制刀架的正、反转。

(4) 用换向阀控制尾座套筒液压缸的换向，以实现套筒的伸出和缩回，并能调节尾座套筒伸出工作时的预紧力大小，以满足不同的需要。

(5) 压力表14、15、16可分别显示系统相应的压力，以便于故障诊断和调试。

知识延伸

中国制造世界最大液压机

如图 7-8 所示，锻压机堪称现代重工业最为重要的装备之一，锻压机的功能是对各种重型零部件进行锻压加工，利用巨型重锤进行成百上千次的锻压，改变零部件金属的晶体结构，以增加强度，在现代重型零部件的制造中应用非常广泛，因此被视为一国重工业实力的象征。

图 7-8 锻压机

锻压机最重要的性能指标是它的最大公称压力，压力越大，意味着锻压机可以制造更为重型的零部件，或者让其他尺寸的零部件拥有更高的强度，2013 年，中国成功自主设计制造出 8 万吨模锻压力机，一举打破了苏联 7.5 万吨模锻液压机保持 51 年的世界纪录，拉开了中国航空制造装备赶超世界先进水平的序幕。

它的存在，使我国航空航天大型模锻件实现了自给自足；为我国航空航天模锻件自主创新提供了研发平台，已经成为助推航空航天装备飞跃发展必不可少的基础装备。

在大型模锻件的制造过程中，需要经过反复加热，锻压两到三轮才能完成，而 8 万吨模锻压力机动力强劲，一次锻压锻造即可完成，还能保证外在尺寸的完整性和内在性能的稳定性，缘由就来自深埋地下的泵房，60 台液泵驱使着 300 吨液压油，在 10km 长的管路里流动，推动 5 个直径为 1.8m 的巨大液压缸进行压制，这排山倒海的力量，再加上精准精细的控制，让钢铁坯料样一锻成型，一次成功。在大型模锻件锻造成型过程中，必须开展大量的模拟和计算，以科学的数据为支撑，丰富的实战经验为基础，这样才能做到精准控制，保证产品精确成型。

由于巨型锻压机的所有关键部件都是由我国自主研发生产的，获得的成就让世界瞩目。大国重器，极限制造，8 万吨模锻压力机将继续发挥“威力”，助推“制造强国”早日实现。

观察与实践

故障分析与排除

在排除故障时，必须对引起故障的因素逐一分析。注意其内在的联系，认真分析故障内在的规律，找出主要矛盾，掌握正确方法，做到准确地判断，确定排除方法。在排除时，应本着"先外后内""先调后拆""先洗后修"的原则，制订出修理工作的具体措施。液压系统常见故障的原因及排除方法见表 7-4～表 7-9。

表 7-4 运动部件换向时的故障及排除方法

故障类别	原　因	排除方法
换向有冲击	① 活塞杆与运动部件连接不牢固； ② 不在缸端部换向，缓冲装置不起作用； ③ 液压换向阀中的节流螺钉松动； ④ 液压换向阀中的单向阀卡住或密封不良	① 节流阀口有污物，运动部件速度不均； ② 换向阀芯移动速度变化； ③ 油温高，油的黏度下降； ④ 导轨润滑油过量，运动部件"浮动"； ⑤ 系统泄漏油多，进入空气
换向冲击量大	① 检查并紧固连接螺栓； ② 在油路上设背压阀； ③ 检查、调节节流螺钉； ④ 检查及修理单向阀	① 清洗流量阀节流口； ② 检查电液换向阀节流螺钉； ③ 检查油温升高的原因并排除； ④ 调节润滑油压力或流量； ⑤ 严防泄漏，排除空气

表 7-5 系统产生噪声的原因及排除方法

故障类别	原　因	排除方法
液压泵吸空引起连续不断的嗡嗡声并伴有杂音	① 液压泵本身或其进油管密封不良、漏气； ② 油箱油量不足； ③ 液压泵进油管口过滤器堵塞； ④ 油箱不通大气； ⑤ 油液黏度过大	① 拧紧泵的连接螺栓及管路各连接螺母； ② 将油箱油量加至油位计指定处； ③ 清洗过滤器； ④ 清洗空气过滤器； ⑤ 油液黏度应合适
液压泵故障造成杂音	① 轴向间隙因磨损而增大，输油量不足； ② 泵内轴承、叶片等元件损坏或精度下降	① 调整轴向间隙； ② 拆开检修并更换已损坏零件
控制阀处发出有规律或无规律的吱嗡吱嗡的、刺耳的噪声	① 调压弹簧永久变形或损坏； ② 阀座磨损、密封不良； ③ 阀芯拉毛、变形、移动不灵活甚至卡死； ④ 阻尼小孔被堵塞； ⑤ 阀芯与阀孔配合间隙大，装配起来有高低差； ⑥ 阀开口小、流速快、产生空穴现象，压油互通	① 更换弹簧； ② 修研阀座； ③ 修整阀芯、去毛刺，使阀芯移动灵活； ④ 清洗、疏通阻尼小孔； ⑤ 研磨阀孔，重配新阀芯； ⑥ 应尽量减小进、出压差

续表

故障类别	原　因	排 除 方 法
机械振动引起噪声	① 液压泵与电动机安装不同轴； ② 油管振动或互相撞击； ③ 电动机轴承磨损严重	① 重新安装或更换柔性联轴器； ② 检查油管安装是否到位，摆放位置是否合理； ③ 更换电动机轴承
液压冲击声	① 液压缸缓冲装置失灵； ② 背压阀调整压力变动； ③ 电液换向阀的单向节流阀故障	① 进行检修和调整； ② 进行检查、调整； ③ 调节节流阀螺钉、检修单向阀

表 7-6　系统不运转或压力提不高的原因及排除方法

故障类别	原　因	排 除 方 法
液压泵电动机	① 电动机反转； ② 电动机功率不足，转速不够快	① 调换电动机接线； ② 检查电压、电流大小，采取措施，满足电动机功率要求
液压泵	① 泵进、出油口接反； ② 泵轴向、径向间隙过大； ③ 泵体缺陷造成高、低压腔互通； ④ 叶片泵叶片与定子内表面接触不良或卡死； ⑤ 柱塞泵柱塞卡死	① 调换吸、压油管位置； ② 检修液压泵； ③ 更换液压泵； ④ 检修叶片泵及修研定子内表面； ⑤ 检修柱塞泵
控制阀	① 压力阀主阀芯或锥阀阀芯卡在开口位置； ② 压力阀弹簧断裂或永久变形； ③ 某阀芯泄漏严重导致高、低压油路连通； ④ 控制阀阻尼孔堵塞； ⑤ 控制阀的油口接反或接错	① 清洗、检修压力阀，使阀芯移动灵活； ② 更换弹簧； ③ 检修阀，更换已损坏的密封件； ④ 清洗、疏通阻尼孔； ⑤ 检查并纠正接错的管路
液压油	① 黏度过高，吸不进或吸不足油； ② 黏度过低，泄漏太多	用指定黏度的液压油

表 7-7　运动部件速度达不到要求或不运动的原因及排除方法

故障类别	原　因	排 除 方 法
控制阀	① 流量阀的节流小孔堵塞； ② 互通阀卡在互通位置	① 清洗、疏通节流阀； ② 检修互通阀
液压缸	① 装配精度或安装精度差； ② 活塞密封圈损坏、缸内泄漏严重； ③ 间隙密封的活塞、钮壁磨损过大，内泄漏多； ④ 缸盖处密封圈摩擦力过大； ⑤ 活塞杆密封圈磨损严重或损坏	① 检查、保证达到规定精度； ② 更换密封圈； ③ 修研缸内孔，重配活塞； ④ 适当调松压盖螺钉； ⑤ 调紧或更换压盖螺钉
导轨	① 导轨无润滑或润滑不充分，摩擦阻力大； ② 导轨的楔铁、压板调得过紧	① 调节润滑油量和压力，使润滑充分； ② 重新调整楔铁、压板，使松紧合适

表 7-8 运动部件产生爬行的原因及排除方法

故障类别	原　因	排除方法
控制阀	流量阀的节流口处有污物,通流量不均匀	检修或清洗流量阀
液压缸	① 活塞式液压缸端盖密封圈压得太紧; ② 进入液压缸中的空气未排尽	① 调整压盖螺钉; ② 对液压缸进行排气
导轨	① 接触精度不好,摩擦力不均匀; ② 润滑油不足或选用不当; ③ 温度高,使油黏度变小、油膜破坏	① 检修导轨; ② 调节润滑油量,选用适合的润滑油; ③ 检查油温高的原因并排除

表 7-9 工作循环不能正确实现的原因及排除方法

故障类别	原　因	排除方法
液压油路间互相干扰	① 同一个泵供油的各液压缸压力、流量差别大; ② 主油路与控制油路用同一泵供油,当主油路卸荷时,控制油路压力太低	① 改用不同泵供油或用控制阀使油路互不干扰; ② 在主油路上设控制阀,使控制油路始终有一定的压力,能正常工作
控制信号不能正确发出	① 行程开关、压力继电器开关接触不良; ② 某元件的机械部分卡住	① 检查及检修各开关接触情况; ② 检修有关机械结构部分
控制信号不能正确执行	① 电压过低、弹簧过软或过硬使电磁换向阀失灵; ② 行程开关挡块位置不对或未紧固	① 检查电路的电压,检查电磁换向阀; ② 检查挡块的位置并将其紧固

本章小结

(1) 组合机床动力滑台系统作为典型液压系统,主要采用限压式变量泵和调速阀组成的容积节流复合调速回路、差动连接的增速回路、电液换向阀换向回路、行程阀和电磁换向阀实现的换速回路、串联调速阀的二次进给回路等。

(2) 万能外圆磨床液压系统能够完成工作台往复运动、工作台换向过程、砂轮架的快进和快退运动、砂轮架的周期进给运动、工作台液动和手动的互锁、尾架顶尖的退出等典型工作过程。

(3) 液压机可以进行冲剪、弯曲、翻边、拉伸、冷挤、成形等多种工艺,能够完成起动、主缸快速下行、加压、保压、泄压等工作过程。

(4) 数控车床液压系统能够完成卡盘的夹紧与松开、刀架的正转与反转、尾座套筒的伸出与缩回等工作过程。

思考与习题

1. 图 7-2 中 YT4543 型动力滑台液压系统中液控顺序阀 13、背压阀 14 有何作用?
2. YT4543 型动力滑台液压系统由哪些基本回路组成?如何实现差动连接?
3. 图 7-9 所示的液压系统由哪些基本回路组成?简要说明其工作原理并说明 A、B、

C 三个阀的作用。

4. 四柱万能液压机液压系统由哪些基本回路组成？其中为什么要设置背压回路？背压回路与平衡回路有何区别？

5. 试写出图 7-10 所示液压系统的动作循环表，并评述这个液压系统的特点。

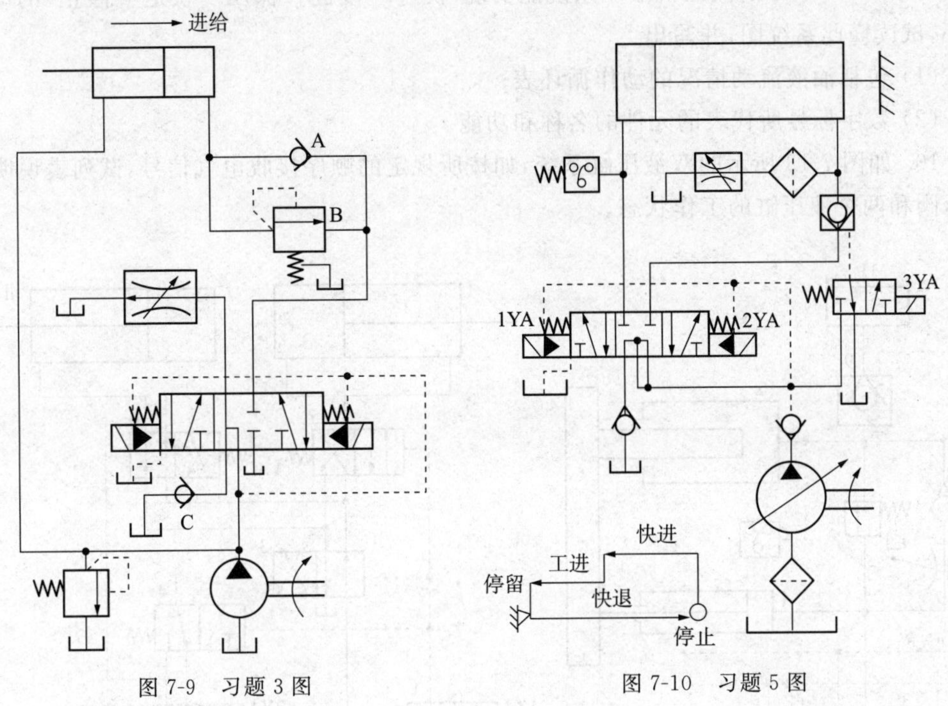

图 7-9 习题 3 图　　图 7-10 习题 5 图

6. 在图 7-11 所示的液压系统中，泵的额定压力 $p_N=25\times10^5$ Pa，流量 $q=10$ L/min，溢流阀调定压力 $p_T=1.8\times10^6$ Pa，两缸活塞面积相等，$A_1=A_2=30\text{cm}^2$，负载 $F_1=3\,000$ N，$F_2=4\,200$ N，其他忽略不计。试分析：

(1) 液压泵起动后两个缸速度分别是多少？

(2) 各缸的输出功率和泵的最大输出功率 P 可达多少？

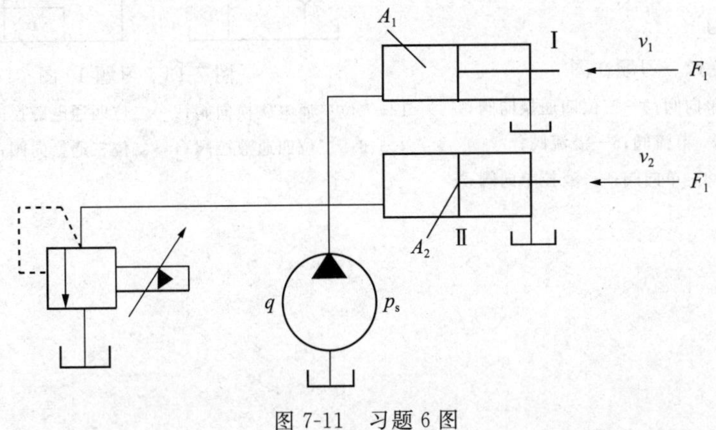

图 7-11 习题 6 图

7. 试用一个先导型溢流阀、一个调压阀和换向阀组成一个二级调压且能卸载的回路，绘出回路图并简述其工作原理。

8. 用所学的液压元件组成一个能完成“快进→一工进→二工进→快退”动作循环的液压系统，并画出电磁铁动作表，指出该系统的特点。

9. 图 7-12 所示的液压机液压系统能实现“快进→慢进→保压→快退→停止”的动作循环，试读懂此系统图，并写出：

(1) 包括油液流动情况的动作循环表；

(2) 数字标号所代表的元件的名称和功能。

10. 如图 7-13 所示的双液压缸系统，如按所规定的顺序接收电气信号，试列表说明各液压阀和两个液压缸的工作状态。

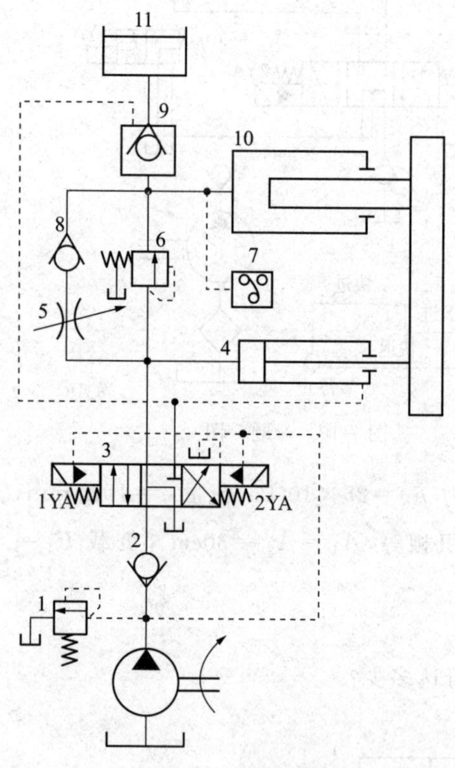

图 7-12 习题 9 图

1—溢流阀；2—单向阀；3—三位四通换向阀；4、10—液压缸；5—节流阀；6—溢流阀；7—压力继电器；8—单向阀；9—液控单向阀；11—充液箱

动作顺序		1YA	2YA
	1	−	+
	2	−	−
	3	+	−
	4	+	+
	5	+	−
	6	−	−

图 7-13 习题 10 图

1—二位三通电磁换向阀；2—二位四通电磁换向阀；3、5、6—二位四通液控阀；4—二位三通换向阀；Ⅰ、Ⅱ—液压缸

第 8 章　气压传动系统概述

【知识目标】

(1) 认识气压传动技术，掌握其工作原理。

(2) 掌握气动系统的组成及特点。

(3) 了解空气的特性。

【能力目标】

(1) 了解气压传动的优缺点。

(2) 掌握气压传动系统的基本工作过程。

(3) 能简述气压传动系统的组成和特点。

(4) 了解空气的特性。

(5) 理性认识当前气压传动技术的发展，掌握气压传动的优缺点，储备理论知识和应用技能，为建设祖国添砖加瓦。

气压传动是以压缩空气作为工作介质进行能量传递的一种传动方式。气压传动及其控制技术(简称气动技术)目前在国内外工业生产中应用较多，它与液压、机械、电气和电子技术一起互相补充，已成为实现生产过程自动化的一个重要手段。

气压传动系统是一种能量的转换系统，其工作原理是将原动机输出的机械能转变为空气的压力能，利用管路、各种控制阀及辅助元件，将压力能传送到执行元件，转换成机械能，从而完成直线或回转运动并对外做功。与液压传动一样，气压传动也利用流体作为工作介质而传动，在工作原理、系统组成、元件结构和图形符号等方面，两者之间存在很多相似之处。

8.1　气压传动组成及工作原理

8.1.1　气压传动系统的组成

气压传动与液压传动都是利用流体作为工作介质，气压传动系统也是由以下五个部分组成。用于气动剪切机的气压传动系统如图 8-1 所示。

1) 动力元件(气源装置)

动力元件的主体部分是空气压缩机(图 8-1 中的元件 1)，它将原动机(如电动机)供给的机械能转变为气体的压力能，为各类气动设备提供动力。用气量较大的厂矿企业都专门建立压缩空气站，用于管理并向各用气点输送压缩空气。

气压传动
基础知识

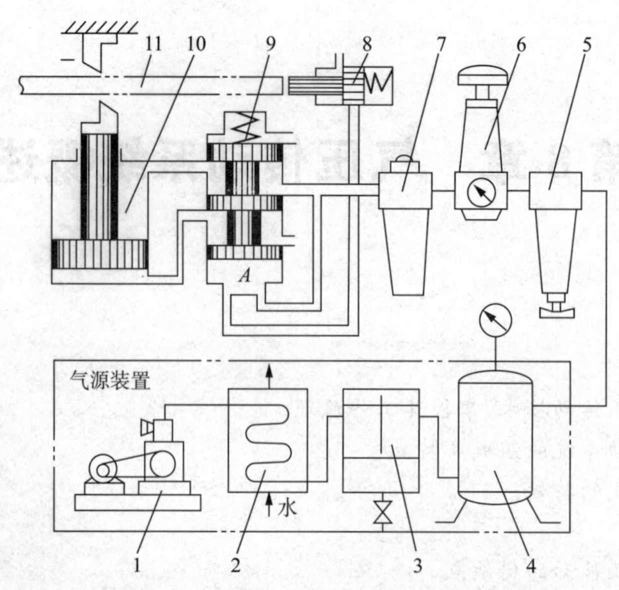

图 8-1　气动剪切机的气压传动系统的组成

1—空气压缩机；2—冷却器；3—油水分离器；4—储气罐；5—分水滤气器；6—减压阀；7—油雾器；8—行程阀；9—气控换向阀；10—气缸；11—工料

2）执行元件

执行元件包括各种气缸(图 8-1 中的元件 10)和气动马达。它的功能是将气体的压力能转变为机械能,输送给工作部件。

3）控制元件

控制元件包括各种阀体,如各种压力控制阀(图 8-1 中的元件 6)、方向控制阀(图中的元件 9)、流量控制阀、逻辑元件等,用以控制压缩空气的压力、流量和流动方向及执行元件的工作程序,以便使执行元件完成预定的运动规律。

4）辅助元件

辅助元件是使压缩空气净化、润滑、消声,以及用于元件间的连接等所需的装置,如各种冷却器、油水分离器、储气罐、分水滤气器、油雾器(图 8-1 中的元件 2、3、4、5、7)及消声器等,它们对保持气动系统可靠、稳定和持久地工作起着十分重要的作用。

5）工作介质

工作介质即传动气体,也就是压缩空气。气压系统是通过压缩空气实现运动和动力的传递。

气压传动系统的组成见表 8-1。

表 8-1　气压传动系统的组成部分

组成部分	常 见 元 件	功能和作用
气源装置	气泵、气站、三联件等	主要是把空气压缩到原来体积的 1/7 左右形成压缩空气,并对压缩空气进行处理,最终可以向系统供应干净、干燥的压缩空气

续表

组成部分	常见元件	功能和作用
执行元件	气缸、摆动缸、气马达等	利用压缩空气实现不同的动作，来驱动不同的机械装置。可以实现往复直线运动、旋转运动及摆动等
控制元件	换向阀、顺序阀、压力控制阀、调速阀等	气动控制元件有末级主控元件、信号处理及控制元件组成，其中主控元件主要控制执行元件的运动方向；信号处理及控制元件主要控制执行元件的运动速度、时间、顺序、行程及系统压力等
辅助元件	气管、过滤器、油雾器、消声器等	连接元件之间所需的一些元器件，以及对系统进行消声、冷却、测量等方面的一些元器件
压缩空气		主要向系统提供动力的工作介质

8.1.2　气压传动系统的工作原理

如图 8-1 所示，当工料 11 由上料装置(图中未示出)送入剪切机并到达规定位置时，行程阀 8 的顶杆受压而使阀内通路打开，气控换向阀 9 的控制腔便与大气相通，阀芯受弹簧力的作用而下移。由空气压缩机 1 产生并经过初次净化处理后储藏在储气罐 4 中的压缩空气，经分水滤气器 5、减压阀 6 和油雾器 7 及气控换向阀 9 进入气缸 10 的下腔；气缸上腔的压缩空气通过气控换向阀 9 排入大气。此时，气缸活塞向上运动，带动剪刃将工料切断。工料被剪下后，即与行程阀脱开，行程阀 8 复位，所在的排气通道被封死，气控换向阀 9 的控制腔气压升高，迫使阀芯上移，气路换向，气缸活塞带动剪刃复位，准备第二次下料。由此可以看出，剪切机构克服阻力切断工料的机械能是由压缩空气的压力能转换后得到的。同时，由于换向阀的控制作用，使压缩空气的通路不断改变，气缸活塞方可带动剪切机构频繁地实现剪切与复位的动作循环。

8.2　气压传动的特点及应用

8.2.1　气压传动的特点

图 8-2 所示为剪切机气压传动系统的图形符号，即工作原理。气动图形符号和液压图形符号有很明显的一致性和相似性，但也存在不少明显区别。例如，气动元件向大气排气，就不同于液压元件回油接入油箱的表示方法。常用气动元件的图形符号见附录 A。

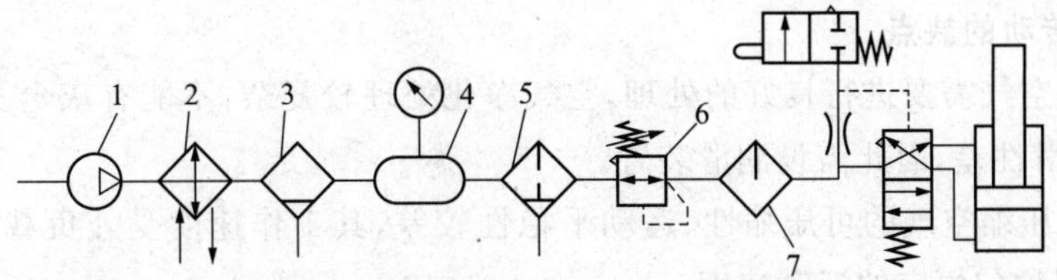

图 8-2　剪切机气压传动系统的图形符号

1—空气压缩机；2—后冷却器；3—分水排水器；4—气罐；5—空气干燥器；6—减压阀；7—油雾器

由于气压传动的工作介质是空气，具有压缩性大、黏性小、清洁度和安全性高等特点，与液压油差别较大。因此，气压传动与液压传动在性能、装置构成等方面也存在较大的差别。气压传动与液压、电气、机械传动方式的比较见表 8-2。

表 8-2　气压传动与液压、电气、机械传动方式的比较

传动方式	气压传动	液压传动	电气传动	机械传动
输出力大小	中等	大	中等	较大
动作速度	较快	较慢	快	较慢
装置构成	简单	复杂	一般	普通
受负载影响	较大	一般	小	无
传输距离	中	短	远	短
速度调节	较难	容易	容易	难
维护	一般	较难	较难	容易
造价	较低	较高	较高	一般

通过比较可知，气压传动具有以下特点。

1. 气压传动的优点

(1) 气动动作迅速、反应快(反应时间仅 0.02s)，控制方便，维护简单，不存在介质变质和补充等问题。

(2) 便于集中供气和远距离输送控制。因空气黏度小(约为液压油的万分之一)，在管内流动阻力小，压力损失小。

(3) 气动系统对工作环境适应性强，特别是在易燃、易爆、多尘埃、强磁、辐射、振动等恶劣的工作环境中工作时，安全可靠性优于液压、电子和电气系统。

(4) 因空气具有可压缩性，能够实现过载保护，也便于储气罐储存能量，以备急需。

(5) 以空气为工作介质，易于获取，节省了购买、储存、运输介质的费用和麻烦；使用后的空气直接排入大气，处理方便，也不污染环境。

(6) 气动元件结构简单，成本低，寿命长，易于标准化、系列化和通用化。

(7) 可以自动降温。因排气时气体膨胀，温度降低。

(8) 与液压传动一样，操作控制方便，易于实现自动控制。

2. 气压传动的缺点

(1) 压缩空气需要进行良好的处理，空气净化处理较复杂，不能有灰尘及湿气。因空气黏度小，润滑性差，因此需设润滑装置。

(2) 由于压缩空气的可压缩性、运动平稳性较差，其工作速度受外负载影响大，执行机构不易获得均匀恒定的运动速度。

(3) 只有在一定的推力要求下，采用气动技术较经济，在正常工作压力(6～7bar)下按照一定的行程和速度，输出力为 40 000～50 000N。工作压力较低(0.3～1MPa)时，不易获得较大的输出力或转矩。

(4) 排气噪声较大,但随着噪声吸收材料及消声器的发展,此问题已得到改善。

8.2.2 气压传动的应用

气压传动在相当长的时间内被用来执行简单的机械动作,但近年来,气动技术在自动化技术的应用和发展中起到了极其重要的作用,并得到了广泛应用和迅速发展。表 8-3 列举了气压传动在各工业领域中的应用。图 8-3 所示为注塑机自动取料的机械手,图 8-4 所示为气动输送机械手,一般用在自动化生产线、物料输送等领域。

表 8-3　气压传动在各工业领域中的应用

工业领域	应　用
机械工业	轴的驱动、零件转向及翻转、元件冲压、自动生产线、各类机床、工业机械手和机器人、零件加工及检测装置
轻工业	气动上下料装置、食品包装生产线、气动罐装装置、制革生产线、包装、填充、元件堆垛、零件分拣
化工业	化工原料输送装置、石油钻采装置、射流负压采样器、材料输送、模压标记和门控制
冶金工业	冷轧、热轧装置气动系统,金属冶炼装置气动系统,水压机气动系统
电子工业	测量、锁紧、印制电路板、自动生产线、家用电器生产线、显像管转运机械手的气动装置
材料加工	钻削、车削、铣削、锯削、磨削和光整加工
物料输送	夹紧、传送、定位、定向和物料流分配

图 8-3　注塑机自动取料的机械手

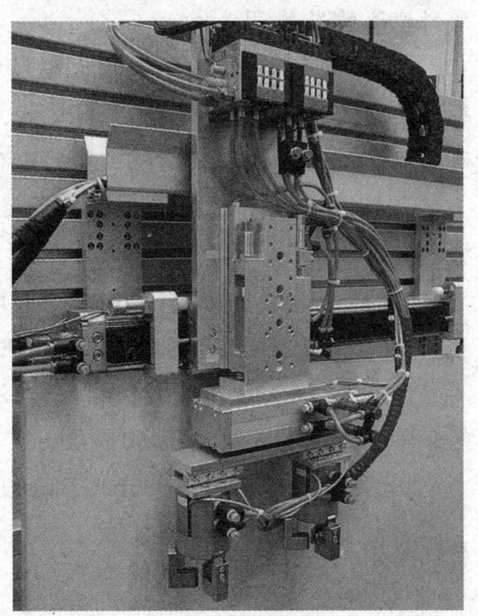

图 8-4　气动输送机械手

知识延伸

破茧成蝶——国产大型客机 C919

2017 年 5 月 5 日 14 时许，上海浦东国际机场，世界的目光聚焦于此。15 时 19 分，伴随着飞机发动机渐近的轰鸣和人群中激情如火的欢呼，一架后机身被天空蓝色与大地绿色包裹着的客机舒展双翼，稳稳地降落在上海浦东国际机场第四跑道上。

一个历史性的时刻就此定格，国产中程干线客机终于破茧成蝶，翱翔蓝天。中国自主研制的 C919 大型客机首飞成功！

为什么取名 C919？

它的全称是“COMAC919”（飞机主制造商中国商飞公司的英文名称简写）。“C”是“COMAC”的第一个字母，也是中国的英文名称“CHINA”的首字母；第一个“9”，寓意经久不衰、持久耐用；“19”则代表最大载客量为 190 座。合起来，就代表了中国一款持久耐用的 190 座民用客机。

从 1970 年我国自主研制的“运十”飞机立项，到 2017 年 C919 首飞成功，历经 47 个春秋，中国人的“大飞机梦”终于成真。

2008 年，中国商飞公司成立后，从初步设计到详细设计再到机体制造，C919 走过了 7 个年头。2 000 多份机翼图样，机头、机身、机翼、翼吊发动机等一体化设计，近 200 项专利申请，拥有完全自主知识产权的干线飞机 C919，全部设计均由中国人自己的团队自主完成。

“大飞机是我们建设创新型国家的一个标志性工程，也是一个国家装备制造业的标志。”中国工程院院士、C919 大型客机首飞放飞评审会评审委员会主任张彦仲说：“C919 大飞机的研制，不仅仅是一个飞机本身，它可以带动材料、装备制造、电子系统、信息等一系列产业的发展。”

在 C919 研制过程中，我国大型客机技术创新体系逐步形成，带动了相关高校和企业参与大型客机项目研制——5 个大类、20 个专业、6 000 多项民用飞机技术，C919 的设计研制带动了我国技术、材料、工艺的群体性突破。

C919 有何骄人之处？与同类型飞机相比，它在安全性、经济性、环保性、舒适性方面特色突出。

“采用先进的气动设计，气动阻力比同类型飞机小。”

“安全性大家最关心。它完全按照国际适航标准设计，确保了安全性。”

“与同类型 150 座级飞机相比，经济性能更好，因采用了先进的动力系统，它排放的尾气和噪声比现有飞机要低 50%以上。”张彦仲如数家珍。

“大飞机创造了一个大时代。”C919，正迎来蓬勃发展的春天。

观察与实践

认识平口钳气动系统

如图 8-5 所示，数控铣床加工时常用气动平口钳作为夹紧装置，这样可以提高加工效率，减轻工人的劳动强度。

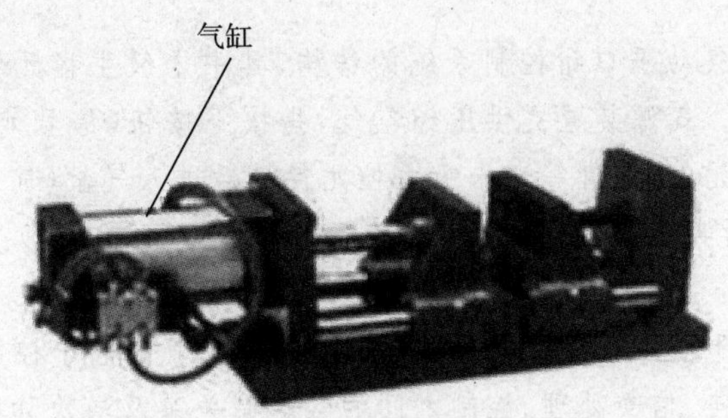

图 8-5 气动平口钳

1. 实训目的

(1) 了解气动系统的组成及气动控制的特点。

(2) 掌握气动系统的工作原理。

2. 实训设备

气压传动实训台，气动平口钳，工具若干。气动平口钳控制系统如图 8-6 所示。

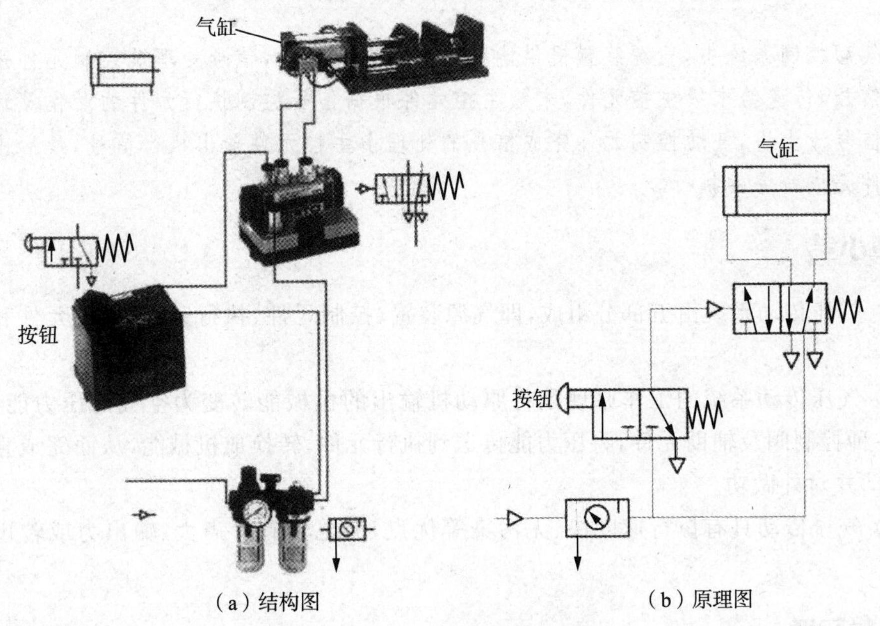

(a) 结构图　(b) 原理图

图 8-6 气动平口钳控制系统

3. 实训步骤

如图 8-6 所示，当按下按钮后，气动系统给气缸一个动力，活塞杆伸出平口钳夹紧；当松开按钮后，气动系统给气缸一个反向的动力，使平口钳松开。实际上，按钮控制的是气缸中气体的流动方向，而动力是由压缩空气作用在气缸上产生的。气缸以及气缸中流动的气体是气动系统的重要组成部分。

气动平口钳控制系统要完成夹紧及松开的动作，需要以下几个部分：传递整个运动的控制介质，产生机械能使门开闭的元器件、控制门开闭的元器件，以及提供运动介质的元器件等。

图 8-6(a)所示为气动平口钳控制系统的结构，其中末级主控元件及信号处理控制元件属于气动控制元件。气源装置提供压缩空气，当按下按钮(信号处理及控制元件)就使得压缩空气通过辅助元件(气管等)、末级主控元件最后进入气缸(气动执行元件)，产生一定的作用力，使平口钳实现夹紧或松开。

4. 实训总结

气动控制技术基于液压控制技术，但其控制理念采用了电子控制的理念。气动控制系统各组成部分的连接、信号处理、控制之间的各控制关系及层次如图 8-7 所示。

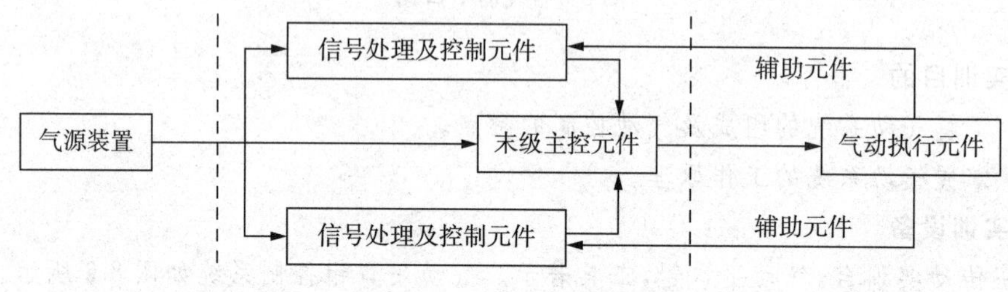

图 8-7　气动系统控制结构

在气动控制系统中，气源装置提供能量输送给各个元件，信号处理及控制元件采集处理各种信号，传递给末级主控元件，末级主控元件根据信号控制执行元件的动作及运动方向。从信号流上讲，气动控制元件完成信号的处理由主控元件输出执行信号，最后由气动执行元件完成命令的执行。

本章小结

(1) 气压传动系统由五部分组成，即气源装置、控制元件、执行元件、辅助元件和传动介质。

(2) 气压传动系统的工作原理是将原动机输出的机械能转变为空气的压力能，利用管路、各种控制阀及辅助元件，将压力能传送到执行元件，转换成机械能，从而完成直线或回转运动并对外做功。

(3) 气压传动具有执行速度快、无污染等优点，但也具有噪声大、输出力或转矩小等缺点。

思考与习题

1. 气压传动与液压传动相比有哪些异同点？
2. 什么是气压传动和气压传动系统？
3. 简述气压传动系统的组成和工作原理。

第9章 气动元件

【知识目标】

(1) 掌握气源装置各组成部分的作用和工作原理。

(2) 掌握气缸、气马达的工作原理。

(3) 了解减压阀、溢流阀、顺序阀的结构和工作原理。

(4) 了解气动控制元件的典型应用场合。

【能力目标】

(1) 熟悉各气源装置及气源处理装置的图形符号及其作用。

(2) 熟悉各类气动执行元件、气动控制元件的图形符号及作用。

(3) 对照液压元件,掌握气压元件与液压元件的异同点。

(4) 养成实际动手和吃苦耐劳、恪守工程伦理的习惯。

9.1 气源装置及辅助元件

气源装置为气动系统提供符合规定质量要求的压缩空气,是气动系统的一个重要部分。对压缩空气的主要要求是具有一定的压力、流量和洁净度。如图9-1所示,气源装置的主体是空气压缩机(气源),它是气压传动系统的动力元件。

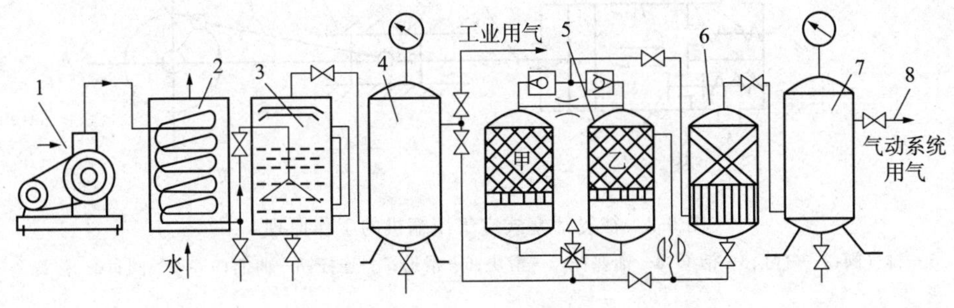

图9-1 气源装置

1—空气压缩机;2—冷却器;3—分水排水器;4、7—气罐;5—干燥器;6—过滤器;8—输气管

由于大气中混有灰尘、水蒸气等杂质,因此由大气压缩而成的压缩空气必须经过降温、净化、稳压等一系列处理后方可供给系统使用,这就需要在空气压缩机出口管路上安装一系列辅助元件,如冷却器、油水分离器、过滤器、干燥器、气缸等。此外,为了提高气压传动系统的工作性能,改善工作条件,还需要用到其他辅助元件,如油雾器、转换器、消声器等。

9.1.1 空气压缩机

空气压缩机简称空压机，是气源装置的核心，它将原动机输出的机械能转化为气体的压力能。

1）空气压缩机的分类

空气压缩机按不同维度（如工作原理、压力、流量）分类见表 9-1～表 9-3。

表 9-1 按工作原理分类

类型		名称		
容积型	往复式	活塞式	膜片式	—
	回转式	滑片式	螺杆式	转子式
速度型		轴流式	离心式	转子式

表 9-2 按压力分类

名称	鼓风机	低压空压机	中压空压机	高压空压机	超高压空压机
压力 p/MPa	≤0.2	0.2～1	1～10	10～100	>100

表 9-3 按流量分类

名称	微型空压机	小型空压机	中型空压机	大型空压机
输出额定流量 q_n/(m^3/s)	≤0.017	0.017～0.17	0.17～1.7	>1.7

2）空气压缩机的工作原理

最常用的往复活塞式空气压缩机的工作原理如图 9-2 所示。

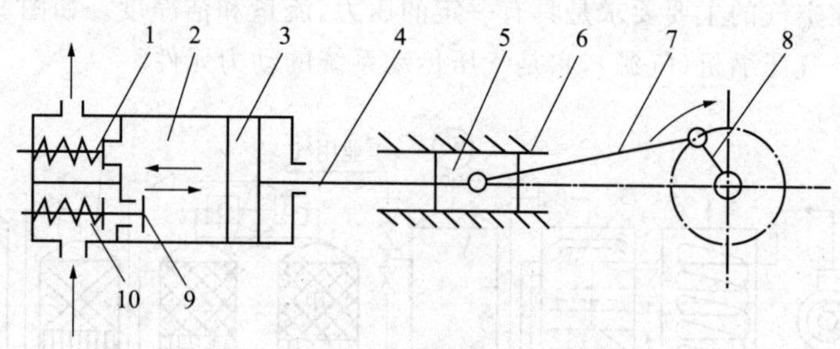

图 9-2 往复活塞式空气压缩机的工作原理

1—排气阀；2—气缸；3—活塞；4—活塞杆；5—滑块；6—滑道；7—连杆；8—曲柄；9—吸气阀；10—弹簧

图 9-2 中的曲柄 8 做回转运动，通过连杆 7、滑块 5、活塞杆 4 带动活塞 3 做往复直线运动。当活塞 3 向右运动时，气缸 2 的密封腔内形成局部真空，吸气阀 9 打开，空气在大气压力作用下进入气缸，此过程称为吸气过程；当活塞向左运动时，吸气阀关闭，缸内空气被压缩，此过程称为压缩过程；当气缸内被压缩的空气压力高于排气管内的压力时，排气阀 1 即被打开，压缩空气进入排气管内，此过程称为排气过程。图 9-2 所示为单缸式空气压缩机，实际工程中常用的空气压缩机大多是多缸式。

9.1.2　气动辅助元件

1）冷却器

冷却器安装在空气压缩机的后面，也称为后冷却器。它将空气压缩机排出的具有140～170℃的压缩空气降至40～50℃，使压缩空气中油雾和水汽达到饱和，使其大部分凝结成油滴和水滴而析出。常用冷却器的结构形式有蛇形管式、列管式、散热片式、套管式等，冷却方式有水冷式和气冷式两种。图9-3所示为列管水冷式冷却器的结构原理及其图形符号。

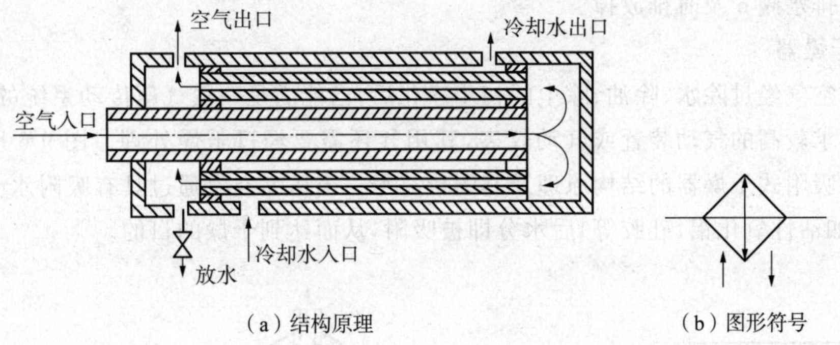

（a）结构原理　（b）图形符号

图9-3　列管水冷式冷却器的结构原理及其图形符号

2）油水分离器

油水分离器安装在后冷却器后面的管道上，作用是分离并排除空气中凝结的水分、油分和灰尘等杂质，使压缩空气得到初步净化。油水分离器的结构形式有环行回转式、撞击折回式、离心旋式、水浴式，以及以上形式的组合等。图9-4所示为撞击折回式油水分离器的结构原理及其图形符号。当压缩空气由入口进入油水分离器后，首先与隔板撞击，一部分水和油留在隔板上，然后气流上升产生环行回转，这样凝结在压缩空气中的水滴和油滴及灰尘杂质受惯性力作用而分离析出，沉降于壳体底部，并由下方的放水阀定期排出。

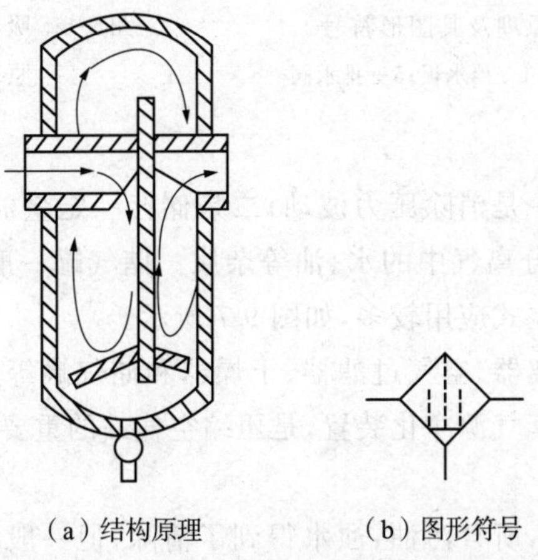

（a）结构原理　（b）图形符号

图9-4　撞击折回式油水分离器的结构原理及其图形符号

3）空气过滤器

空气过滤器的作用是滤除压缩空气中的杂质微粒（如灰尘、水分等），达到系统所要求的净化程度。常用的过滤器有一次过滤器（也称为简易过滤器）和二次过滤器。图 9-5 是作为二次过滤器用的空气过滤器的结构原理及其图形符号。从入口进入的压缩空气被引入旋风叶子 1，旋风叶子上有许多呈一定角度的缺口，迫使空气沿切线方向产生强烈旋转，这样夹杂在空气中的较大的水滴、油滴、灰尘等便依靠自身的惯性与存水杯 2 的内壁碰撞，并从空气中分离出来，沉到杯底，而微粒灰尘和雾状水汽则由滤芯 3 滤除。为防止气体旋转将存水杯中积存的污水卷起，在滤芯下部设有挡水板 4。在水杯中的污水应通过下面的排水阀 5 及时排放掉。

4）干燥器

压缩空气经过除水、除油、除尘的初步净化后，已能满足一般气压传动系统的要求，而对某些要求较高的气动装置或气动仪表，其用气还需要经过干燥处理。图 9-6 所示为一种常用的吸附式干燥器的结构原理及其图形符号。当压缩空气通过具有吸附水分性能的吸附剂（如活性氧化铝、硅胶等）后水分即被吸附，从而达到干燥的目的。

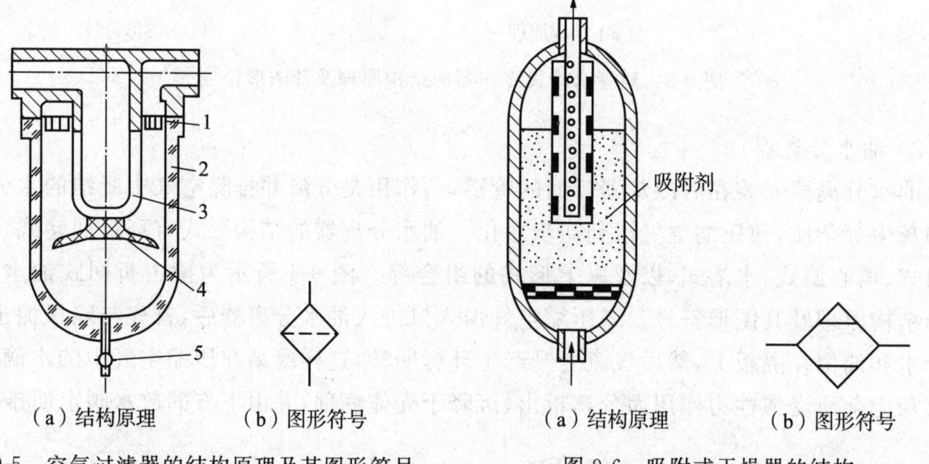

（a）结构原理　（b）图形符号

图 9-5　空气过滤器的结构原理及其图形符号

1—旋风叶子；2—存水杯；3—滤芯；4—挡水板；5—排水阀

（a）结构原理　（b）图形符号

图 9-6　吸附式干燥器的结构原理及其图形符号

5）储气罐

储气罐有三个作用：一是消除压力波动；二是储存一定量的压缩空气，维持供需气量之间的平衡；三是进一步分离气中的水、油等杂质。储气罐一般采用圆筒状焊接结构，有立式和卧式两种，通常以立式应用较多，如图 9-7 所示。

上述冷却器、油水分离器、空气过滤器、干燥器和储气罐等元件通常安装在空气压缩机的出口管路上，组成一套气源净化装置，是压缩空气站的重要组成部分。

6）油雾器

压缩空气通过净化后，所含污油、浊水得到了清除，但一般的气动装置还要求压缩空气具有一定的润滑性，以减轻其对运动部件的表面磨损，改善其工作性能，因此要用油雾器对压缩空气喷洒少量的润滑油。油雾器的工作原理及其图形符号如图 9-8 所示。压力

为 p_1 的压缩空气流经狭窄的颈部通道时，流速增大，压力降为 p_2，由于压差 $p=p_1-p_2$ 的出现，油池中的润滑油就沿竖直细管（文氏管）被吸往上方，并滴向颈部通道，随即被压缩气流喷射雾化带入系统。

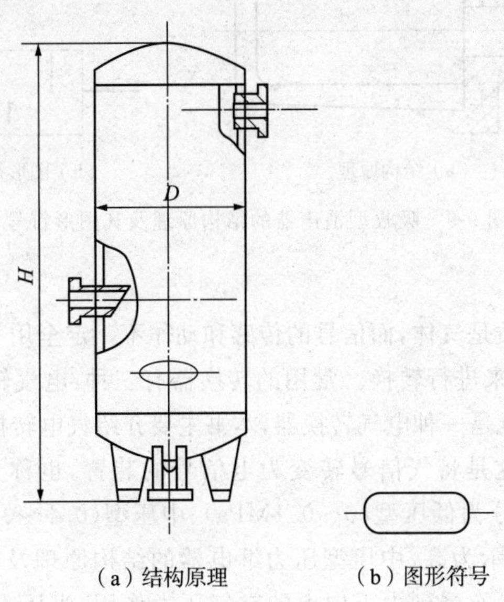

（a）结构原理　（b）图形符号

图 9-7　储气罐的结构原理及其图形符号

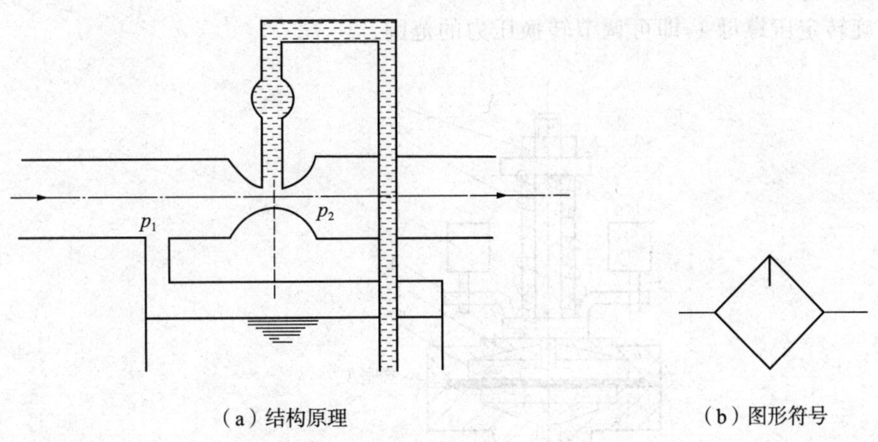

（a）结构原理　（b）图形符号

图 9-8　油雾器的结构原理及其图形符号

分水滤气器、减压阀、油雾器三件通常组合使用，称为气动三联件，是多数气动设备必不可少的气源装置，依进气方向其安装次序为分水滤气器、减压阀、油雾器。

7）消声器

气压传动系统一般不设排气管道，用过的压缩空气便直接排入大气，伴随有强烈的排气噪声，一般可达 100～120dB。为降低噪声，可在排气口装设消声器。

消声器是通过阻尼或增加排气面积来降低排气的速度和功率，从而降低噪声的。气动元件上使用的消声器类型一般有三种：吸收型消声器、膨胀干涉型消声器和膨胀干涉吸收型消声器。图 9-9 所示为吸收型消声器的结构原理及其图形符号。它依靠装在体内的吸声材料(如玻璃纤维、毛毡、泡沫塑料、烧结材料等)来消声,是目前应用最广泛的一种。

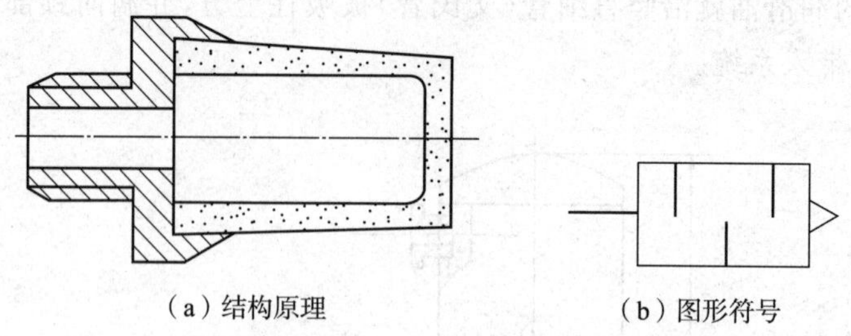

(a)结构原理　　(b)图形符号

图 9-9　吸收型消声器的结构原理及其图形符号

8）转换器

气动系统的工作介质是气体,而信号的传感和动作不一定全用气体,可能用液体或电传输,这就需要通过转换器来进行转换。常用的转换器有三种:电气转换器、气电转换器和气液转换器。电磁换向阀就是一种电气转换器,本书主要介绍气电转换器和气液转换器。

(1) 气电转换器。这是将气信号转变为电信号的装置,也称为压力继电器。压力继电器按信号压力的大小分为低压型(0～0.1MPa)、中压型(0.1～0.6MPa)和高压型(大于1MPa)三种。图 9-10 所示为高、中压型压力继电器的结构原理及其图形符号。压缩空气进入下部气室 A 后,膜片 6 受到由下向上的空气压力作用,当压力上升到某一数值后,膜片上方的圆盘 5 带动爪枢 4 克服弹簧力向上移动,使两个微动开关 3 的触头受压发出电信号。旋转定压螺母 1,即可调节转换压力的范围。

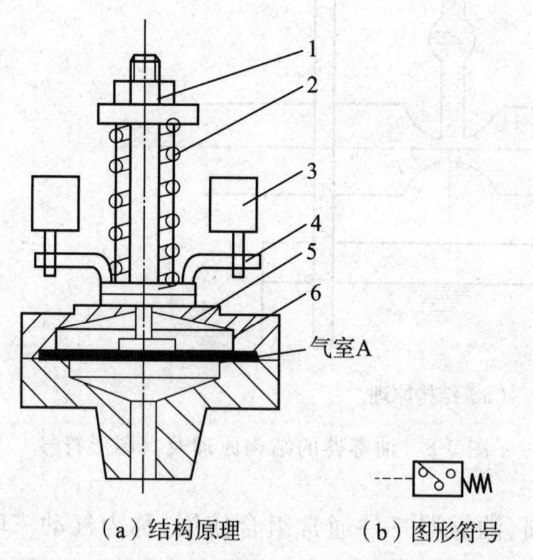

(a)结构原理　　(b)图形符号

图 9-10　高、中压型压力继电器的结构原理及其图形符号

1—定压螺母;2—弹簧;3—微动开关;4—爪枢;5—圆盘;6—膜片

(2) 气液转换器。这是将气压能转换为液压能的装置。气液转换器有两种结构形式:一种是直接作用式,即在一筒式容器内,压缩空气直接作用在液面上,或通过活塞、隔膜等作用在液面上,推压液体以同样的压力输出,图 9-11 所示为直接作用式气液转换器的结构原理及其图形符号;另一种气液转换器是换向阀式元件,它是一个气控液压换向

阀，采用这种转换器需要另备液压源。

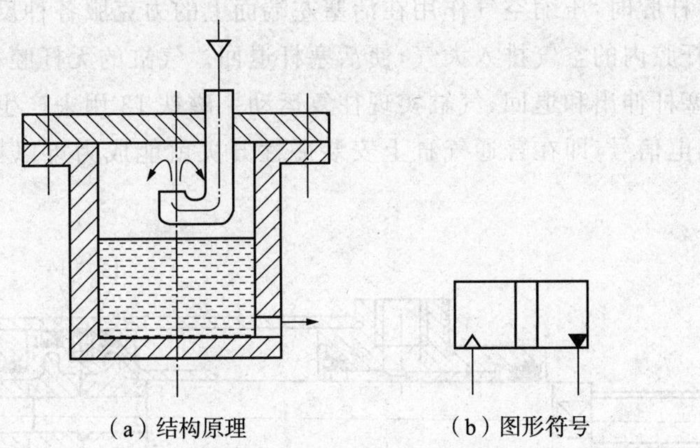

图 9-11　直接作用式气液转换器的结构原理及其图形符号

9.2　执行元件与控制元件

9.2.1　气动执行元件

在气压传动中，气缸和气马达都是将压缩空气的压力能转换为机械能的气动元件。气缸用于实现往复直线运动或摆动，气马达用于实现回转运动。

1. 气缸

1）气缸的分类、典型结构及特点

气缸的应用十分广泛，其结构形式也是多种多样，可分为活塞式和膜片式两大类，具体如图 9-12 所示。下面简单介绍几种典型气缸的结构与特点。

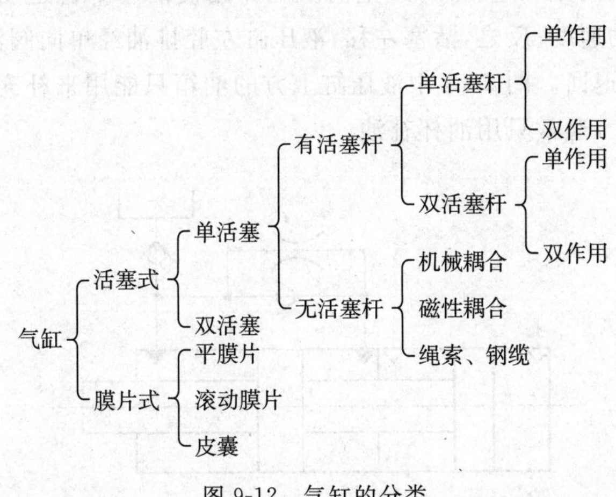

图 9-12　气缸的分类

（1）普通型单活塞杆双作用气缸。图 9-13 所示为普通型单活塞杆双作用气缸。这种气缸由后缸盖 1、前缸盖 11、活塞 5、活塞杆 7、缸筒 8 等组成。气缸由活塞分成两个腔，即无杆腔和有杆腔。当压缩空气进入无杆腔时，压缩空气作用在活塞右端面上的力克服各种反向作用力，推动活塞向左运动，有杆腔内的空气排入大气，使活塞杆伸出（前进）；当压缩空气进入有杆腔时，压缩空气作用在活塞左端面上的力克服各种反向作用力，推动活塞向右运动，无杆腔内的空气排入大气，使活塞杆退回。气缸的无杆腔和有杆腔的交替进气和排气，使活塞杆伸出和退回，气缸实现往复运动。磁铁 13 用来产生磁场，使活塞接近磁性开关时发出电信号，即在普通气缸上安装磁性开关就能成为可以检测气缸活塞位置的开关气缸。

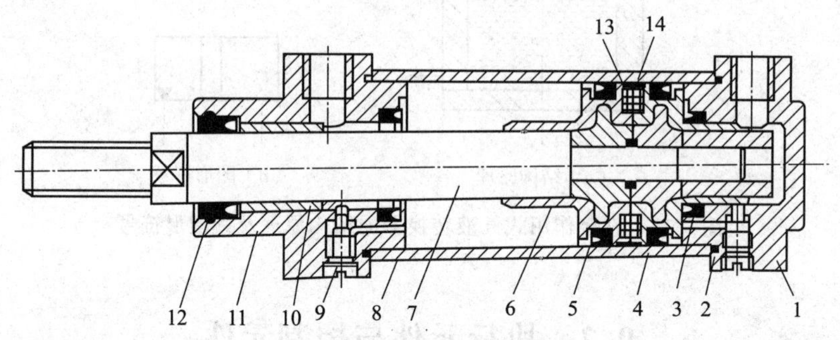

图 9-13　普通型单活塞杆双作用气缸

1—后缸盖；2—密封圈；3—缓冲密封圈；4—活塞密封圈；5—活塞；6—缓冲柱塞；7—活塞杆；8—缸筒；9—缓冲节流阀；10—导向套；11—前缸盖；12—防尘密封圈；13—磁铁；14—导向环

（2）气液阻尼缸。普通气缸工作时，由于气体的可压缩性使气缸工作不稳定。为了使活塞运动平稳，普遍采用了气液阻尼缸。气液阻尼缸是由气缸和液压缸组合而成的，它以压缩空气为能源，利用油液的近似不可压缩性控制流量，以获得活塞平稳运动和调节活塞的运动速度。图 9-14 所示为气液阻尼缸的工作原理。在此缸中，液压缸和气缸共用一个活塞杆，故气缸活塞运动必然带动液压缸活塞往同一方向运动。当活塞右移时，液压缸右腔排油只能经节流阀流入左腔，所产生的阻尼作用使活塞平稳运动，通过调节节流阀，即可改变活塞的运动速度；反之，活塞左移，液压缸左腔排油经单向阀流入右腔，因无阻尼作用，故活塞以快速退回。图 9-14 中液压缸上方的油箱只能用来补充因泄漏而减少的油量。由于补油量不大，通常只用油杯补油。

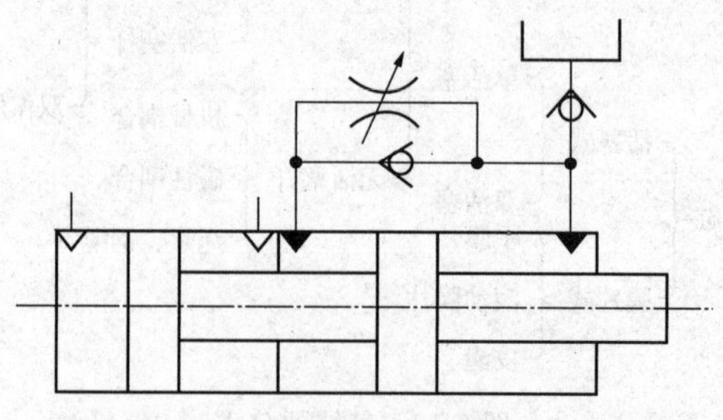

图 9-14　气液阻尼缸的工作原理

（3）冲击气缸。冲击气缸可把压缩空气的压力能转化为活塞高速运动的动能，利用此动能做功，可完成型材下料、打印、破碎、冲孔、锻造等多种作业。图 9-15 所示为冲击气缸的工作原理，当活塞 6 处于图示初始位置时，中盖 5 的喷嘴口 4 被活塞封闭，随着换向阀的换向，蓄能腔 3 充入 0.5～0.7MPa 的压缩空气，活塞杆腔 1 与大气相通，活塞在喷嘴口面积上的气压作用下移动，喷嘴口开启，积聚在蓄能腔中的压缩空气通过喷嘴口突然作用在活塞的全部截面积上，喷嘴口处产生高速气流喷入活塞腔 2，使活塞获得强大的动能，然后高速冲下。

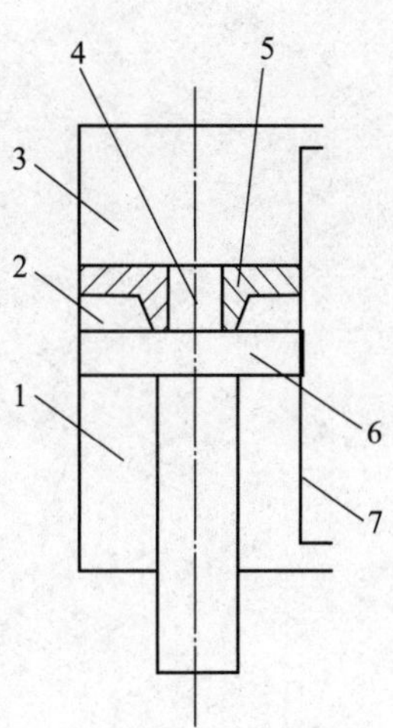

图 9-15　冲压气缸的工作原理

1—活塞杆腔；2—活塞腔；3—蓄能腔；4—喷嘴口；5—中盖；6—活塞；7—缸体

(4) 回转气缸。回转气缸的工作原理如图 9-16 所示，它由导气头、缸体、活塞等组成。气缸的缸体 3 连同缸盖及导气头芯 6 可被带动回转，活塞 4 及活塞杆 1 只能做往复直线运动，导气头体 9 外接管路，固定不动。回转气缸主要用于机床夹具和线材卷曲。

(5) 膜片式气缸。图 9-17 所示为膜片式气缸的工作原理。它主要由膜片和中间硬芯相连来代替普通气缸中的活塞，依靠膜片在气压作用下的变形来使活塞杆运动。活塞的位移较小，一般小于 40mm。这类气缸的特点是结构紧凑，重量轻，密封性能好，制造成本低，维修方便。它适用于气动夹具、自动调节阀及短行程工作场合。活塞、密封圈、导向套等采用一种特殊的树脂材料制成，有自润滑作用，运动摩擦阻力小。因此，这种气缸在运行时不需要在压缩空气中加入起润滑作用的油雾就能长时间工作。由于气缸排气中不含油分，故此种气缸特别适用于食品、医药工业。

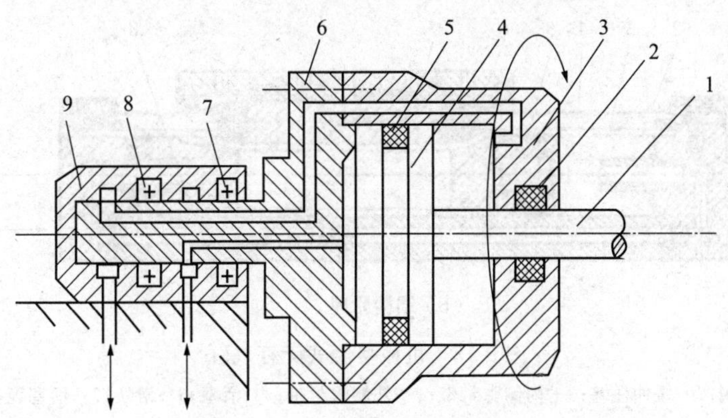

图 9-16　回转气缸的工作原理

1—活塞杆；2、5—密封装置；3—缸体；4—活塞；6—缸盖及导气头芯；7、8—轴承；9—导气头体

2) 特殊气缸

(1) 无杆气缸。无杆气杆没有普通气缸的刚性活塞杆，它利用活塞直接或间接实现往复运动。没有活塞杆，则占有安装空间仅为 1.2L，且行程缸径比可达 50 至 100；没有活塞杆，还能避免由于活塞杆及杆密封圈的损伤而带来的故障。

没有活塞杆，活塞两侧受压面积相等，双向行程具有同样的推力，有利于提高气缸的使用要求。图 9-18 所示为机械接触式无杆气缸。

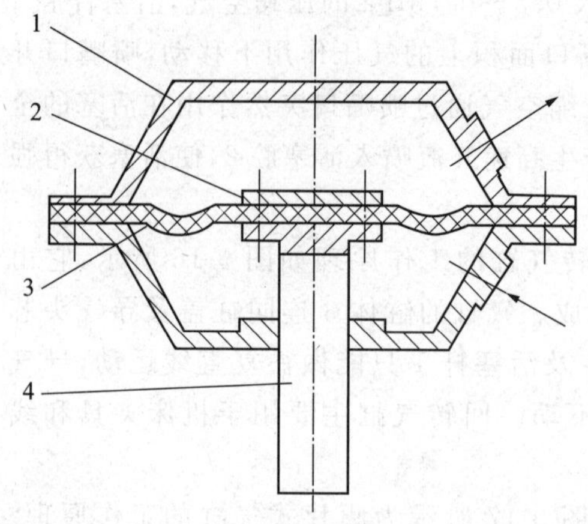

图 9-17 膜片式气缸的工作原理

1—缸体;2—膜片;3—膜盘;4—活塞杆

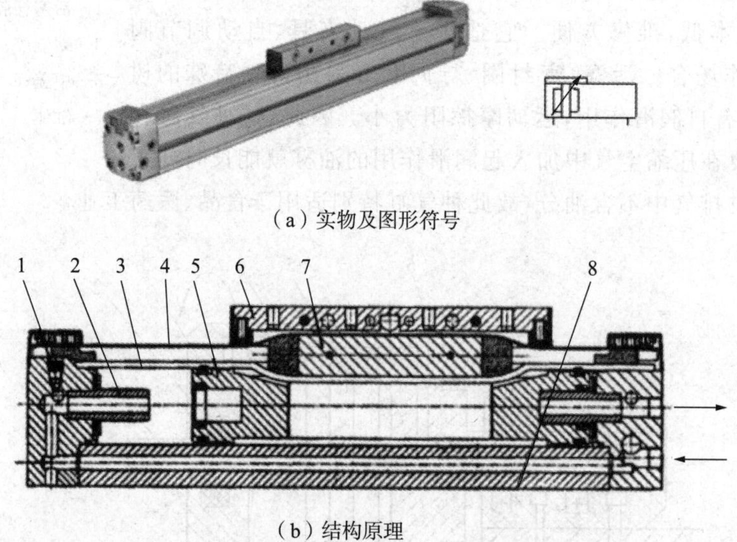

(a) 实物及图形符号

(b) 结构原理

图 9-18 机械接触式无杆气缸

1—节流阀;2—缓冲柱塞;3—内侧密封带;4—外侧密封带;5—活塞;6—滑块;7—活塞轭;8—缸筒

(2) 磁性耦合式无杆气缸。磁性耦合式无杆气缸如图 9-19 所示。

(3) 磁性开关气缸。磁性开关气缸是在气缸的活塞上装有一个永久磁环,而将磁性开关装在气缸的缸筒外侧,如图 9-20 所示,其余的和一般气缸并无两样。气缸可以是各种型号的气缸,但缸筒必须是导磁性弱、隔磁性强的材料。

(4) 气爪(手指气缸)。气爪能实现各种抓取功能,是现代气动机械手的关键部件,常见的如图 9-21 所示。

气爪的特点:①所有的结构都是双作用的,能实现双向抓取,可自动对中,重复精度高;②抓取力矩恒定;③在气缸两侧可安装非接触式检测开关;④有多种安装、连接方式。

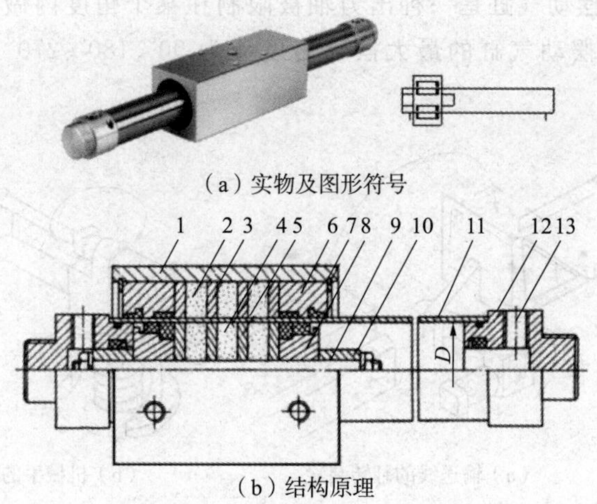

（a）实物及图形符号

（b）结构原理

图 9-19 磁性耦合式无杆气缸

1—套筒（移动支架）；2—外磁环（永久磁铁）；3—外磁导板；4—内磁环（永久磁铁）；5—内导磁板；6—压盖；7—卡环；8—活塞；9—活塞轴；10—缓冲柱塞；11—气缸筒；12—端盖；13—进排气口

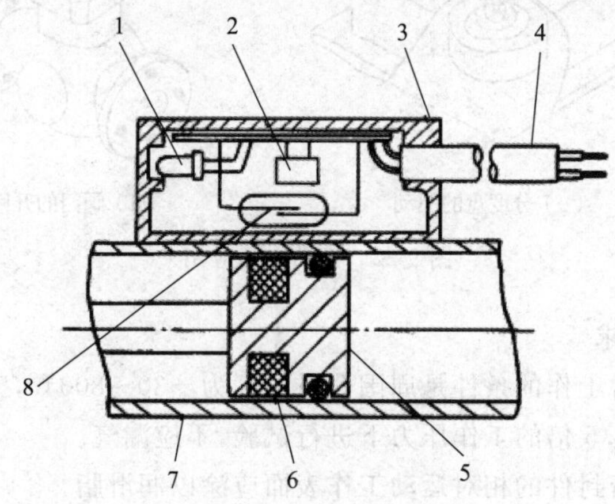

图 9-20 磁性开关气缸

1—动作指示灯；2—保护电路；3—开关外壳；4—导线；5—活塞；6—磁环（永久磁铁）；7—缸筒；8—舌簧开关

（a）平行气爪　（b）摆动气爪　（c）旋转气爪　（d）三点气爪

图 9-21 常见的气爪

(5) 摆动气缸。摆动气缸是一种出力轴被限制在某个角度内做往复摆动的气缸，又称旋转气缸。常用的摆动气缸的最大摆动角度分为 90°、180°、270°三种规格，其应用如图 9-22 所示。

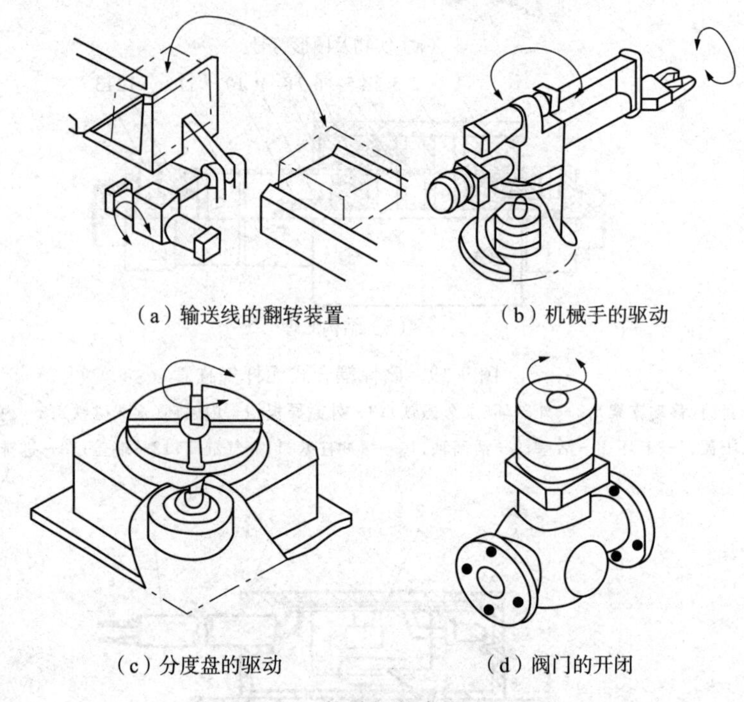

(a) 输送线的翻转装置　(b) 机械手的驱动

(c) 分度盘的驱动　(d) 阀门的开闭

图 9-22　摆动缸的应用

3) 气缸的使用要求

(1) 气缸一般正常工作的条件是周围介质温度为−30～800℃，工作压力为 4～6Pa。

(2) 安装前应在 1.5 倍的工作压力下进行试验，不应漏气。

(3) 装配时所有密封件的相对运动工作表面应涂以润滑脂。

(4) 安装的气源进口处必须设置油雾器，以利于工作中润滑。有时因润滑不良，气缸产生爬行，甚至不能正常工作，所以气缸的合理润滑极为重要。

(5) 安装时要注意动作方向，活塞杆不允许承受偏心负载或横向负载。

(6) 负载在行程中有变化时，应使用输出力有足够余量的气缸，并附加缓冲装置。

(7) 不使用满行程，特别是当活塞杆伸出时，不要使活塞与气缸盖相撞击，否则容易引起活塞和缸盖等零件破坏。

2. 气马达

气马达是一种做连续旋转运动的气动执行元件，是一种把压缩空气的压力能转换成回转机械能的能量转换装置，其作用相当于电动机或液压马达，它输出转矩、驱动执行机构做旋转运动。

1) 气马达的分类及特点

按结构形式不同，气马达可分为叶片式、活塞式、齿轮式等。

最为常用的是叶片式气马达和活塞式气马达。叶片式气马达制造简单，结构紧凑，但低速起动转矩小,低速性能不好,适宜对性能要求低或中功率的机械,目前在矿山机械及风动工具中应用普遍。活塞式气马达在低速情况下有较大的输出功率,它的低速性能好,适宜载荷较大和要求低速、转矩大的机械,如起重机、绞车绞盘、拉管机等。

2) 叶片式气马达的工作原理

如图 9-23 所示,压缩空气由孔 A 输入时,分为两路:一路经定子两端盖内的槽进入叶片底部(图中未示出)将叶片推出,使其贴紧定子内表面;另一路则进入相应的密封容腔,作用于悬伸的叶片上。由于转子与定子偏心放置,相邻两叶片伸出的长度不一样,就产生了转矩差,从而推动转子按逆时针方向旋转。做功后的气体由孔 C 排出,剩余残气经孔 B 排出。若使压缩空气改由孔 B 输入,便可使转子按顺时针方向旋转。

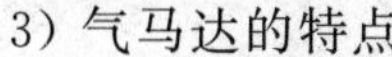

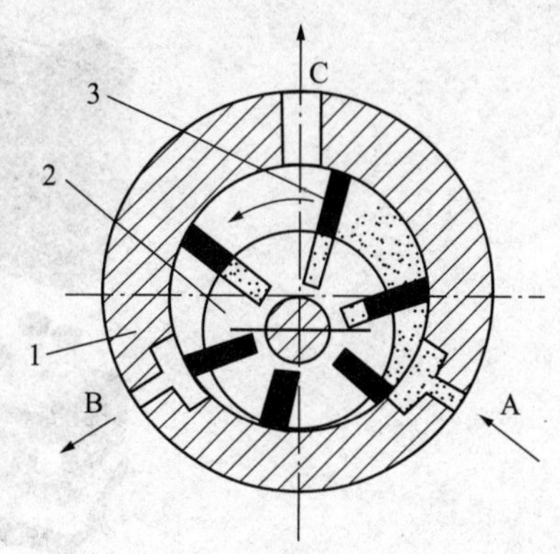

图 9-23 叶片式气马达

1—定子;2—转子;3—叶片

3) 气马达的特点

(1) 具有过载保护作用。过载时马达降低转速或停止,过载解除后即可重新正常运转。

(2) 可以实现无级调速。通过调节节流阀的开度来控制压缩空气的流量,就能控制马达的转速。

(3) 能够正反向旋转。通过改变进、排气方向就能实现马达的正反转换向,且换向时间短,冲击小。

(4) 起动力矩较高。可直接带动负载起动,起停迅速,且可长时间满载运行,温升较小。

(5) 工作安全且能适应恶劣的工作环境。在易燃、易爆、高温、振动、潮湿、粉尘等不利条件下都能正常工作。

(6) 功率范围及转速范围较宽,功率小到几百瓦,大到几万瓦。

(7) 耗气量大,效率低,噪声大。

4) 气马达的应用和润滑

气马达工作适应性强,适用于无级调速、起动频繁、经常换向、高温潮湿、易燃易爆、负载起动、不便于人工操纵及有过载可能的场合。

气马达主要应用于矿山机械、专业性的机械制造业、油田、化工、造纸、炼钢、船舶、航空、工程机械等行业。许多风动工具,如风钻、风扳手、风砂轮、风动铲刮机等均装有气马达。随着气压传动的发展,气马达的应用将日趋广泛。

气马达的润滑是保证其正常工作必不可少的环节,气马达得到正确良好的润滑后,可在两次检修期间实际运转至少 2 500~3 000h。一般应在气马达操纵阀前配置油雾器,并经常补油,以使雾状油混入压缩空气后再进入马达中,从而得到不间断的良好润滑。

9.2.2 气动控制元件

气压传动的控制元件有三类控制阀,即方向控制阀、流量控制阀和压力控制阀。此外,气动控制元件还包括各种逻辑元件和射流元件,本书对此不做专门介绍。

1. **方向控制阀**

方向控制阀用于控制气流的方向与通断，按其功能可分为单向型控制阀和换向型控制阀。常见方向控制阀的实物如图 9-24 所示，常见方向控制阀的图形符号如图 9-25 所示。

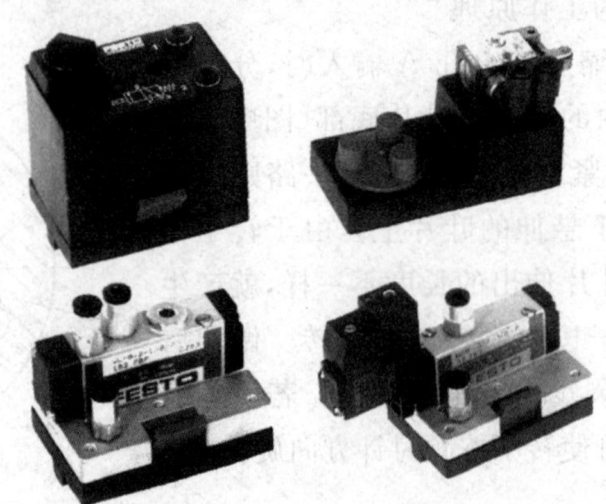

图 9-24 常见方向控制阀的实物

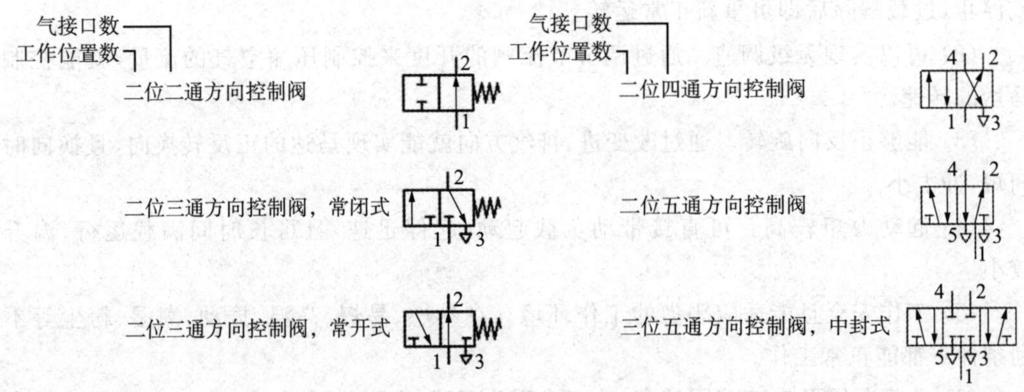

图 9-25 常见方向控制阀的图形符号

1）单向型控制阀

单向型控制阀主要有单向阀、梭阀、快速排气阀等。这里只介绍梭阀，它是构成逻辑回路的重要元件。

(1)“或”门型梭阀。图 9-26(a)和图 9-26(b)所示为“或”门型梭阀的工作原理，该阀的结构相当于两个单向阀的组合。当通路 P_1 进气时，将阀芯推向右边，通路 P_2 被关闭，于是气流从 P_1 进入通路 A，如图 9-26(a)所示；反之，气流从 P_2 进入 A，如图 9-26(b)所示；当 P_1、P_2 同时进气时，哪端压力高，A 口就与哪端相通，另一端就自动关闭。图 9-26(c)所示为“或”门型梭阀的图形符号。这种梭阀在气动回路中起到“或”门（P_1 开或 P_2 开）的作用。

(2)“与”门型梭阀。该阀又称双压阀，其工作原理和图形符号如图 9-27 所示。它也相当于两个单向阀的组合，其特点是：只有当两个输入口 P_1、P_2 同时进气时，A 口才有输出；当两端进气压力不等时，则低压气通过 A 口输出。

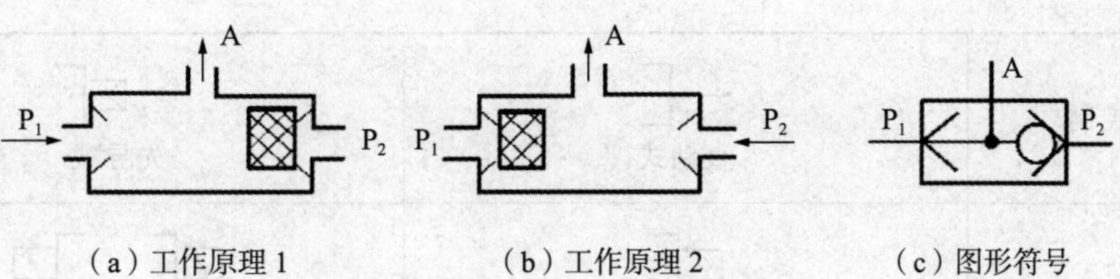

(a) 工作原理 1　　(b) 工作原理 2　　(c) 图形符号

图 9-26 “或”门型梭阀的工作原理

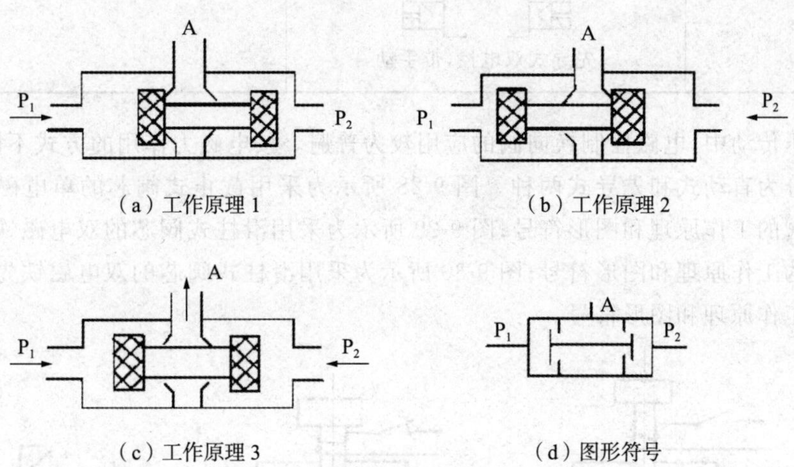

(a) 工作原理 1　　(b) 工作原理 2

(c) 工作原理 3　　(d) 图形符号

图 9-27 “与”门型梭阀的工作原理和图形符号

2) 换向型控制阀

换向型控制阀简称换向阀。按阀芯的结构形式可分为滑柱式(又称滑阀式)、截止式(又称提动式)、平面式(又称滑块式)和膜片式等几种;按阀的控制方式又可分为许多类型,表 9-4 列出了气动换向阀的主要控制方式。

表 9-4 气动换向阀的主要控制方式

人力控制	一般手动操作	按钮式
	手柄式、带定位	脚踏式
机械控制	控制轴	滚轮杠杆式
	单向滚轮式	弹簧复位

续表

气动控制	直动式	先导式
电磁控制	单电控	双电控
	先导式双电控,带手动	

在气压传动中,电磁控制换向阀的应用较为普遍。按电磁力作用的方式不同,电磁控制换向阀分为直动式和先导式两种。图 9-28 所示为采用截止式阀芯的单电磁铁直动式电磁换向阀的工作原理和图形符号;图 9-29 所示为采用滑柱式阀芯的双电磁铁直动式电磁换向阀的工作原理和图形符号;图 9-30 所示为采用滑柱式阀芯的双电磁铁先导式电磁换向阀的工作原理和图形符号。

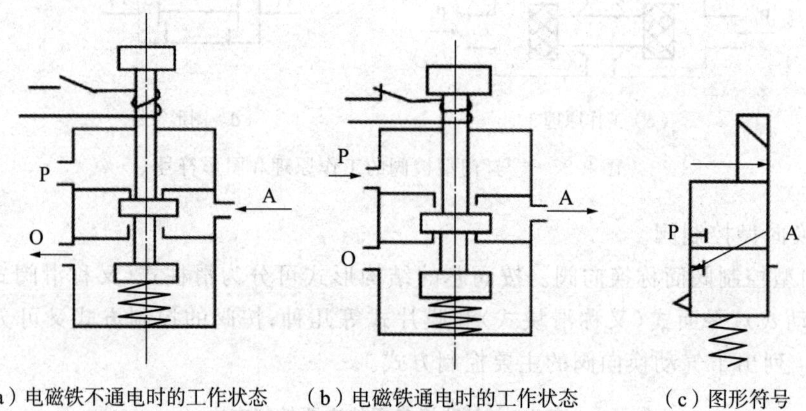

(a)电磁铁不通电时的工作状态　(b)电磁铁通电时的工作状态　(c)图形符号

图 9-28　单电磁铁直动式电磁换向阀的工作原理和图形符号

P—进气口;O—排气口;A—工作口

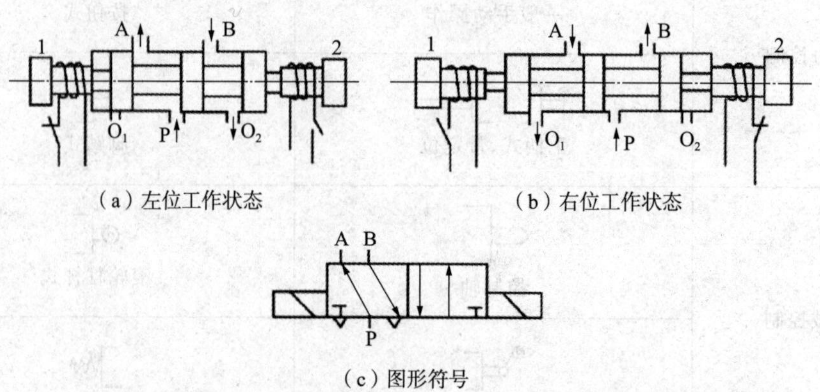

(a)左位工作状态　(b)右位工作状态

(c)图形符号

图 9-29　双电磁铁直动式电磁换向阀的工作原理和图形符号

1,2—电磁铁;P—进气口;O_1、O_2、O—排气口;A、B—工作口

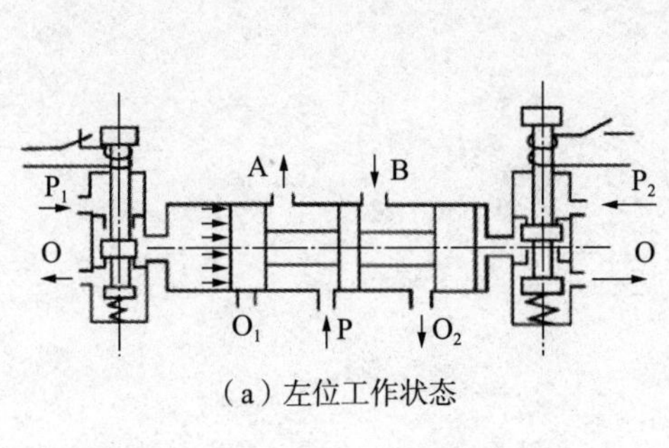

(a) 左位工作状态

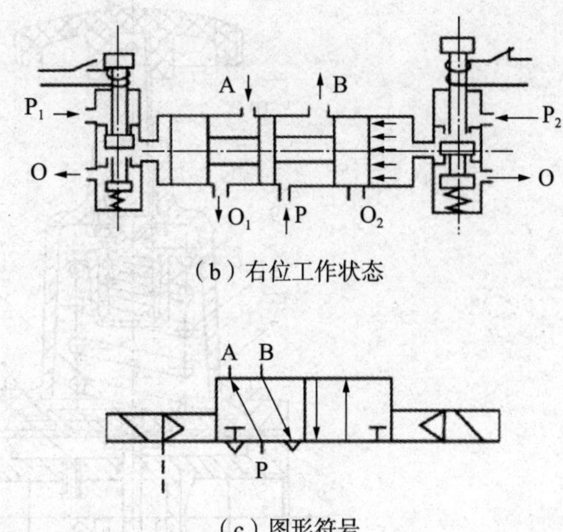

(b) 右位工作状态

(c) 图形符号

图 9-30 双电磁铁先导式电磁换向阀的工作原理和图形符号

P_1、P_2、P—进气口；O_1、O_2、O—排气口；A、B—工作口

双电磁铁换向阀可做成二位阀，也可做成三位阀。双电磁铁二位换向阀具有记忆功能，即通电时换向，断电时仍能保持原有工作状态。为保证双电磁铁换向阀正常工作，两个电磁铁不能同时得电。

2. 压力控制阀

1) 压力控制阀的类型

按功能不同，压力控制阀可分为减压阀(调压阀)、安全阀(溢流阀)和顺序阀。

按结构特点不同，压力控制阀可分为直动式和先导式。直动式压力阀的气压直接与弹簧力相平衡，操纵调压困难，性能差，故精密的高性能压力阀都采用先导式结构。

2) 减压阀的工作原理

直动式减压阀能同时通电，电路中要考虑互锁。

气压传动系统和液压传动系统不同点之一是液压传动系统的液压油一般是由安装在每台设备上的液压源直接提供的，而气压传动则是将压缩空气站中由气罐储存的压缩空气通过管道引出，并减压到适合于系统使用的压力。每台气动装置的供气压力都需要用减压阀来减压，并保持供气压力稳定。

图 9-31 所示为直动式减压阀的结构原理和图形符号。图 9-31(a)中阀芯 5 的台阶面上方形成一定的开口，压力为 p_1 的压缩空气流过此阀口后，压力降低为 p_2。同时，出口侧的一部分气流经阻尼孔 3 进入膜片室，对膜片产生一个向上的推力，与上方的弹簧力相平衡，减压阀便有稳定的压力输出。当输入压力 p_1 增高时，输出压力便随之增高，膜片室的压力也升高，将膜片向上推，阀芯 5 在复位弹簧 6 的作用下上移，使阀口开度减小，节流作用增强，直至输出压力降低到调定值为止；反之，若输入压力下降，则输出压力也随之下降，膜片下移，阀口开度增大，节流作用减弱，直至输出压力回升到调定值再保持稳定。通过调节调压手柄 10 控制阀口开度的大小，即可控制输出压力的大小。一般直动式减压阀的最大输出压力是 0.6MPa，调压范围是 0.1～0.6MPa。

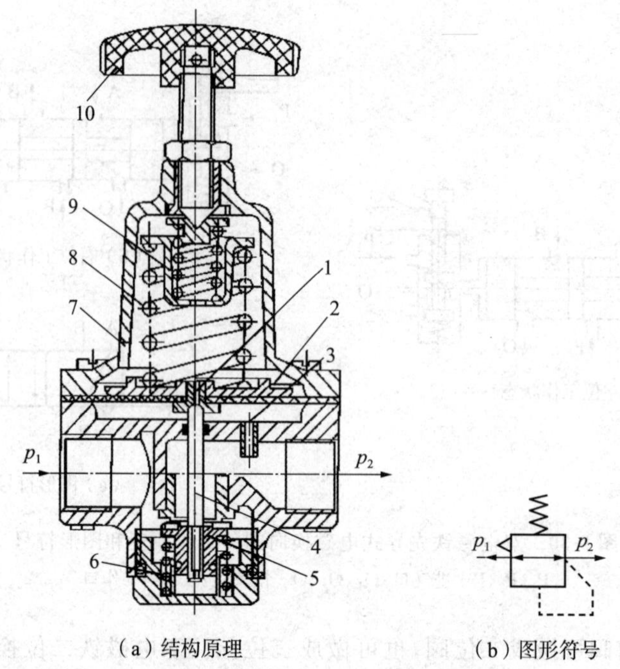

（a）结构原理　　（b）图形符号

图 9-31　直动式减压阀的结构原理和图形符号

1—溢流孔；2—膜片；3—阻尼孔；4—阀杆；5—阀芯；6—复位弹簧；7—阀体排气孔；8、9—调压弹簧；10—调压手柄

3. 流量控制阀

在气动系统中，要控制执行元件的运动速度、控制换向阀的切换时间或控制气动信号的传递速度，都需要通过调节压缩空气流量来实现。用于调节流量的控制阀有节流阀、单向节流阀、排气节流阀等。由于节流阀和单向节流阀的工作原理与液压阀中的同型阀相同，在此不再重复，下面只介绍排气节流阀。

图 9-32 所示为排气消声节流阀的结构原理和图形符号。气流从 A 口进入阀内，由节流口 1 节流后经消声套 2 排出，因而它不仅能调节空气流量，还能起到降低排气噪声的作用。排气节流阀通常安装在换向阀的排气口处并与换向阀联用，起单向节流阀的作用。它实际上只是节流阀的一种特殊形式，由于其结构简单、安装方便、能简化回路，故应用广泛。

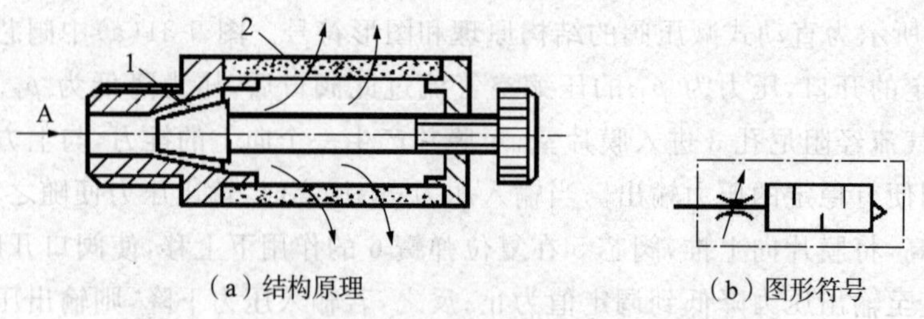

（a）结构原理　　（b）图形符号

图 9-32　排气消声节流阀的结构原理和图形符号

1—节流口；2—消声套

知识延伸

9032 米！极目“看”珠峰

“极目一号”是中国科学院空天信息研究院自主研发的系留浮空器。它体积为 2 300m^3，流线型，可携带科学探测仪器进行垂直剖面和驻空观测。

2019 年 5 月 23 日 6 时 01 分，“极目一号”成功创造了升空到海拔 7 003m 高空科学观测的世界纪录。2022 年 5 月 15 日 1 时 26 分，“极目一号”Ⅲ型浮空艇升空达到 9 032m，超过珠峰 8 848.86m 的高度，创造浮空艇大气科学观测世界纪录。

“极目一号”Ⅲ型浮空艇是我国自主研发的系留浮空器，长 55m，高 19m，体积为 9 060m^3。截至 2022 年 5 月，中国自主研发的“极目一号”Ⅲ型浮空艇已成功完成 10 次升空大气科学观测，最高升空至 9 050m，超过珠峰，创造了浮空艇原位大气科学观测海拔最高的世界纪录。

“极目一号”Ⅲ型浮空艇填补了珠峰地区观测空白，获得青藏高原海拔 9 000m 高空的科学数据，可以研究、追踪区域水循环，为揭示“亚洲水塔”水的来源提供关键科学数据和理论基础，也可为全球变暖背景下青藏高原水—生态—人类活动链式变化应对策略的提出提供重要的科学依据。

为什么要大费周折地选择用浮空艇观测？因为浮空艇对环境的破坏最小，不会改变周边的风场和环境参数。“这么大的东西升到 9 000m 高度，要应对几大难点。”中国科学院空天信息创新研究院党委书记蔡蓉说，一是静电，浮空艇的电子元器件在升空和驻空过程中会产生大量静电和一些感应电流；二是雷电，浮空艇与地面连着，一旦有雷电，肯定会冲着它来；三是测得准，最难的是要保证测数据测得准。

9 000m 高空的空气稀薄，气温最低可达零下三四十摄氏度。“极目一号”Ⅲ型浮空艇要防止静电积累，电子元器件要适应低温低气压环境，还要抵抗 20m/s 的大风，根据空气动力学特性对艇体有相应的针对性设计。

对广袤、高海拔、复杂多变的第三极地区来说，浮空艇像在高空观测第三极环境变化的眼睛，将带来第三个维度的科学观测数据。

观察与实践

送料装置的控制

在图 9-33 所示的送料装置中，方形工件被从垂直料仓中推到传送带上，并由传送带送到加工位置，工件的推出通过一个气缸来实现。按下换向阀按钮，气缸的活塞杆伸出，将工件从料仓中推出；松开按钮，气缸活塞杆返回，为下次送料做好准备。气缸动作要求采用直接控制。

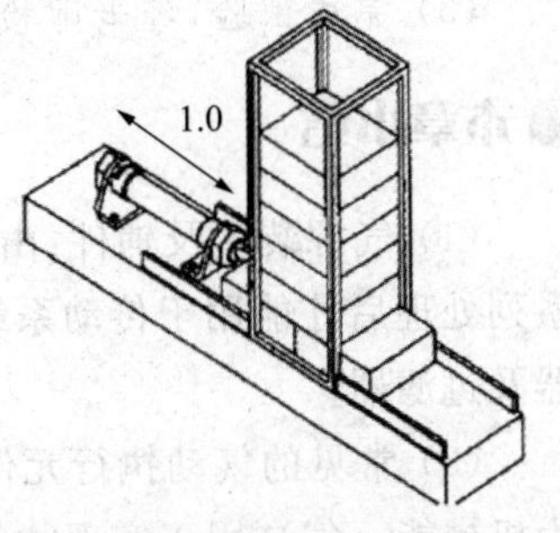

图 9-33 送料装置

1. 实训目的

(1) 掌握气压系统的组成及各部分功能。

(2) 掌握气压换向阀的型号、符号和功能，并绘制换向阀符号。

(3) 能根据工作场景选取合适的换向阀。

2. 实训设备

气压传动实训台，气动平口钳，工具若干。

3. 实训内容

实训回路如图 9-34 所示，行程较小时可采用单作用气缸的方案 1；行程较大时可采用双作用气缸的方案 2。

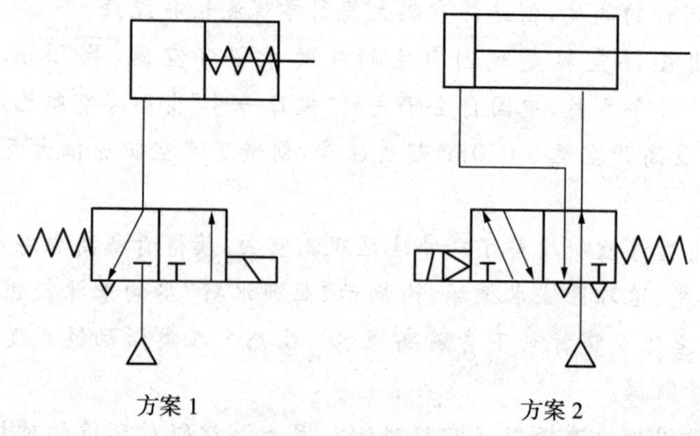

图 9-34 实训回路

若采用单作用气缸，由于气缸活塞的伸出需压缩空气驱动，靠内部弹簧返回，所以选用的换向阀为只有一个输出口的二位三通换向阀；若采用双作用气缸，活塞伸出和返回均由压缩空气驱动，所以应选用有两个输出口的换向阀。

另外，考虑气缸活塞在松开按钮后应自动返回，所以当换向阀选用手动按钮操作、弹簧自动复位的操控方式对二位五通或二位四通换向阀进行接线时，应注意两个输出口哪个与气缸左腔相连，哪个与右腔相连，一旦接错将造成活塞动作方向与控制要求相反。

4. 实训步骤

(1) 熟悉试验设备使用方法：气源的开关、元件的选择和固定、管线的插接等。

(2) 根据所给回路中各元件的图形符号，找出相应元件并进行良好固定。

(3) 分别根据回路中方案 1 和方案 2 进行回路连接并对回路进行检查。

(4) 打开气源观察运行情况，对使用中遇到的问题进行分析和解决。

(5) 完成试验，经老师检查评估后，关闭气源。拆下管线和元件放回原来位置。

本章小结

(1) 气源装置及辅件：由空气压缩机产生的压缩空气必须经过冷却、干燥、净化等一系列处理后才能用于传动系统，因此气源装置还需包括冷却器、油水分离器、储气罐、干燥器及过滤器。

(2) 常见的气动执行元件有气缸和气马达，其工作原理是将压缩空气的压力能转换为机械能。气缸用于实现往复直线运动或摆动，气马达用于实现回转运动。

(3) 气动控制元件有三类控制阀，即压力控制阀、流量控制阀和方向控制阀。

思考与习题

1. 简述叶片式气动马达的结构和工作原理。

2. 为什么气源必须净化？气源净化元件有哪些？

3. 气源装置包括哪些设备？这些设备的作用是什么？

4. 简述气压普通单向阀的结构和工作原理。

5. 简述二位三通阀直动式电磁换向阀的结构和工作原理。

6. 简述单向节流阀的结构和工作原理。

7. 什么是气动三联件？每个元件有什么作用？

8. 气缸有哪些类型？各有何特点？

9. 请画出下列各阀的图形符号：快速排气阀、直动减压阀、双电控二位五通电磁先导换向阀、单向顺序阀和排气节流阀。

10. 查找资料，简要介绍新型气动阀有哪些，应用场合是什么。

第10章　气动回路及应用实例

【知识目标】

（1）了解气动基本回路的组成和工作原理。

（2）掌握分析气动回路系统的步骤和方法。

（3）了解数控加工中心气动换刀系统的组成和工作原理。

【能力目标】

（1）了解常见的气压基本回路的工作原理和应用场景。

（2）能够设计中等难度的气动基本回路。

（3）能简述数控加工中心气动换刀系统的组成和特点。

（4）查找资料，归纳总结气动系统的典型应用，了解其优缺点；能阅读和分析中等难度的气动基本回路，养成深度学习、终身学习的好习惯。

10.1　气动回路

气压传动系统与液压传动系统一样，都是由各种不同功能的基本回路所组成的，并且可以相互参考和借鉴。只有熟悉常用的基本回路，才可能正确分析或设计气动系统。

气动基本回路及应用

气动系统无论多么复杂，均由一些特定功能的基本回路组成。在气动系统分析、设计前，先了解一些气动基本回路、常用回路、回路的功能，熟悉回路的构成和性能，便于气动控制系统的分析、设计，以组成完善的气动控制。应该指出，此处所介绍的回路在实际应用中不要照搬使用，而应根据设备工况、工艺条件仔细分析、比较后采用。

气动回路应根据信号流动方向从下向上绘制，如图10-1所示。

10.1.1　换向回路

换向回路是利用换向阀来实现气动执行元件运动方向的变化。

1. 单作用气缸换向回路

图10-2所示为单作用气缸换向回路，图10-2(a)所示为用二位三通电磁阀控制的单作用气缸上、下回路。该回路中，当电磁阀得电时，活塞杆向上伸出，失电时活塞杆在弹簧作用下返回。图10-2(b)所示为用三位四通电磁阀控制的单作用气缸上、下和停止的换向回路，该阀在两电磁铁均失电时自动对中，使气缸停于任何位置，但定位精度不高，且定位

时间不长。

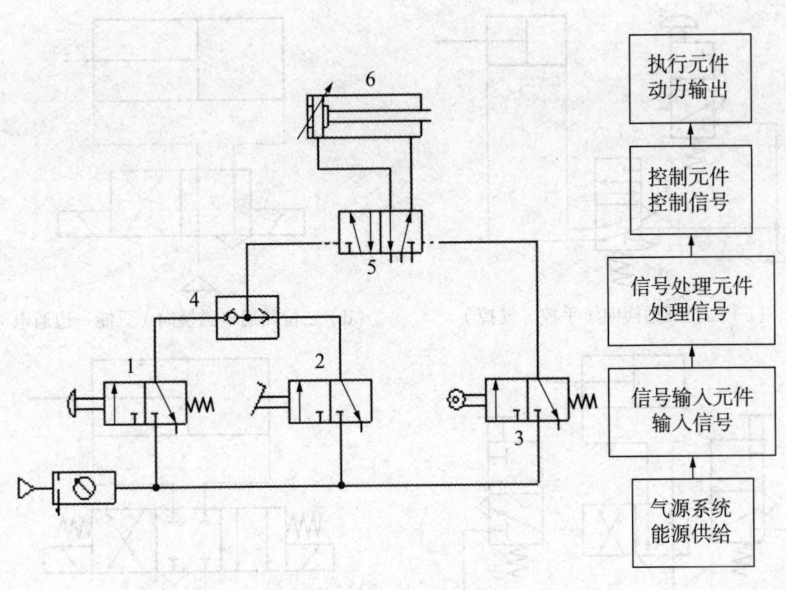

图 10-1 气动回路分析

1—按钮式二位三通阀；2—操作式二位三通阀；3—行程式二位三通阀；4—三通阀；5—二位五通换向阀；6—气缸

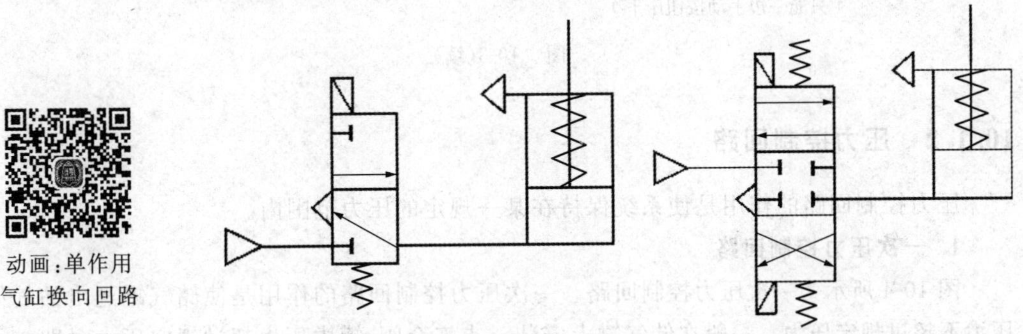

（a）二位三通电磁阀控制的换向回路 （b）三位四通电磁阀控制的换向回路

图 10-2 单作用气缸换向回路

2. 双作用气缸换向回路

图 10-3 所示为各种双作用气缸的换向回路。

动画：双作用
气缸换向回路

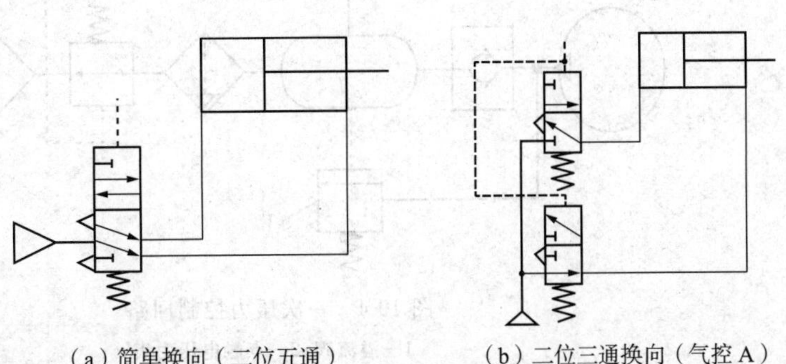

（a）简单换向（二位五通） （b）二位三通换向（气控 A）

图 10-3 双作用气缸换向回路

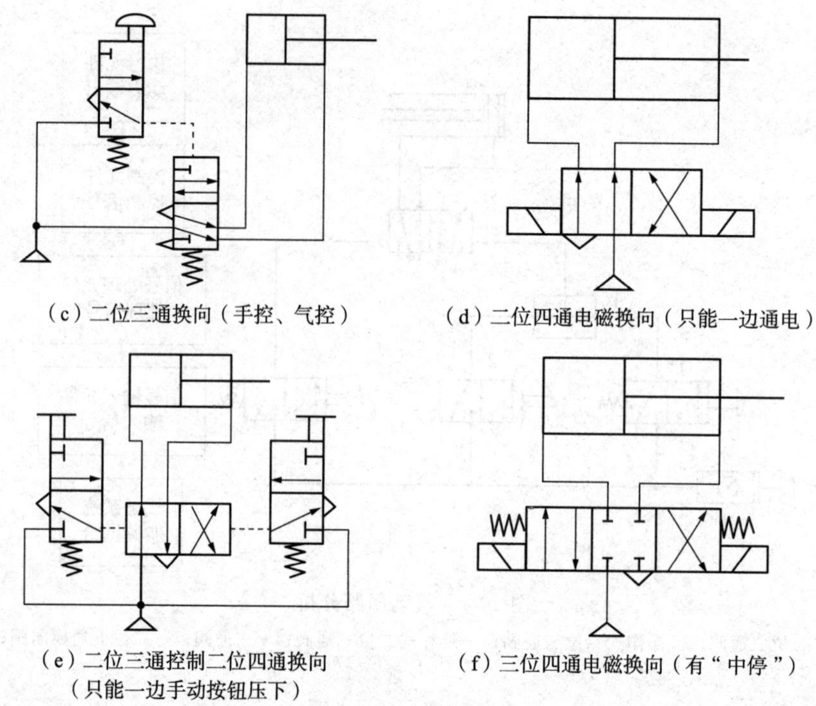

（c）二位三通换向（手控、气控）

（d）二位四通电磁换向（只能一边通电）

（e）二位三通控制二位四通换向
（只能一边手动按钮压下）

（f）三位四通电磁换向（有“中停”）

图 10-3(续)

10.1.2 压力控制回路

压力控制回路的作用是使系统保持在某一规定的压力范围内。

1. 一次压力控制回路

图 10-4 所示为一次压力控制回路。一次压力控制回路的作用是使储气罐送出的气体压力不超过规定压力。一般在储气罐上安装一支安全阀，罐内压力超过规定压力时即向大气放气，或者在储气罐上装一电接点压力表，罐内压力超过规定压力时即控制压缩机断电。

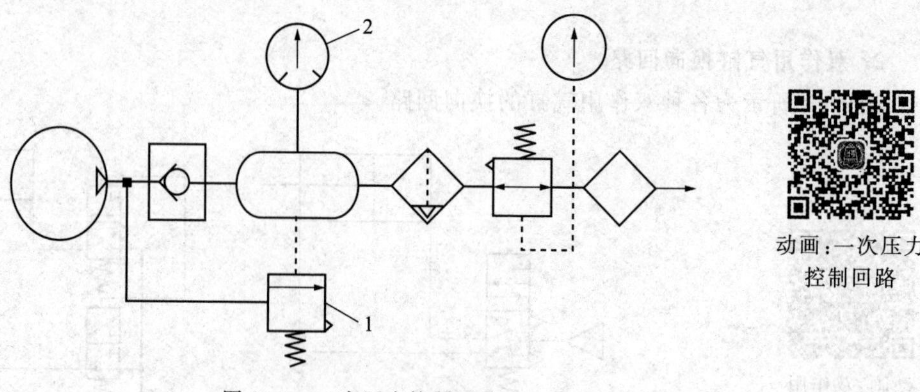

动画：一次压力控制回路

图 10-4 一次压力控制回路

1—溢流阀；2—点触电压力表

2. 二次压力控制回路

图 10-5 所示为用空气过滤器、减压阀、油雾器(气动三联件)组成的二次压力控制回路,其作用是保证系统使用的压力为一定值。

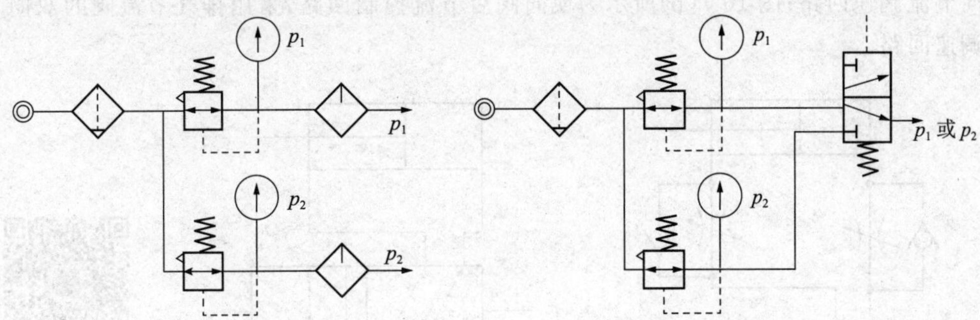

(a) 由减压阀控制输出高低压力 p_1、p_2　　(b) 由换向阀控制输出高低压力

图 10-5　二次压力控制回路

动画:二次压力控制回路

10.1.3　速度控制回路

速度控制回路的基本方法是用节流阀控制进入或排出执行元件的气流量。

1. 单作用气缸的速度控制回路

速度控制回路常用气动流量阀、快排气阀来实现。

1) 节流阀调速

图 10-6(a)所示为采用两反向安装的单向节流阀分别控制活塞杆的伸出和缩回速度。

2) 快排气阀节流调速

图 10-6(b)所示为快排气阀的节流调速回路。上升时可通过节流阀调速,下降时可通过快排气阀排气,快速返回。

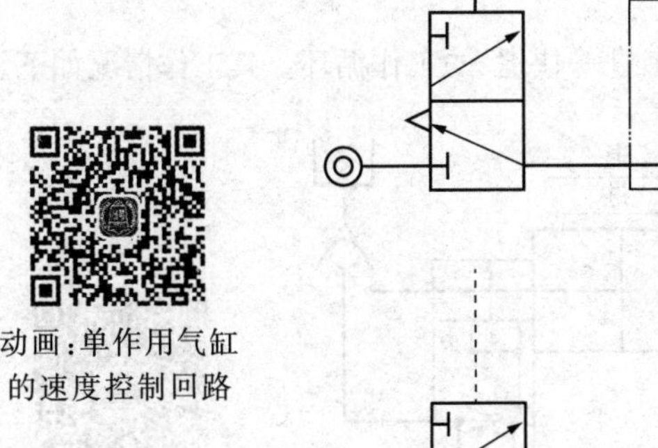

动画:单作用气缸的速度控制回路

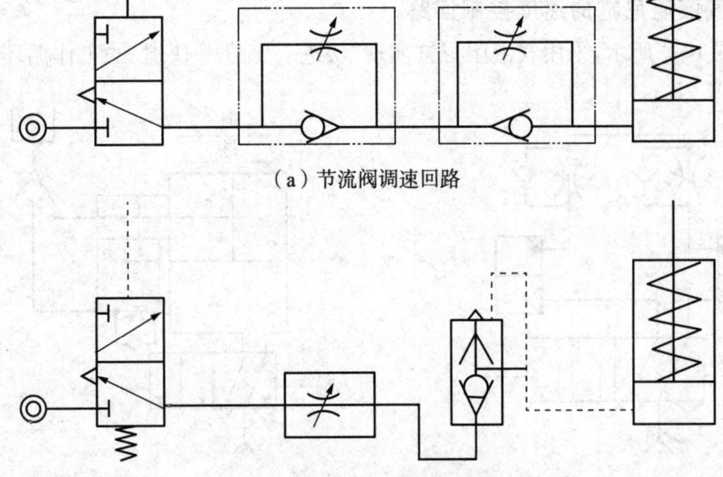

(a) 节流阀调速回路

(b) 快排气阀节流调速回路

图 10-6　单作用气缸的速度控制回路

2. 双作用气缸的速度控制回路

图 10-7 所示为双作用气缸速度控制回路。采用排气节流调速，其活塞运动较平稳，比进气节流调速效果好。图 10-7(a)所示为换向阀前节流控制回路，采用单向节流阀式的双向节流调速回路；图 10-7(b)所示为换向阀后节流控制回路，采用排气节流阀的双向节流调速回路。

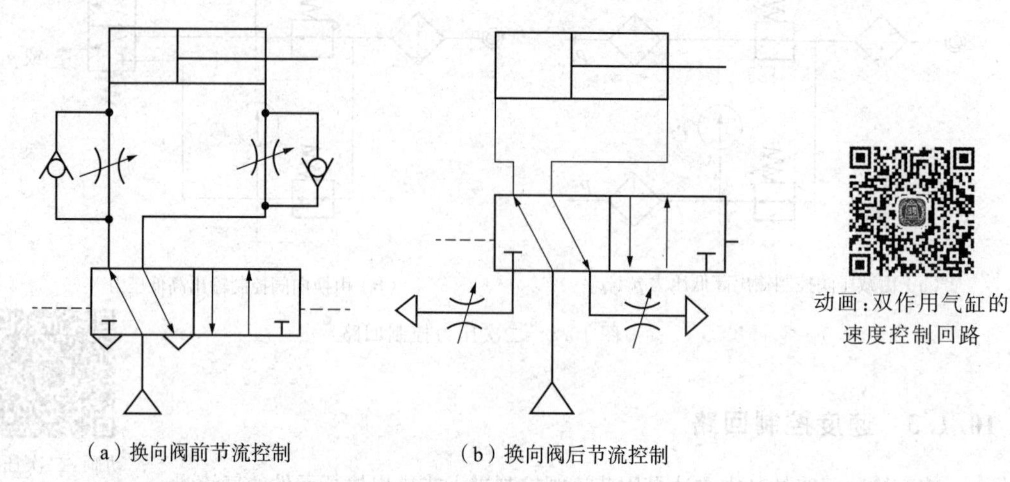

(a) 换向阀前节流控制　　(b) 换向阀后节流控制

图 10-7　双作用气缸的速度控制回路

动画：双作用气缸的速度控制回路

10.1.4　气液联动回路

在气动回路中，若采用气液转换器或气液阻尼缸后，就相当于把气压传动转换为液压传动，就能使执行元件的速度调节更加稳定，运动也更平稳。

1. 气液转换器的速度控制回路

如图 10-8 所示，利用气液转换器把气压变为液压，利用液压油驱动液压缸，得到平稳易于控制的活塞运动速度。通过调节节流阀可改变活塞运动速度。

2. 气液阻尼缸的速度控制回路

如图 10-9 所示，采用气液阻尼缸实现“快进—工进—快退”的工作循环。其工作情况如下。

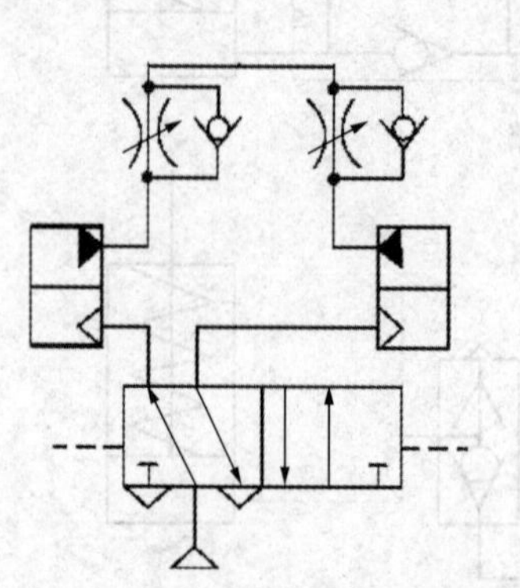

图 10-8　气液转换器的速度控制回路

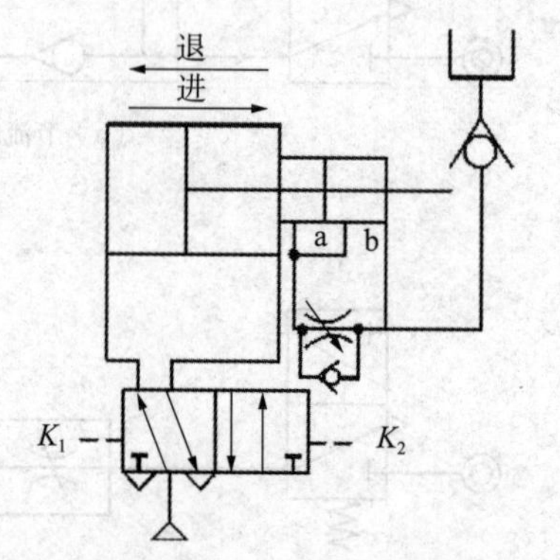

图 10-9　气液阻尼缸的速度控制回路

动画：气液转换器的速度控制回路

(1) 快进。K_2 有信号,五通阀右位工作,活塞向左运动,液压缸右腔的油经 a 口进入左腔,气缸快速左进。

(2) 工进。活塞将 a 口封闭,液压缸右腔的油经 b 口、节流阀回左腔,活塞工进。

(3) 快退。K_2 消失,K_1 输入信号,五通阀左位工作,活塞快退。

10.1.5　延时控制回路

1. 延时输出回路

图 10-10 所示为延时输出回路。当控制信号切换阀 4 后,压缩空气经单向节流阀 3 向气罐 2 充气。充气压力延时升高达到一定值使阀 1 换向后,压缩空气就从该阀输出。

2. 延时退回回路

图 10-11 所示为延时退回回路。按下按钮阀 1,主控阀 2 换向,活塞杆伸出,至行程终端;挡块压下行程阀 5,其输出的控制气经节流阀 4 向气罐 3 充气。当充气压力延时升高达到一定值后,主控阀 2 换向,活塞杆退回。

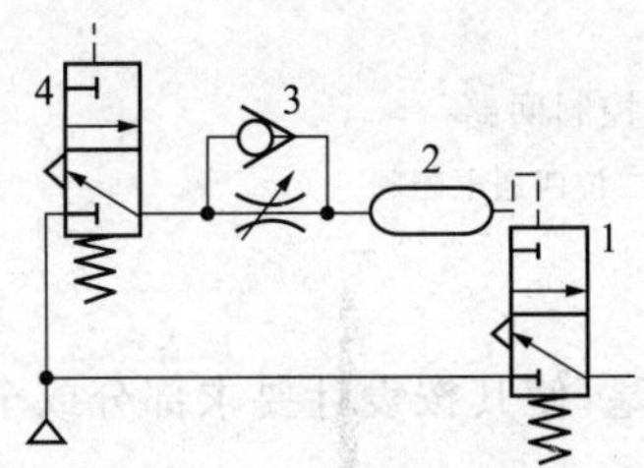

图 10-10　延时输出回路

1—阀;2—气罐;3—单向节流阀;4—信号切换阀

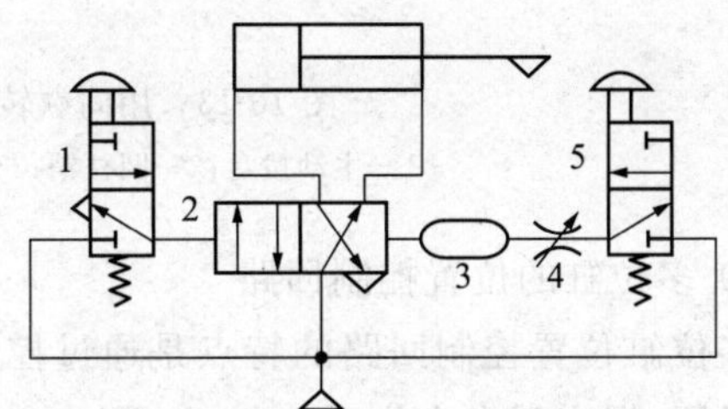

图 10-11　延时退回回路

1—按钮阀;2—主控阀;3—气罐;4—节流阀;5—行程阀

10.1.6　位置控制回路

1. 选定的位置控制回路

1) 用缓冲挡块的位置控制回路

特定位置控制回路常用缓冲挡块实现,如图 10-12 所示。此回路要注意以下事项。

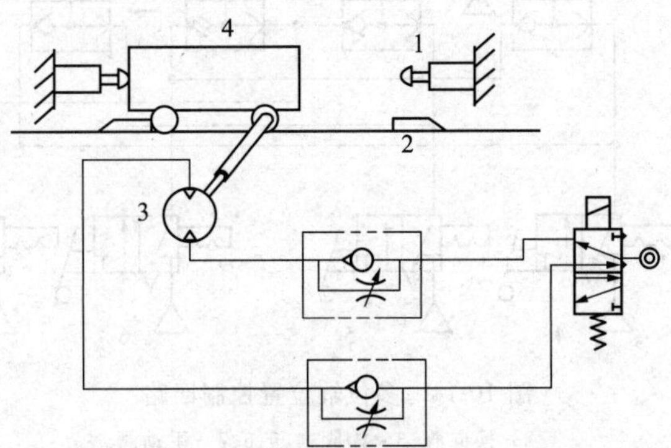

图 10-12　用缓冲挡块的位置控制回路

1—缓冲器;2—挡块;3—气马达;4—小车

(1) 当小车停止时，系统压力会有所增高，为防止压力过高，应考虑设置安全阀。

(2) 小车与挡块的经常碰撞、磨损对定位精度有影响。

2) 用间歇转动机构的位置控制回路

特定位置控制回路还可以使用间歇转动结构，如槽轮实现，如图 10-13 所示。

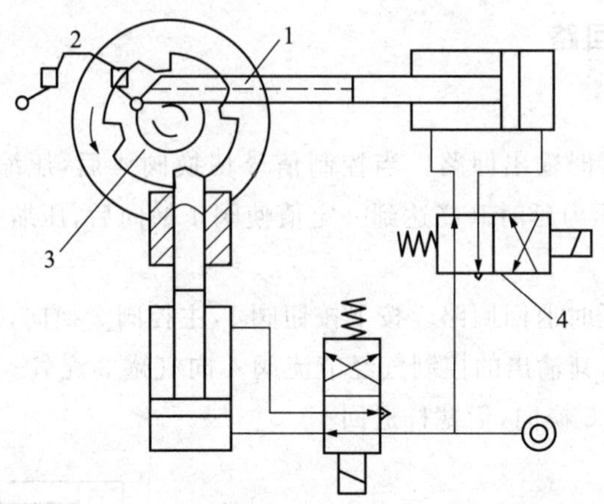

图 10-13　用间歇转动机构的位置控制回路

1—主动拨盘；2—圆柱销；3—从动槽轮；4—二位四通电磁阀

3) 多位缸的位置控制回路

多位缸位置控制回路的特点是通过控制若干个活塞，使其按设计要求部分或全部伸出或退回，以实现多个位置控制，如图 10-14 所示。

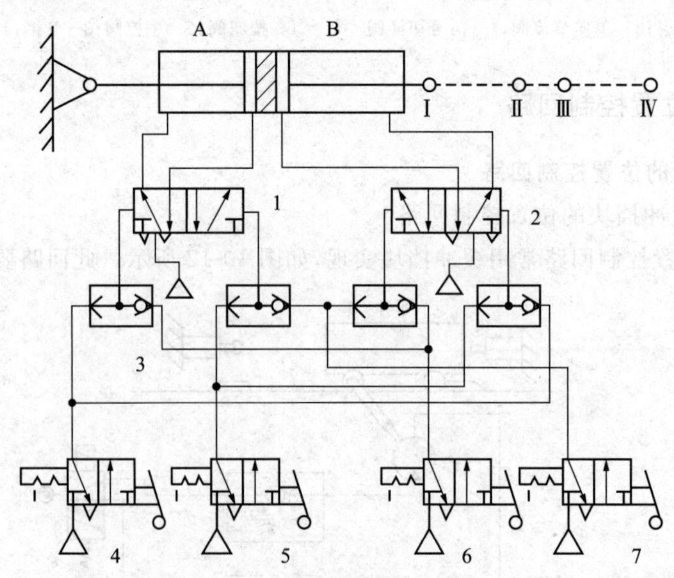

图 10-14　多位缸位置控制回路

1、2—换向阀；3—梭阀；4、5、6、7—手动阀

将两个单杆双作用气缸的无杆腔端盖合成一体，安装时将一端活塞杆固定。当仅手动阀 4 切换时，气缸处于Ⅰ位；当仅手动阀 5 切换时，气缸 A 动作，行程至位置Ⅱ；当仅手

动阀 6 切换时，气缸 A 退回、气缸 B 伸出行程至位置Ⅲ；当仅手动阀 7 切换时，气缸动作，A 和 B 行程至位置Ⅳ。

2. 任意位置停止的回路

图 10-15 所示为控制活塞杆任意位置停止的回路。

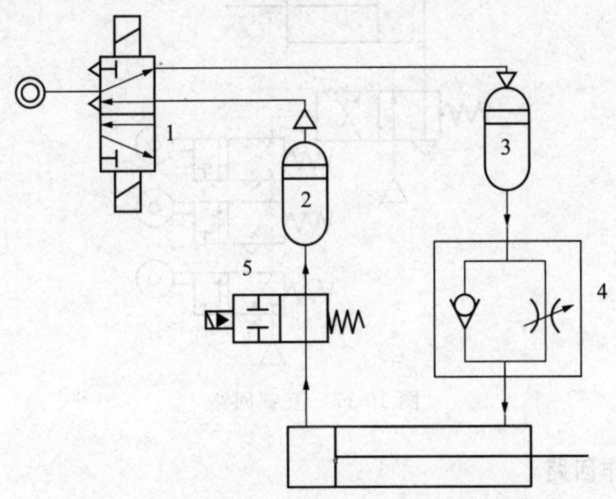

图 10-15　控制活塞杆任意停止的位置回路

1—电磁气阀；2、3—气液传动器；4—单向节流阀；5—电液阀

10.1.7　安全保护和操作回路

由于气动机构负荷的过载、气压的突然降低以及气动机构执行元件的快速动作等原因都可能危及操作人员和设备的安全，因此在气动回路中常常加入安全回路。

1. 过载保护回路

如图 10-16 所示，当活塞杆在伸出过程中遇到挡块 6 或其他原因使气缸过载时，无杆腔压力升高，打开顺序阀 3，使阀 2 换向，阀 4 随即复位，活塞就立即缩回，实现过载保护；若无障碍，气缸继续向前运动时压下阀 5，活塞即刻返回。

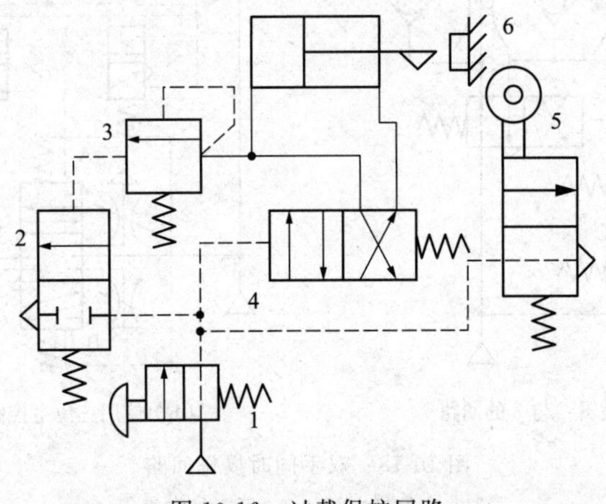

图 10-16　过载保护回路

1、2、4、5—换向阀；3—顺序阀；6—挡块

2. 互锁回路

图 10-17 所示为互锁回路。四通阀的换向受三个串联的机动三通阀控制，只有三个都接通，主控阀才能换向。

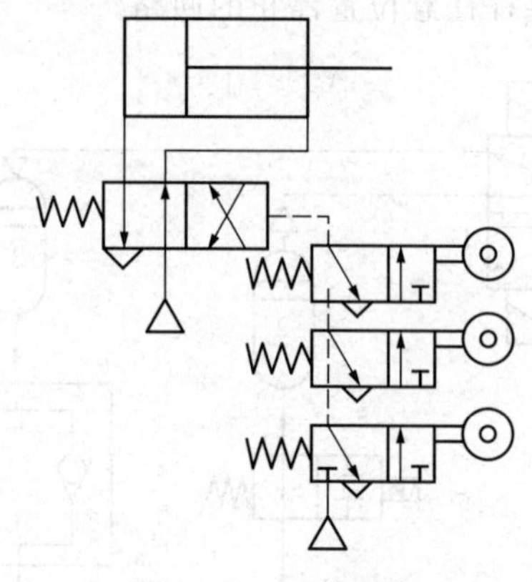

图 10-17　互锁回路

3. 双手同时操作回路

双手同时操作回路是使用两个起动用的手动阀，只有同时按下两个阀才能动作的回路。这种回路主要是为了安全。在锻造、冲压机械上常用来避免误动作，以保护操作者的安全。

图 10-18(a)所示为使用逻辑“与”回路的双手操作回路，为使主控阀换向，必须使压缩空气信号进入其左端，故两只三通手动阀要同时换向。另外，这两个阀必须安装在单手不能同时操作的位置上。在操作时，若任何一只手离开，则控制信号消失，主控阀复位，活塞杆退回。

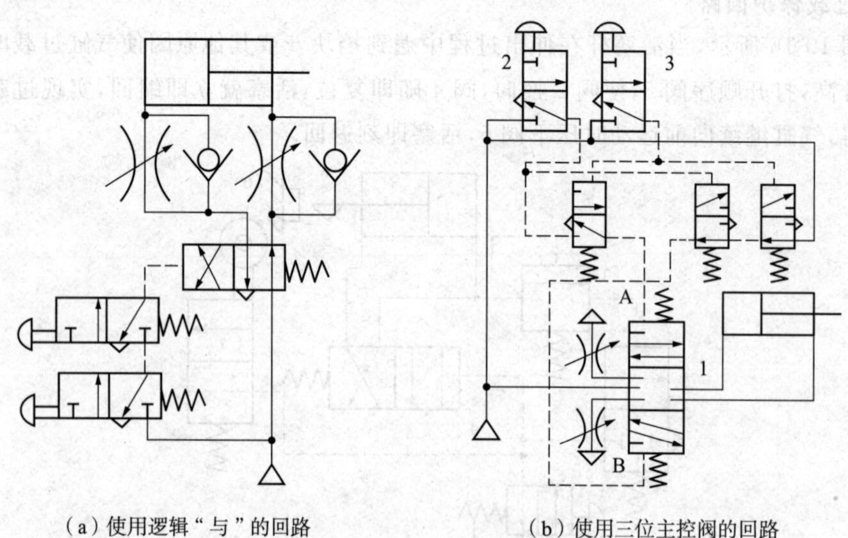

(a) 使用逻辑“与”的回路　　(b) 使用三位主控阀的回路

图 10-18　双手同时操作回路

1—主控换向阀；2、3—手动换向阀

图 10-18(b)所示为使用三位主控阀的双手操作回路，把主控换向阀 1 的信号 A 作为手动换向阀 2 和 3 的逻辑“与”回路，即只有手动换向阀 2 和 3 同时动作时，主控换向阀 1 换向至上位，活塞杆前进；把信号 B 作为手动换向阀 2 和 3 的逻辑“或非”回路，即当手动换向阀 2 和 3 同时松开时(图示位置)，主控换向阀 1 换向至下位，活塞杆退回；若手动换向阀 2 或 3 任何一个动作，将使主控阀复位至中位，活塞杆处于停止状态。

10.1.8 顺序动作回路

顺序动作回路是指在气动回路中各执行元件按预定顺序动作回路。

1. 单缸往复动作回路

单缸往复动作回路分为单缸单往复动作回路和单缸连续往复动作回路，前者是指给定一个信号后，气缸只完成 A_1A_0 一次往复动作(A 表示气缸，下标“1”表示 A 缸活塞杆伸出，下标“0”表示活塞杆退回动作)；而后者是指输入一个信号后，气缸可连续进行 $A_1A_0A_1A_0$……动作。

1) 单往复动作回路

图 10-19 所示为三种单往复动作回路。图 10-19(a)所示为行程阀控制的单往复动作回路，当按下阀 1 的手动按钮后，压缩空气使阀 3 换向，活塞杆伸出；当凸块压下行程阀 2 时，阀 3 复位，活塞杆退回，完成 A_1A_0 循环。图 10-19(b)所示为压力控制的单往复工作回路，当按下阀 1 的手动按钮后，阀 3 阀芯左移，气缸无杆腔进气，活塞杆伸出；当活塞到达行程终点时，气压升高，打开顺序阀 2，使阀 3 换向，活塞杆退回，完成 A_1A_0 循环；图 10-19(c)所示为利用阻容回路形成的时间控制单往复工作回路，当按下阀 1 的按钮后，阀 3 换向，气缸活塞杆伸出；当压下行程阀 2 后，需经过一定的时间后阀 3 才能换向，再使活塞杆退回，完成 A_1A_0 循环。由以上可知，在单往复工作回路中，每按下一次按钮，可完成一个 A_1A_0 的循环。

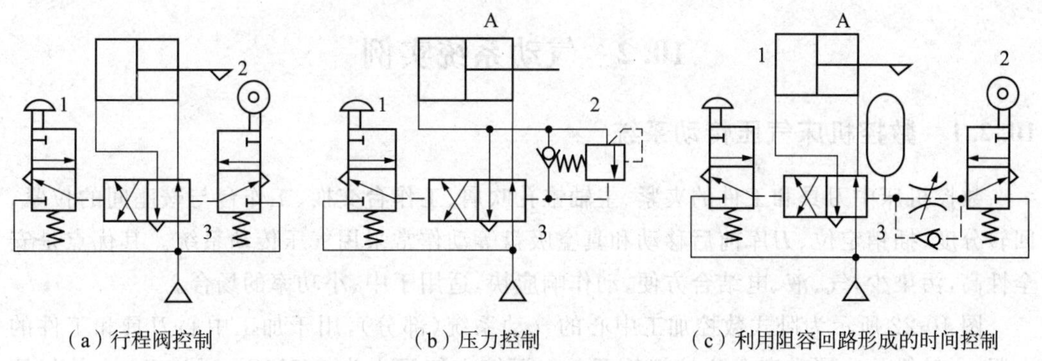

图 10-19　单往复工作回路

1—阀；2—手动换向阀、单向顺序阀；3—气动换向阀

2) 连续往复动作回路

图 10-20 所示为单缸连续往复动作回路，能完成连续的动作循环。当按下阀 1 的按钮后，阀 4 换向，活塞杆向右运动，此时阀 3 复位将气路封闭，阀 4 不能复位，活塞杆继续

伸出；活塞杆到达行程终点压下阀 2，使阀 4 控制气路排气，在弹簧作用下阀 4 复位，活塞杆退回。活塞杆到达行程终点压下阀 3，阀 4 换向，活塞杆再次伸出，形成 $A_1A_0A_1A_0$……连续往复动作。提起阀 1 的按钮后，阀 4 复位，活塞杆退回而停止运动。

2. 多缸顺序动作回路

两三只或多只气缸按一定顺序动作的回路，称多缸顺序动作回路。其应用较广泛，在一个循环中，若气缸只做一次往复，称单往复顺序，若某些气缸做多次往复，就称多往复顺序。若用 A、B、C……气缸，仍用下标 1、0 表示活塞杆的伸出和退回，则两只气缸的基本动作顺序有 $A_1B_1A_0B_0$ 和 $A_1A_0B_1B_0$ 两种。而三只气缸的基本动作就有 15 种之多，如 $A_1B_1C_1A_0B_0C_0$、$A_1A_0B_1C_1B_0C_0$、$A_1B_1C_1A_0C_0B_0$ 等。这些顺序动作回路都属于单往复顺序。图 10-21 所示为两缸多往复顺序动作回路，其基本动作为 $A_1B_1A_0B_0A_1B_1A_0B_0$ 的连续往复顺序动作。在程序控制系统中，把这些顺序动作回路都称程序控制回路。

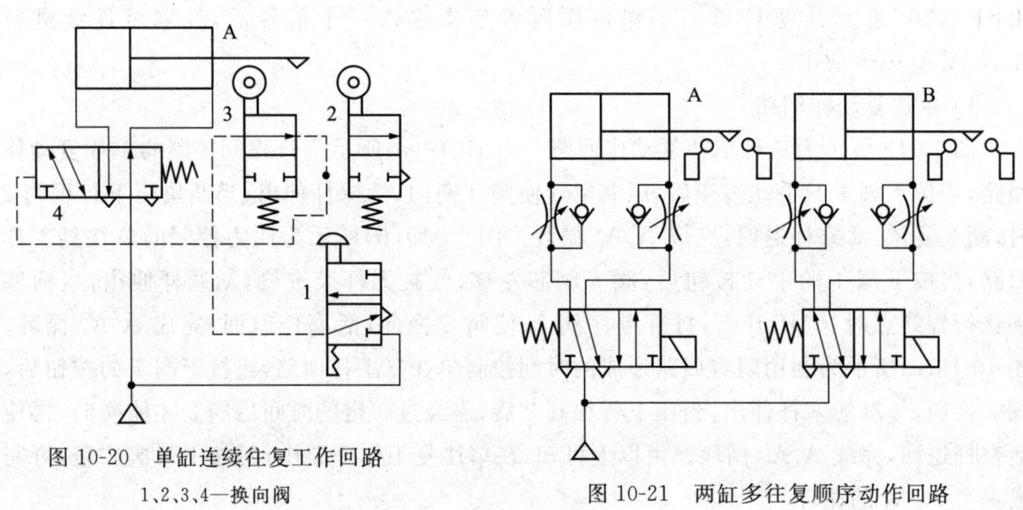

图 10-20 单缸连续往复工作回路

1、2、3、4—换向阀

图 10-21 两缸多往复顺序动作回路

10.2 气动系统实例

10.2.1 数控机床气压传动系统

数控机床中刀具和工件的夹紧、主轴锥孔吹屑、工作台交换、工作台与鞍座间的拉紧、回转分度、插销定位、刀库前后移动和真空吸盘等动作常采用气压传动系统。其优点是安全性高，污染少，气、液、电结合方便，动作响应快，适用于中、小功率的场合。

图 10-22 所示为卧式数控加工中心的气动系统（部分），用于加工中心刀具和工件的夹紧、主轴锥孔吹屑和安全防护门的开关。压缩空气压力为 0.5MPa，通过 8mm 的气管接到过滤、减压、油雾化的三联件 ST 到达换向阀，压缩空气得到了干燥、洁净，并加入了适当的润滑用油雾。

1YA 失电时，刀具和工件夹紧；1YA 得电时，刀具和工件松开。2YA 得电时，压缩空气吹向主轴锥孔，吹去铁屑。

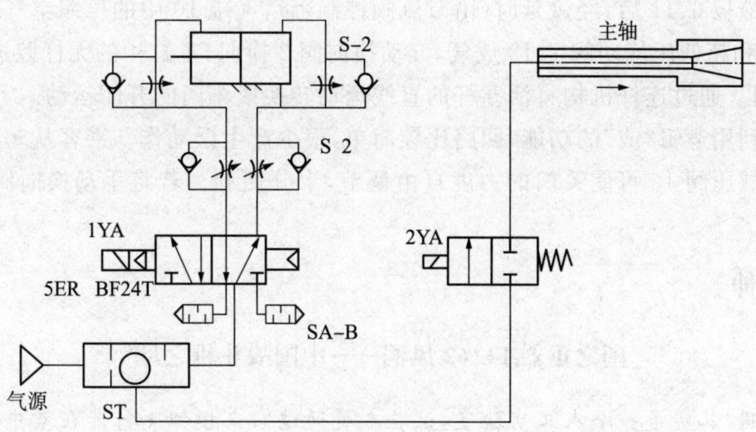

图 10-22　卧式数控加工中心的气动系统(部分)

10.2.2　汽车门开关气动系统

利用超低压气动阀来检测人的踏板动作。如图 10-23 所示,在车门内、外装踏板 6 和 11,踏板下方装有完全封闭的橡胶管,管的一端与超低压气动阀 7 和 12 的控制口连接。当人站在踏板上时,橡胶管内压力上升,超低压气动阀产生动作。

如图 10-23 所示,首先使手动换向阀 1 上位接入工作状态,空气通过气动换向阀 2、单向节流阀 3 进入主缸 4 的无杆腔,将活塞杆推出(门关闭)。当人站在内踏板 6 上时,超低压气动阀 7 动作;当人站在外踏板 11 上时,超低压气动阀 12 动作,使梭阀 8 上面的通口关闭,下面的通口接通(此时由于人已离开踏板 6,超低压气动阀 7 已复位),压缩空气通过梭阀 8、单向节流阀 9 和气罐 10 使气动换向阀 2 换向,进入主缸 4 的有杆腔,活塞杆退回,门打开。

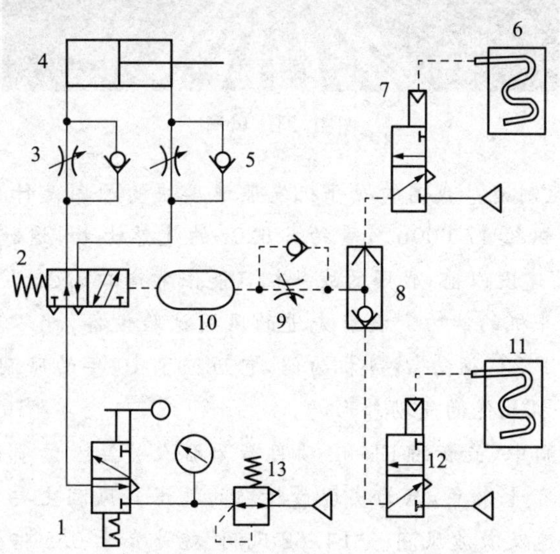

图 10-23　汽车门开关气动系统

1—手动换向阀;2—气动换向阀;3、5、9—单向节流阀;4—主缸;6、11—内、外踏板;
7、12—超低压气动阀;8—梭阀;10—气罐;13—减压阀

人离开踏板6、11后，经过延时(由节流阀控制)后，气罐10中的压缩空气经单向节流阀9、梭阀8和超低压气动阀7、12放气，气动换向阀2换向，主缸4的无杆腔进气，活塞杆伸出，门关闭。通过连杆机构将活塞杆的直线运动转换成车门的开闭运动。

该回路利用逻辑“或”的功能，回路比较简单，很少产生误动作。乘客从车门的哪一侧进出均可。减压阀13可使关门的力度自由调节，十分便利。若将手动换向阀复位，则可变为手动门。

知识延伸

国之重器FL-62风洞——中国战斗机之母

所谓风洞，其实是一个人工实验室，试验人员通过它来模拟飞行器在空中的气体流动情况，也有人称其为“飞机孵化场”，如图10-24所示。

随着中国经济的不断增长，科学技术得到显著提高，“国之重器”呈爆发式增长。几十年来，我们取得了显著成就，而在战斗机方面，我们在新中国成立之初只有17架飞机，在开国大典上，周总理让飞机飞两遍；如今，我们的战机数量仅次于俄罗斯。随着技术的发展，战斗机的型号也在更新换代。最近，我们的歼-20横空出世，代表我国的战斗机已经跻身世界前列。

图10-24　风洞

歼-20为何能迅速制造？我国的战斗机发展速度快的原因是什么？在我国沈阳市沈北新区坐落着一个容积约17 000m^3，重约6 620t的庞然大物，这就是我国的“FL-62风洞”。在“FL-62风洞”建设以前，我国的战斗机只能依靠进口、改造。它的建成，使我们具有了自主研制先进战斗机的能力。没有先进的风洞试验设备，就不可能研制出先进的航空飞行器。以美国的F-22“猛禽”战斗机为例，它历经了10年的风洞试验过程，才最终确定了F-22“猛禽”战斗机最优的气动外形。

在众多的国产风洞中，最新的FL-62项目最为引人关注。该项目立项于2010年，相关人员已经为此努力了十余年，只为实现最精准的技术。风洞主要可以分为低速、高速、亚声速、跨声速、超声速及激波风洞。“FL-62风洞”就是介于0.5倍声速和1.3倍声速之间的跨声速风洞，这也是我国首个连续式跨声速风洞。

西方媒体曾报道，中国的FL-62项目建成后，技术水平将在全球处于领先地位，使正在和中国角逐下一代战机的其他大国倍感压力。“FL-62风洞”中8万千瓦主驱动压缩机、电机、变频器等多项技术填补了国内空白，被誉为实至名归的“中国战斗机之母”，美国专家曾说：“没有它的建设，中国歼-20 至少晚建成 10 年。”

观察与实践

自动送料装置控制

自动送料装置将工件从料仓推出后，由传送带将其送到加工位置。在气缸活塞杆完全退回时，按下一个定位开关，使气缸的活塞杆向前做伸出运动，将工件推出；当气缸活塞杆达到行程末端，即把工件完全推出后，活塞杆自动返回，只要不改变定位开关的状态，气缸活塞杆就不断地进行往复运动，将工件一个个连续推出。若将定位开关恢复到原位，气缸就会在完成当前的动作后退回，停止自动送料。

1. 实训目的

(1) 了解气压系统的分析与应用。

(2) 会正确使用各种气压元件，搭建组合气压系统。

(3) 能利用计算机软件 FluidSIM 进行仿真训练。

(4) 掌握气压系统的常见故障及排除方法。

2. 实训设备

气压传动实训台，自动送料装置，工具若干。

3. 实训内容

实现方式有两种：实训方案 1 的气动控制回路如图 10-25 所示；实训方案 2 的电气控制回路如图 10-26 所示。

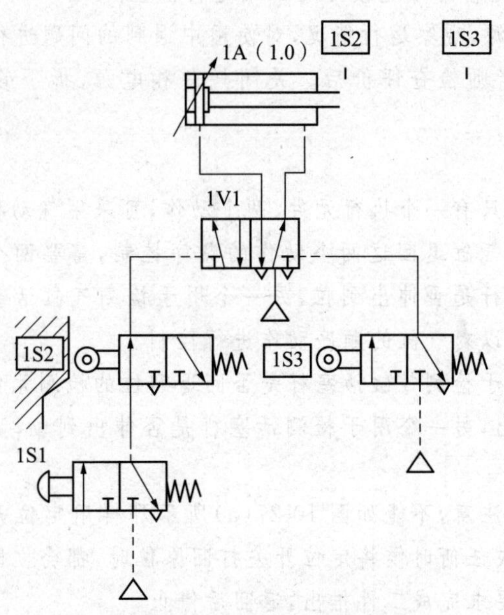

图 10-25　方案 1 的气动控制回路图

注：(1) 图中行程阀 1S2 的画法表明其在静止位置，即处于被活塞杆上的凸块压下的状态；

(2) 气缸前方所标的 1S2 和 1S3 表明行程阀 1S2 和 1S3 实际安装位置分别是在气缸 1A1 活塞杆行程始端和末端。

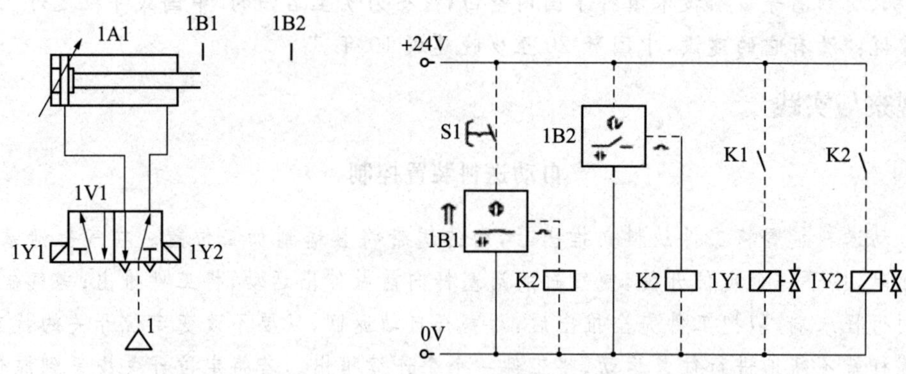

图 10-26 方案 2 电气控制回路图

注:(1) 1B1 和 1B2 为两个感应气缸活塞杆凸块位置的电容式传感器,所以安装在气缸 1A1 活塞杆完全伸出和完全退回时凸块所在位置,它们除要在电气回路中进行标注,还应在气缸 1A1 的前方进行标注,以此来说明它们的安装位置。

(2) 电气控制回路图中的 1Y1 和 1Y2 对应图形是电磁阀线圈在电气回路中的表示方法。

4. 实训步骤

(1) 根据图 10-24 中各元件的图形符号,找出相应元件并进行良好固定。

(2) 根据图 10-24 进行回路连接并对回路进行检查。

(3) 打开气源,观察运行情况,对使用中遇到的问题进行分析和解决。

(4) 熟悉电磁换向阀、接近开关、行程开关、继电器等电气元件的使用方法。

(5) 根据图 10-25 中各元件的图形符号,找出相应元件并进行良好固定。

(6) 根据图 10-25 进行回路连接并对回路进行检查。

(7) 打开气源和电源,观察运行情况,对使用中遇到的问题进行分析和解决。

(8) 完成试验,经老师检查评价后。关闭气源和电源,拆下管线和元件并放回原来位置。

5. 实训总结

本实训的控制回路只有一个执行元件、两个动作,可采用气动控制和电气控制两种方案。为实现气缸伸出和气缸退回这两个动作的顺序控制,需要两个位置检测元件。其中一个用于检测气缸活塞杆是否伸出到位,另一个用于检测气缸活塞杆是否退回到位。通过这两个检测元件就可以对气缸的顺序动作进行控制。

定位开关信号和用于检测气缸活塞杆是否回退到位的检测元件信号串联或用双压阀连接,以控制气缸的伸出,另一个用于检测活塞杆是否伸出到位,则用来控制气缸活塞杆的返回。

采用气动控制时应注意,不能如图 10-27(a)所示那样用定位开关来通断主控换向阀的气源,因为这样会造成任何时候将定位开关打回原位时,都会立即切断气源。活塞将停在当前位置,而不是按要求完成工件推出,返回后停止。

采用电气控制时,则应注意电气定位开关不能如图 10-27(b)所示那样用于通断电源,因为这样可能造成活塞杆在伸出时电源被切断,气缸活塞杆虽然可以继续伸出,但伸到末端位置后检测元件已经断电,从而无法发出信号,因而气缸活塞杆不能返回。

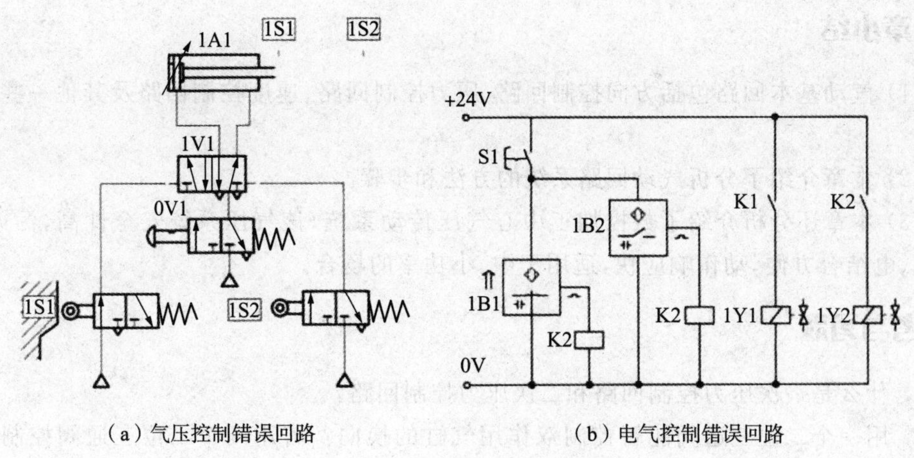

（a）气压控制错误回路　（b）电气控制错误回路

图 10-27　送料装置错误回路

6. 实训评价

本实训项目的评价内容包含专业能力评价、方法能力评价及社会能力评价等。其中，项目测试占 30%，自我评定占 20%，小组评定占 10%，教师评定占 30%，实训报告和答辩占 10%，总计为 100%，见表 10-1。

表 10-1　实训项目综合评价表

评定形式	比重	评定内容	评定标准	得分
项目测试	30%	(1) 根据图形符号认读气动元件和电气元件，占 10%； (2) 画出指定阀件的图形符号，并说出该符号的含义，占 10%； (3) 说出气压系统的组成和各部分的作用，占 10%	好(30)，较好(24)，一般(18)，差(<18)	
自我评定	20%	(1) 学习工作态度； (2) 出勤情况； (3) 任务完成情况	好(20)，较好(16)，一般(12)，差(<12)	
小组评定	10%	(1) 责任意识； (2) 交流沟通能力； (3) 团队协作精神	好(10)，较好(8)，一般(6)，差(<6)	
教师评定	30%	(1) 小组整体的学习情况； (2) 计划制订、执行情况； (3) 任务完成情况	好(30)，较好(24)，一般(18)，差(<18)	
实训报告和答辩	10%	答辩内容	好(10)，较好(8)，一般(6)，差(<6)	
成绩总计：		组长签字：	教师签字：	

本章小结

(1) 气动基本回路包括方向控制回路、压力控制回路、速度控制回路及其他一些常用回路。

(2) 本章介绍了分析气动回路系统的方法和步骤。

(3) 本章还分析介绍了数控加工中心气压传动系统,该气压系统安全性高,污染少,气、液、电结合方便,动作响应快,适用于中、小功率的场合。

思考与习题

1. 什么是一次压力控制回路和二次压力控制回路?

2. 用一个二位三通阀能否控制双作用气缸的换向?若用两个二位三通阀控制双作用气缸,能否实现气缸的起动和停止?

3. 使用气动系统时,应注意哪些问题?

4. 分析图 10-28 所示的气动回路。

5. 试设计一种常用的快进→工进→快退的气动控制回路。

6. 试设计一个节流调速回路,该回路可使双作用气缸快速返回,只准用以下 3 个阀:单电控二位五通电磁先导换向阀、节流阀和快速排气阀。

7. 图 10-29 所示为两台冲击气缸的铆接回路,试分析其工作原理并说明 3 个手动阀的作用。

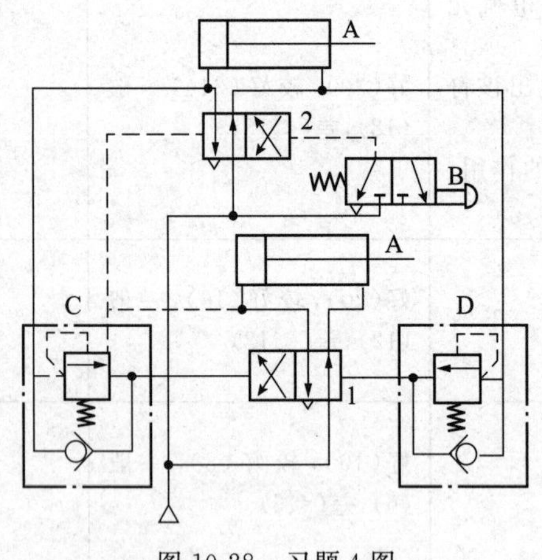

图 10-28 习题 4 图

1,2—换向阀;A—气缸;B—手动阀;C,D—单向溢流阀

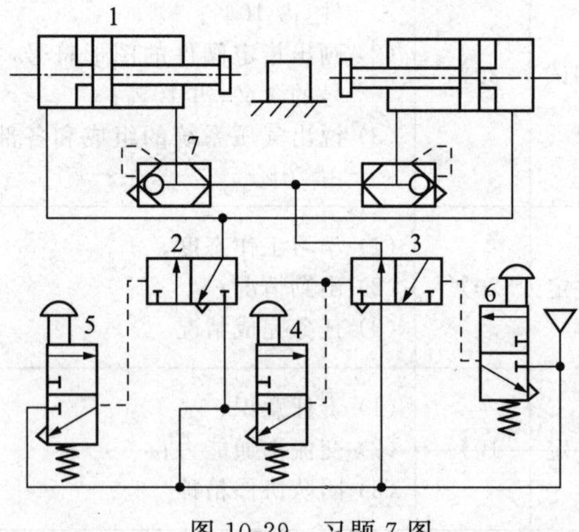

图 10-29 习题 7 图

1—冲击气缸;2、3—换向阀;4、5、6—手动阀;7—快排阀

附录　常用液压及气动元件图形符号

（摘自 GB/T 786.1—2021）

附表 1～附表 8 列出了常用液压及气动元件的图形符号。

附表 1　控制机构

图　形	描　述	图　形	描　述
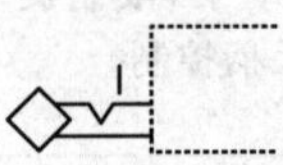	带有可拆卸把手和锁定要素的控制机构	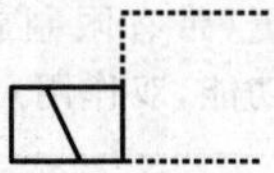	带有一个线圈的电磁铁（动作背离阀芯）
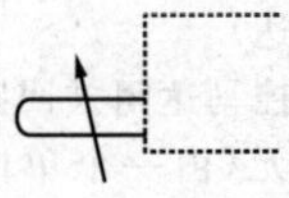	带有可调行程限位的推杆	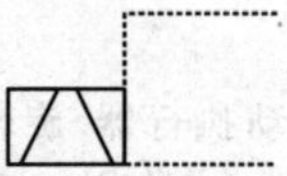	带有两个线圈的电气控制装置（一个动作指向阀芯，另一个动作背离阀芯）
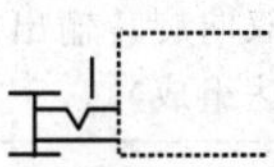	带有定位的推/拉控制机构	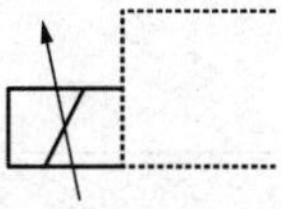	带有一个线圈的电磁铁（动作指向阀芯，连续控制）
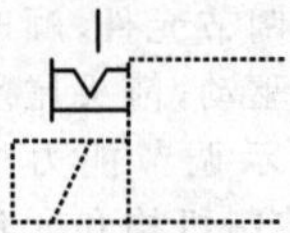	带有手动越权锁定的控制机构	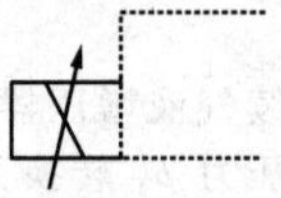	带有一个线圈的电磁铁（动作背离阀芯，连续控制）
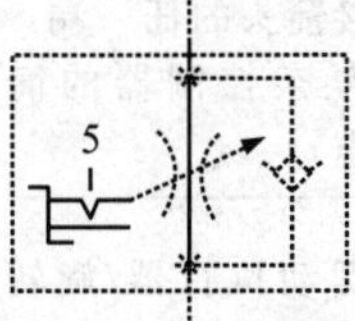	带有 5 个锁定位置的旋转控制机构	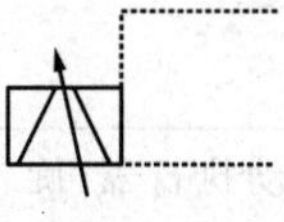	带两个线圈的电气控制装置（一个动作指向阀芯，另一个动作背离阀芯，连续控制）
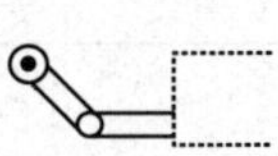	用于单向行程控制的滚轮杠杆	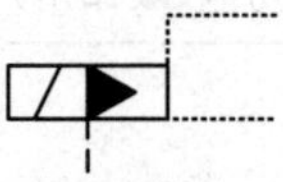	外部供油的电液先导控制机构
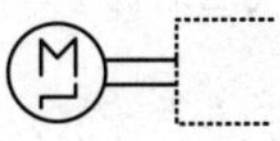	使用步进电机的控制机构	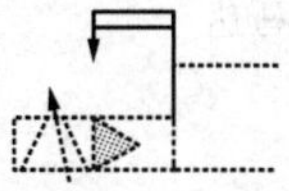	机械反馈
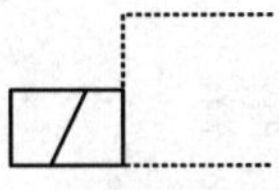	带有一个线圈的电磁铁（动作指向阀芯）		外部供油的带有两个线圈的电液两级先导控制机构（双向工作，连续控制）

附表 2　泵、马达和液压缸

图　形	描　述	图　形	描　述
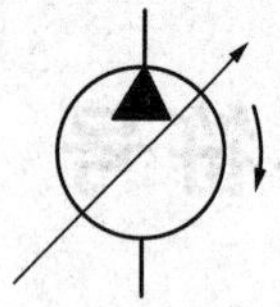	变量泵(顺时针单向旋转)	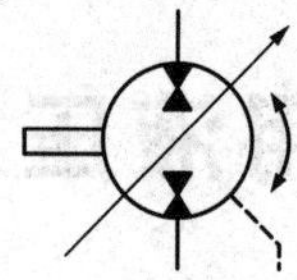	变量泵/马达(双向流动,带有外泄油路,双向旋转)
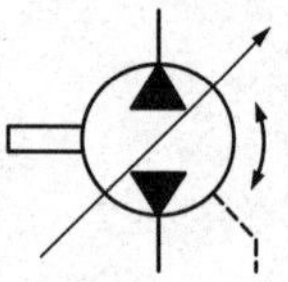	变量泵(双向流动,带有外泄油路,顺时针单向旋转)	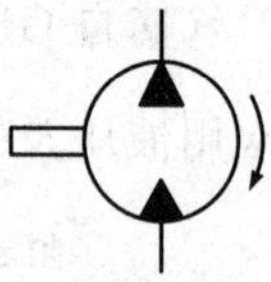	定量泵/马达(顺时针单向旋转)
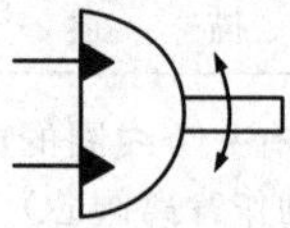	摆动执行器/旋转驱动装置(带有限制旋转角度功能,双作用)	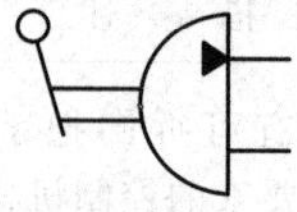	手动泵(限制旋转角度,手柄控制)
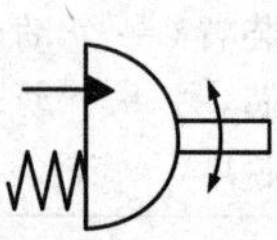	摆动执行器/旋转驱动装置(单作用)	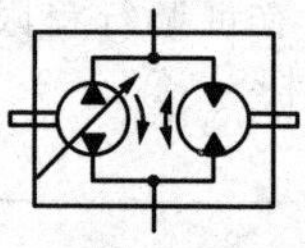	静液压传动装置(简化表达) 泵控马达闭式回路驱动单元(由一个单向旋转输入的双向变量泵和一个双向旋转输出的定量马达组成)
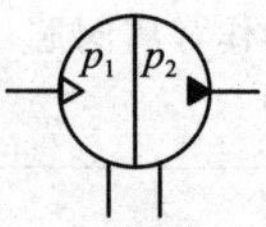 p_1 p_2	连续气液增压器(将气体压力 p_1 转换为较高的液体压力 p_2)	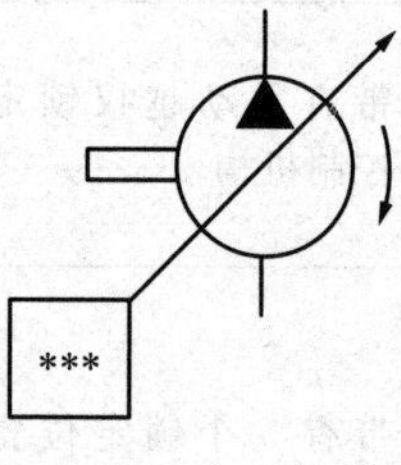 ***	变量泵(带有控制机构和调节元件,顺时针单向驱动,箭头尾端方框表示调节能力可扩展,控制机构和元件可连接箭头的任一端,***是复杂控制器的简化标志)
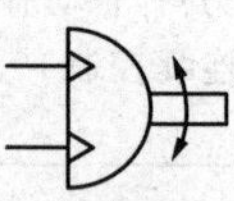	摆动执行器/旋转驱动装置(带有限制旋转角度功能,双作用)	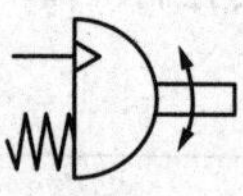	摆动执行器/旋转驱动装置(单作用)
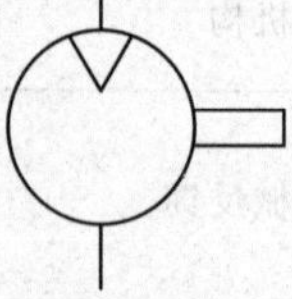	气马达	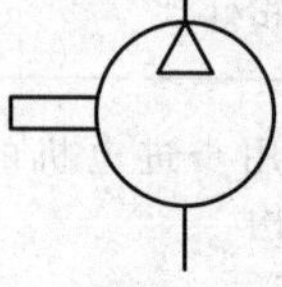	空气压缩机
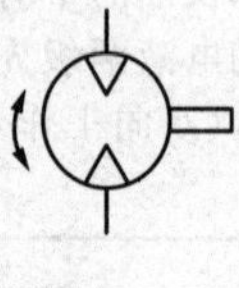	气马达(双向流通,固定排量,双向旋转)	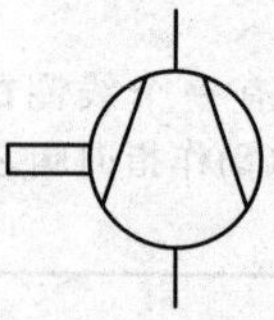	真空泵

续表

图　形	描　述	图　形	描　述
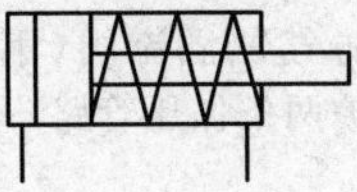	单作用单杆缸（靠弹簧力回程，弹簧腔带连接油口）	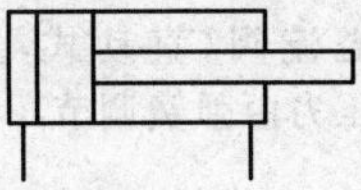	双作用单杆缸
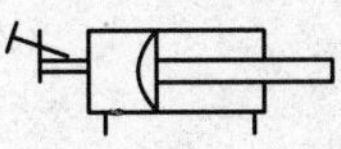	双作用膜片缸（带有预定行程限位器）	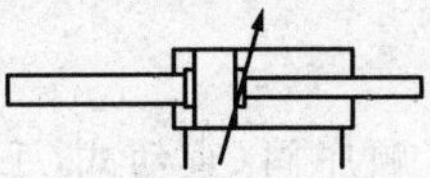	双作用双杆缸（活塞杆直径不同，双侧缓冲，右侧缓冲带调节）
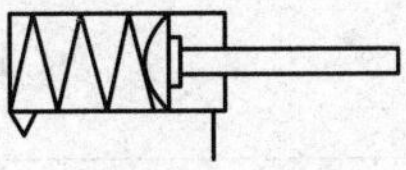	单作用膜片缸（活塞杆终端带有缓冲，带排气口）	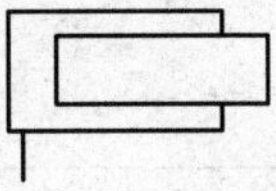	单作用柱塞缸
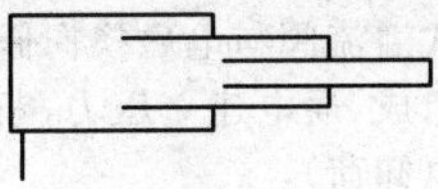	单作用多级缸	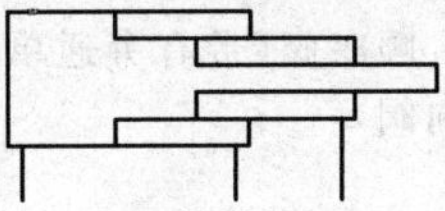	双作用多级缸
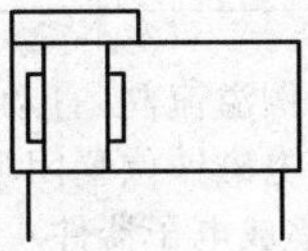	双作用带式无杆缸（活塞两端带有位置缓冲）	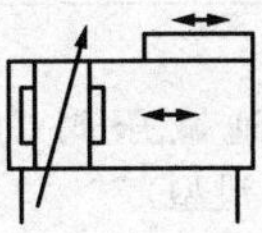	双作用绳索式无杆缸（活塞两端带有可调节位置缓冲）
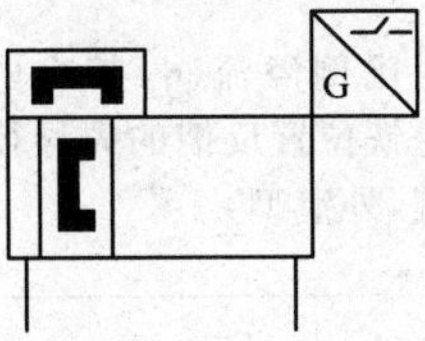 G	双作用磁性无杆缸（仅右边终端带有位置开关）	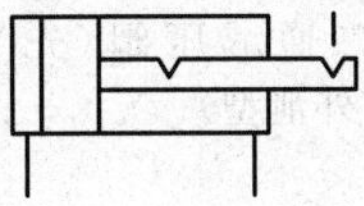	行程两端带有定位的双作用缸
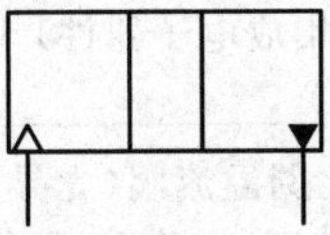	单作用压力气-液转换器（将气体压力转换为等值的液体压力）	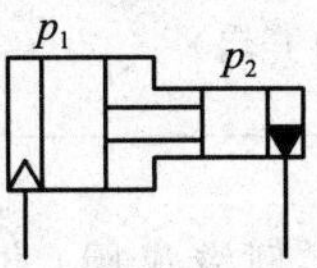 p_1 p_2	单作用增压器（将气体压力 p_1 转换为更高的液体压力 p_2）
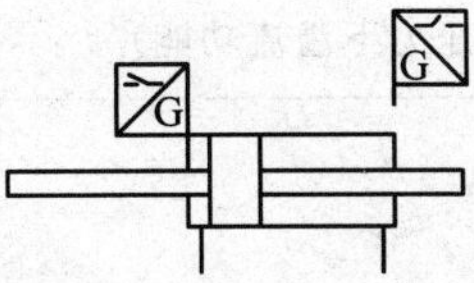 G G	双作用双杆缸（左终点带有内部限位开关，内部机械控制，右终点带有外部限位开关，由活塞杆触发）		

附表3　压力控制阀

图　形	描　述	图　形	描　述
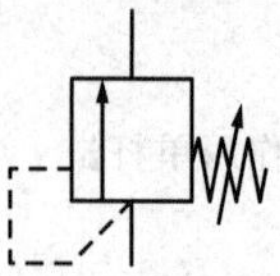	溢流阀(直动式,开启压力由弹簧调节)	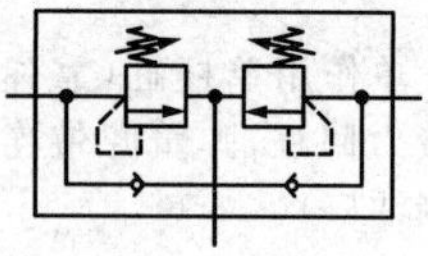	防气蚀溢流阀(用来保护两条供压管路)
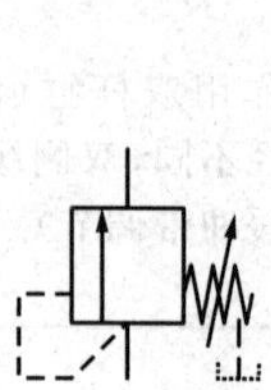	顺序阀(直动式,手动调节设定值)	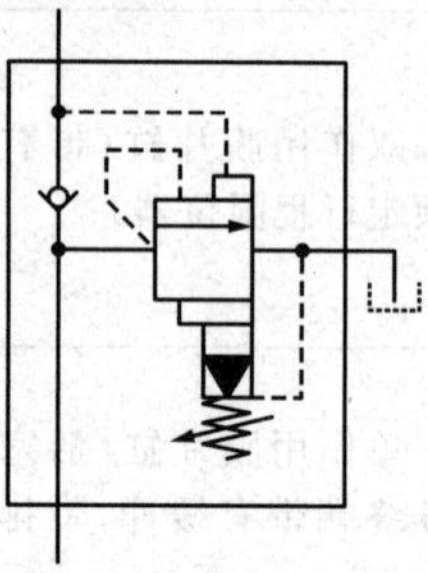	蓄能器充液阀
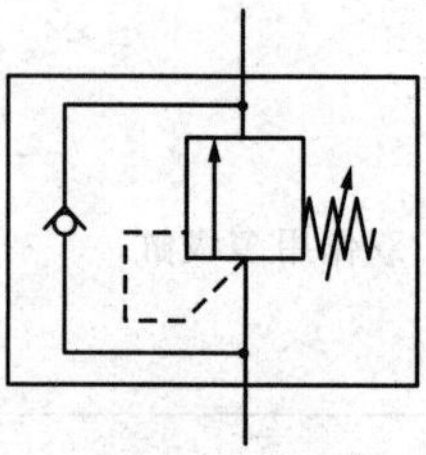	顺序阀(带有旁通单向阀)	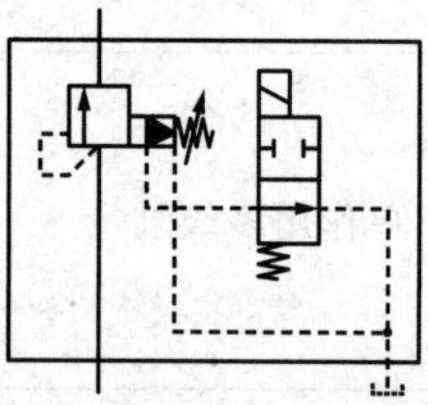	电磁溢流阀(由先导式溢流阀与电磁换向阀组成,通电建立压力,断电卸荷)
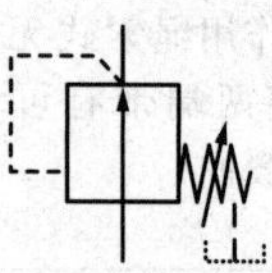	二通减压阀(直动式,外泄型)	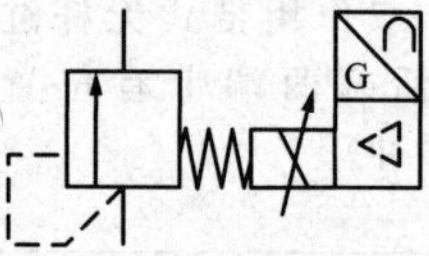	比例溢流阀(直动式,带有电磁铁位置闭环控制,集成电子器件)
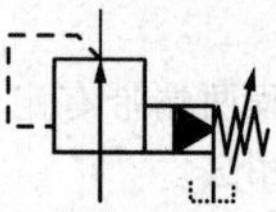	二通减压阀(先导式,外泄型)	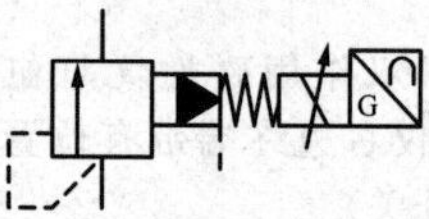	比例溢流阀(带有电磁铁位置反馈的先导控制,外泄型)
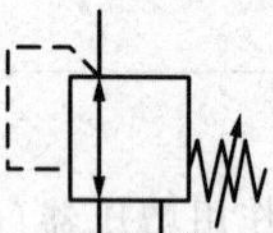	三通减压阀(超过设定压力时,通向油箱的出口开启)	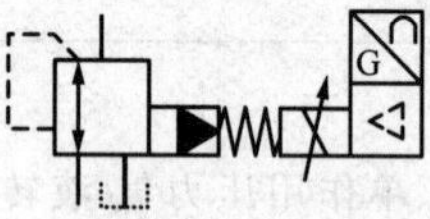	三通比例减压阀(带有电磁铁位置闭环控制,集成电子器件)
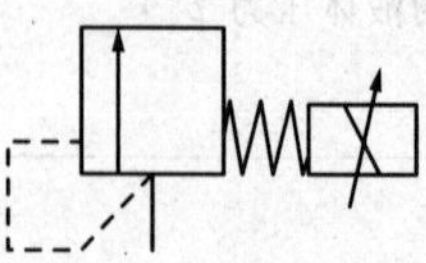	比例溢流阀(直动式,通过电磁铁控制弹簧来控制)	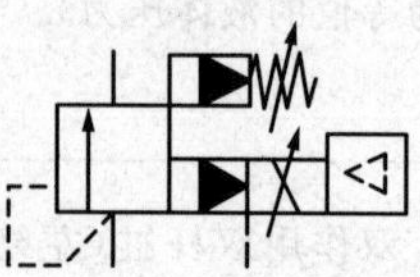	比例溢流阀(先导式,外泄型,带有集成电子器件,附加先导级,以实现手动调节压力或最高压力下溢流功能)
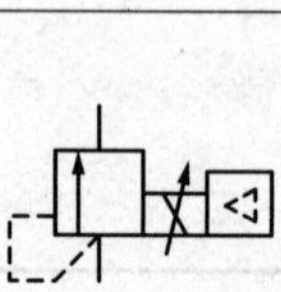	比例溢流阀(直动式,电磁铁直接控制,集成电子器件)		

附表 4 流量控制阀

图形	描述	图形	描述
	节流阀	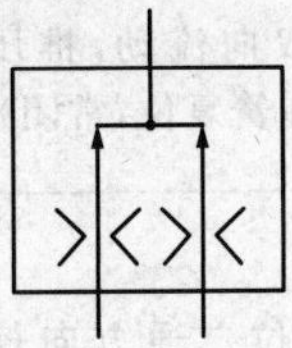	集流阀(将两路输入流量合成一路输出流量)
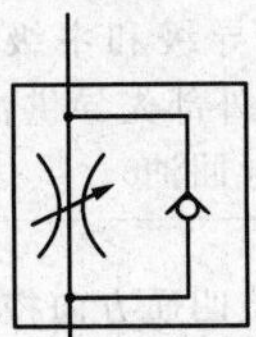	单向节流阀	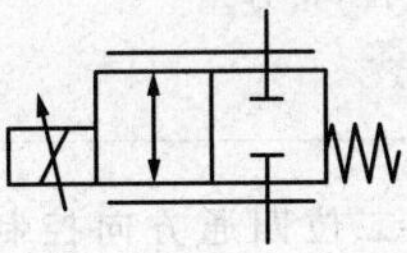	比例流量控制阀(直动式)
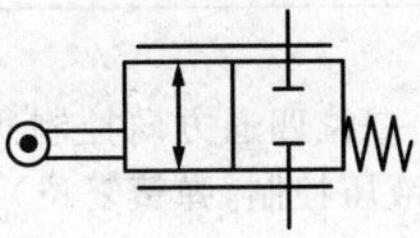	流量控制阀(滚轮连杆控制,弹簧复位)	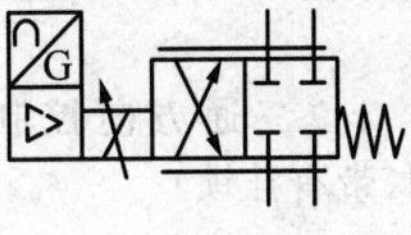	比例流量控制阀(直动式,带有电磁铁位置闭环控制,集成电子器件)
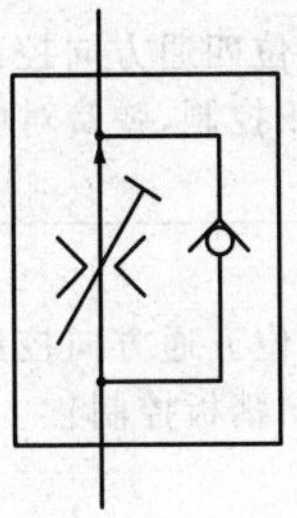	二通流量控制阀(开口度预设置,单向流动,流量特性基本与压降和黏度无关,带有旁路单向阀)	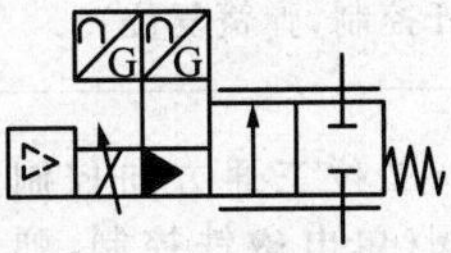	比例流量控制阀(先导式,主级和先导级位置控制,集成电子器件)
	三通流量控制阀(开口度可调节,将输入流量分成固定流量和剩余流量)	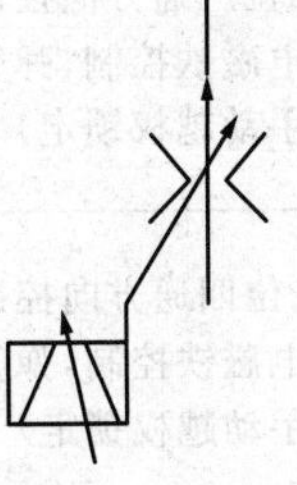	比例节流阀(不受黏度变化影响)
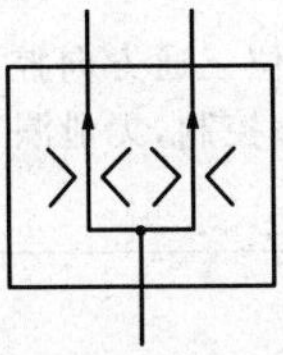	分流阀(将输入流量分成两路输出流量)		

附表 5　方向控制阀

图　形	描　述	图　形	描　述
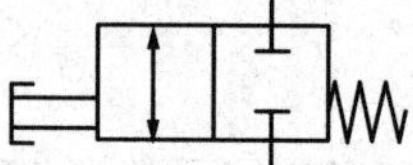	二位二通方向控制阀(双向流动,推压控制,弹簧复位,常闭)	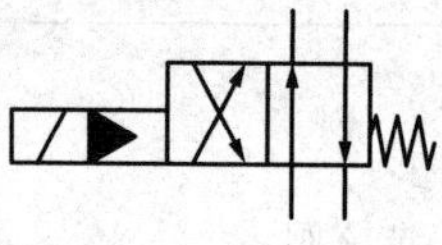	二位四通方向控制阀(电液先导控制,弹簧复位)
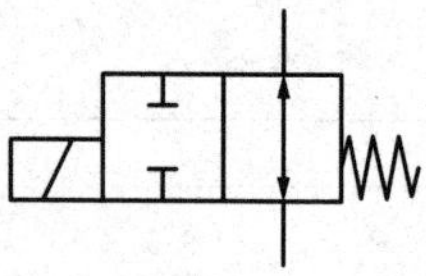	二位二通方向控制阀(电磁铁控制,弹簧复位,常开)	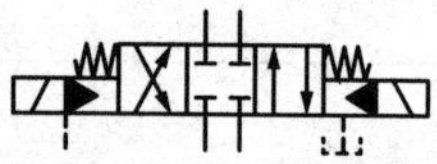	三位四通方向控制阀(电液先导控制,先导级电气控制,主级液压控制,先导级和主级弹簧对中,外部先导供油,外部先导回油)
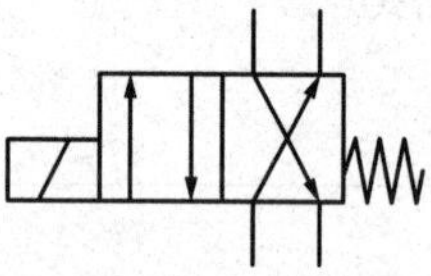	二位四通方向控制阀(电磁铁控制,弹簧复位)	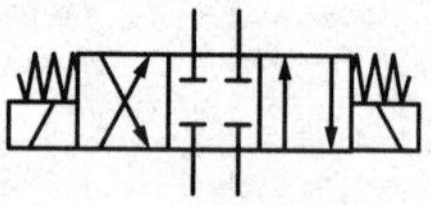	三位四通方向控制阀(双电磁铁控制,弹簧对中)
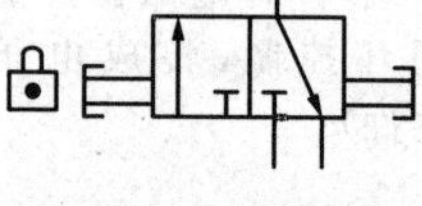	二位三通方向控制阀(带有挂锁)	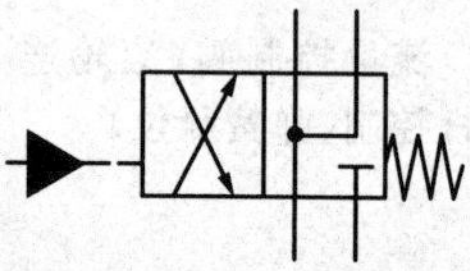	二位四通方向控制阀(液压控制,弹簧复位)
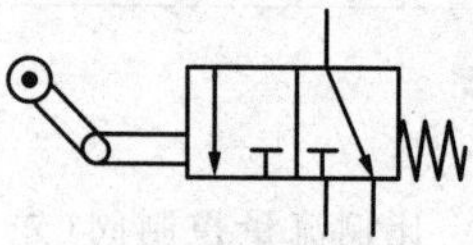	二位三通方向控制阀(单向行程的滚轮杠杆控制,弹簧复位)	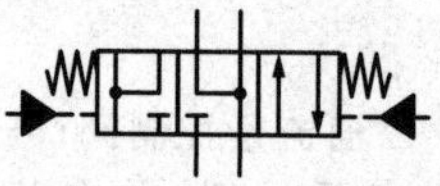	三位四通方向控制阀(液压控制,弹簧对中)
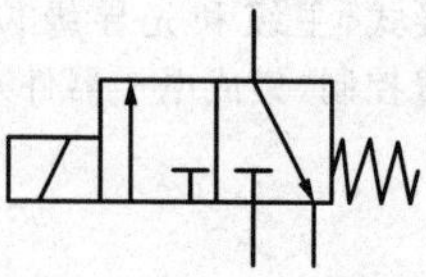	二位三通方向控制阀(单电磁铁控制,弹簧复位)	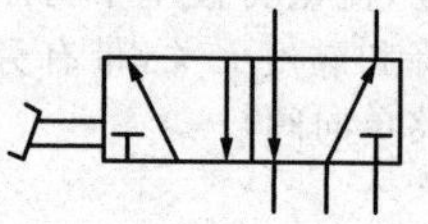	二位五通方向控制阀(双向踏板控制)
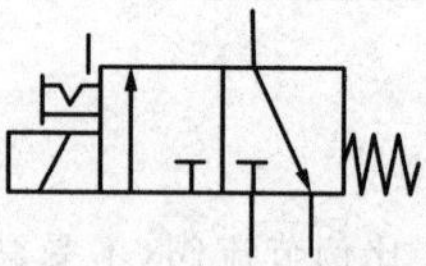	二位三通方向控制阀(单电磁铁控制,弹簧复位,手动越权锁定)	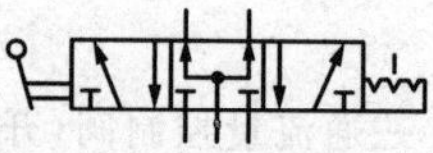	三位五通方向控制阀(手柄控制,带有定位机构)
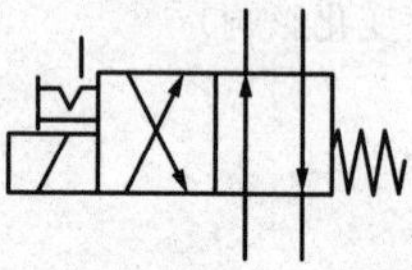	二位四通方向控制阀(单电磁铁控制,弹簧复位,手动越权锁定)	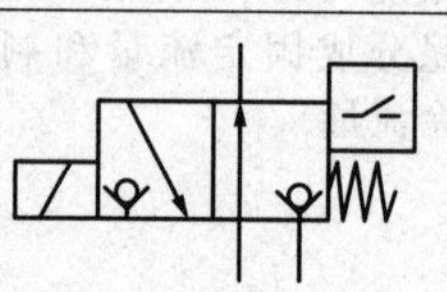	二位三通方向控制阀(电磁控制,无泄漏,带有位置开关)
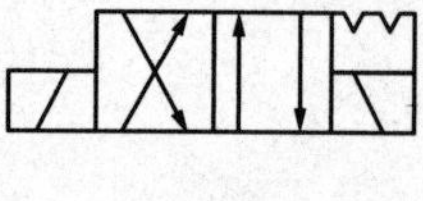	二位四通方向控制阀(双电磁铁控制,带有锁定机构,也称脉冲阀)	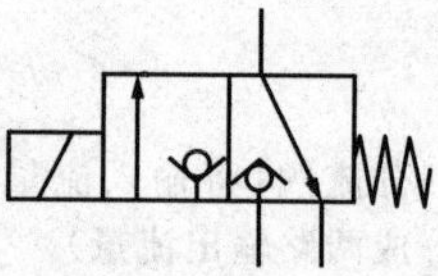	二位三通方向控制阀(电磁控制,无泄漏)

续表

图 形	描 述	图 形	描 述
	单向阀(只能在一个方向自由流动)		单向阀(带有弹簧,只能在一个方向自由流动,常闭)
	液控单向阀(带有弹簧,先导压力控制,双向流动)	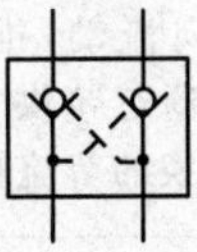	双液控单向阀
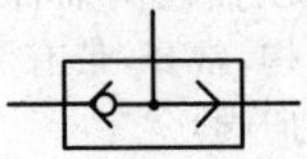	梭阀(逻辑为"或",压力高的入口自动与出口接通)	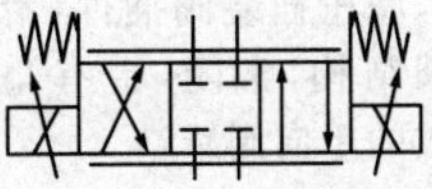	比例方向控制阀(直动式)
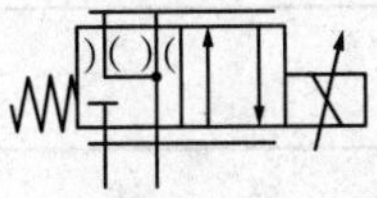	比例方向控制阀(直动式)	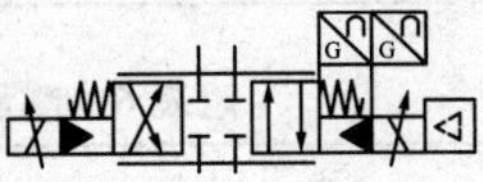	比例方向控制阀(主级和先导级位置闭环控制,集成电子器件)
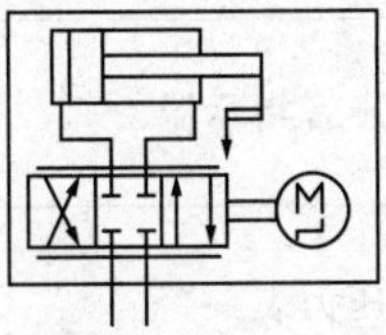	伺服阀控缸(伺服阀由步进电机控制,液压缸带有机械位置反馈)	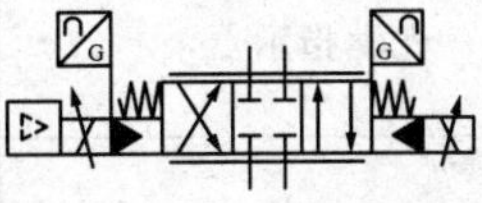	伺服阀(主级和先导级位置闭环控制,集成电子器件)
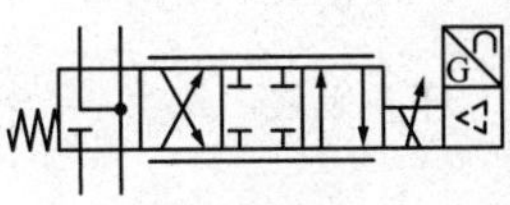	伺服阀(带有电源失效情况下的预留位置,电反馈,集成电子器件)	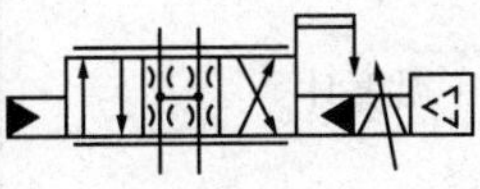	伺服阀(先导级带双线圈电气控制机构,双向连续控制,阀芯位置机械反馈到先导级,集成电子器件)
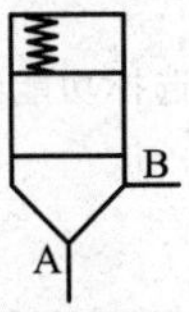 B A	压力控制和方向控制插装阀插件(锥阀结构,面积比 1∶1)	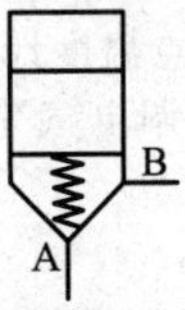 B A	压力控制和方向控制插装阀插件(锥阀结构,常开,面积比 1∶1)
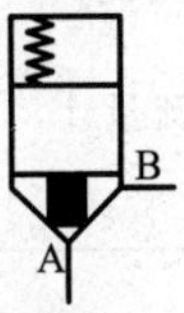 B A	方向控制插装阀插件(带节流端的锥阀结构,面积比≤0.7)	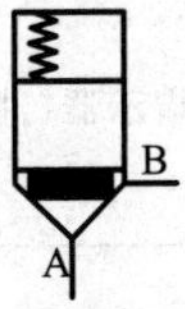 B A	方向控制插装阀插件(带节流端的锥阀结构,面积比>0.7)
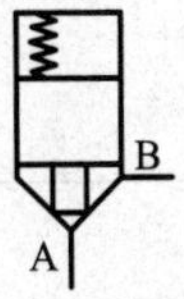 B A	方向控制插装阀插件(锥阀结构,面积比≤0.7)	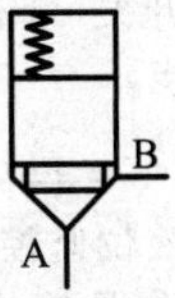 B A	方向控制插装阀插件(锥阀结构,面积比>0.7)

续表

图　　形	描　　述	图　　形	描　　述
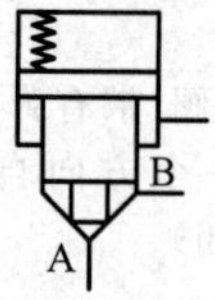 B A	主动方向控制插装阀插件（锥阀结构，先导压力控制）	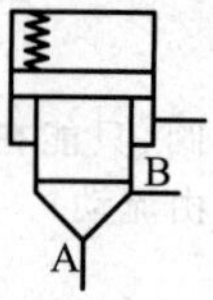 B A	主动方向控制插装阀插件（B端无面积差）
 B A	方向控制插装阀插件（单向流动，锥阀结构，内部先导供油，带有可替换的节流孔）	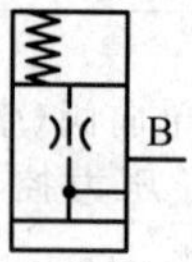 B	溢流插装阀插件（滑阀结构，常闭）
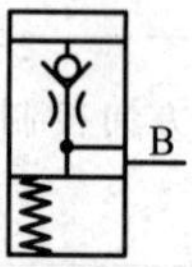 B	减压插装阀插件（滑阀结构，常闭，带有集成的单向阀）	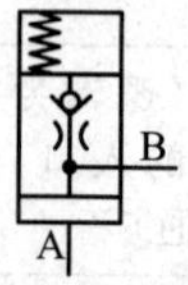 B A	减压插装阀插件（滑阀结构，常开，带有集成的单向阀）

附表6　测量仪和指示器

图　　形	描　　述	图　　形	描　　述
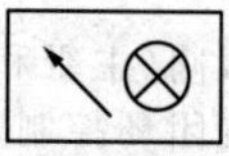	光学指示器	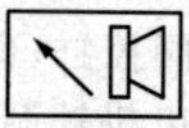	声音指示器
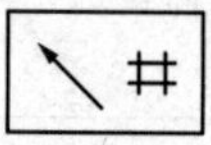	数字显示器		压力表
	温度计		压差表
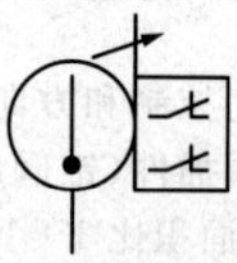	电接点温度计（带有两个可调电气常闭触点）	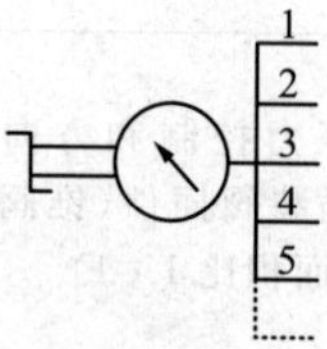 1 2 3 4 5	带有选择功能的多点压力表
	液位指示器（油标）	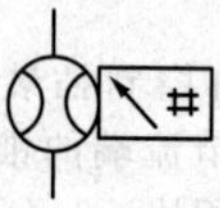	数字流量计
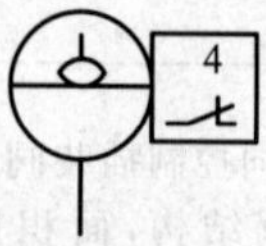 4	液位开关（带有四个常闭触点）	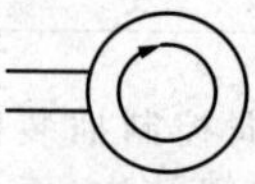	转速计
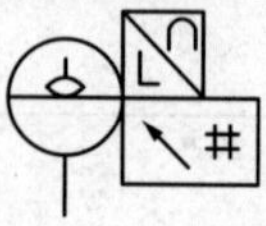	电子液位监控器（带有模拟信号输出和数字显示功能）	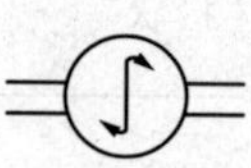	扭矩仪

续表

图　形	描　述	图　形	描　述
	流量指示器	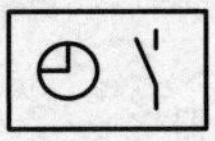	定时开关
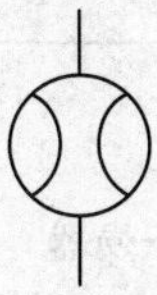	流量计	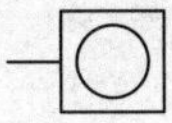	计数器
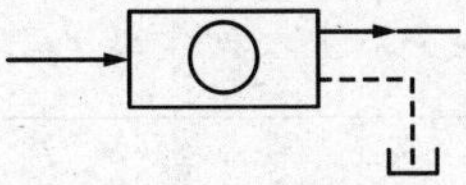	在线颗粒计数器	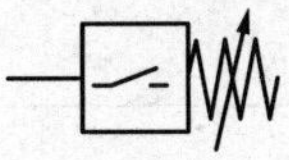	压力开关(机械电子控制,可调节)
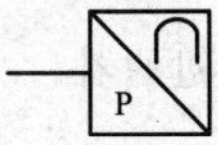	压力传感器(输出模拟信号)	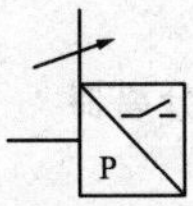	电调节压力开关(输出开关信号)

附表 7　连接和管接头

图　形	描　述	图　形	描　述
	软管总成	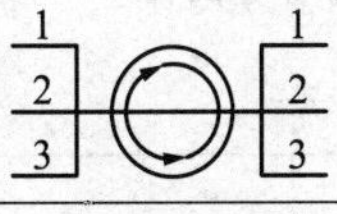	三通旋转式接头
	快换接头(带有一个单向阀,断开状态)		快换接头(不带有单向阀,断开状态)
	快换接头(带有两个单向阀,断开状态)		快换接头(带有一个单向阀,连接状态)
	快换接头(不带有单向阀,连接状态)		快换接头(带有两个单向阀,连接状态)

附表 8　其他附件符号

图　形	描　述	图　形	描　述
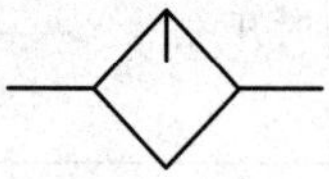	油雾器	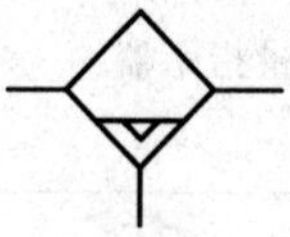	自动排水分离器
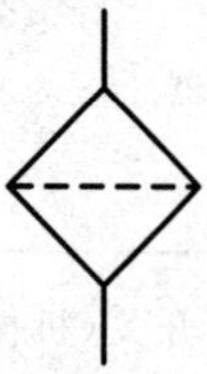	过滤器	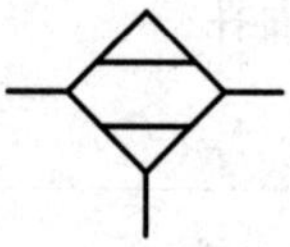	空气干燥器
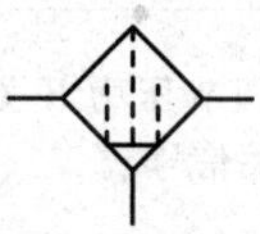	油雾分离器	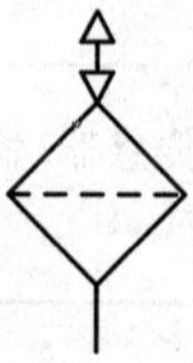	通气过滤器
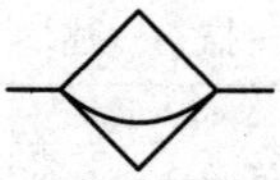	离心分离器	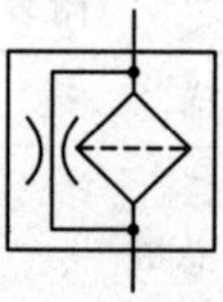	带有旁路节流的过滤器
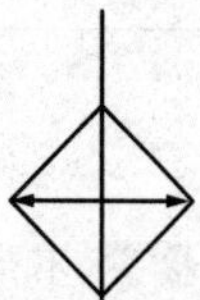	不带有冷却方式指示的冷却器		带有磁性滤芯的过滤器
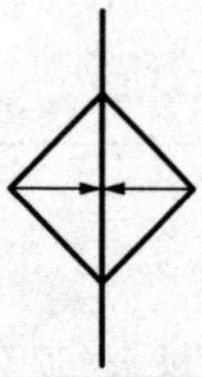	加热器	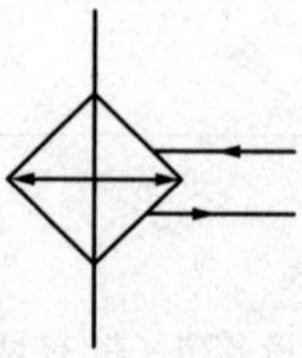	采用液体冷却的冷却器
	隔膜式蓄能器		活塞式蓄能器
	囊式蓄能器		气瓶

续表

图　形	描　述	图　形	描　述
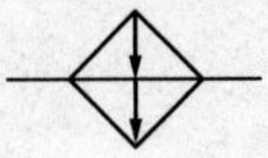	温度调节器	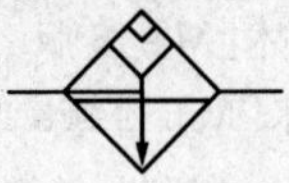	真空分离器
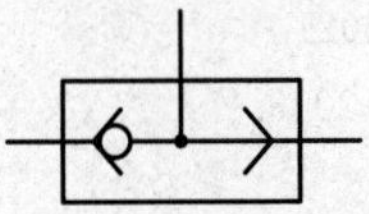	梭阀（逻辑为“或”，压力高的入口自动与出口接通）	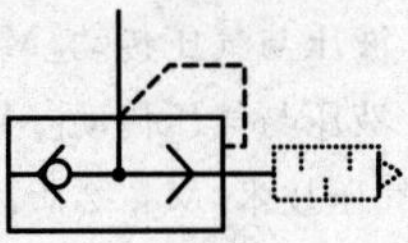	快速排气阀（带消音器）
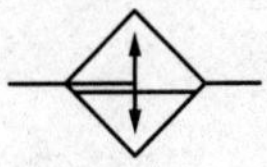	双相分离器		静电分离器
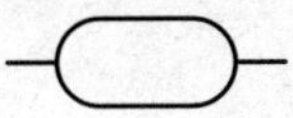	气罐	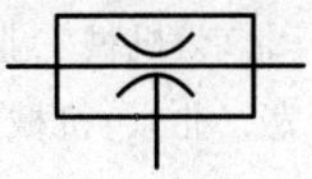	真空发生器

参考文献

[1] 冯锦春. 液压与气压传动技术[M]. 3 版. 北京:人民邮电出版社,2021.

[2] 樊薇,周光宇. 液压气动技术[M]. 2 版. 北京:人民邮电出版社,2021.

[3] 耿道森. 液压与气压传动[M]. 郑州:黄河水利出版社,2014.

[4] 刘银水,许福玲. 液压与气压传动[M]. 北京:机械工业出版社,2017.

[5] 邹建华,彭宽平,张雄才. 液压与气压传动[M]. 武汉:华中科技大学出版社,2021.

[6] 左健民,彭宽平,张雄才. 液压与气压传动[M]. 5 版. 北京:机械工业出版社,2019.

[7] 毛好喜,刘青云. 液压与气压技术[M]. 2 版. 北京:人民邮电出版社,2012.

[8] 陆望龙. 看图学液压排除技能[M]. 2 版. 北京:化学工业出版社,2014.

[9] 白柳,于军. 液压与气压传动[M]. 北京:机械工业出版社,2011.

[10] 樊薇,周光宇. 液压与气动技术[M]. 2 版. 北京:人民邮电出版社,2017.

[11] 杨务滋. 液压排除入门[M]. 北京:化学工业出版社,2010.

[12] 宋建武. 液压与气动元件操作练习[M]. 北京:化学工业出版社,2007.

[13] 黄安贻,董起顺. 液压传动[M]. 成都:西南交通大学出版社,2005.

[14] 马廉洁. 液压与气动[M]. 北京:机械工业出版社,2009.

[15] 王积伟. 液压传动[M]. 2 版. 北京:机械工业出版社,2006.